博士后文库
中国博士后科学基金资助出版

相关竞争失效系统可靠性评估及最优维修决策

董文杰　著

科学出版社
北京

内 容 简 介

本书在分析国内外退化建模及预防维修策略等先进成果的基础上，运用一般退化路径模型、带漂移的 Wiener 过程、Gamma 退化过程、累积冲击损伤模型等建立不同情形下相关竞争系统的可靠性评估模型，进一步研究年龄更换策略、周期更换策略、检修更换策略、视情维修策略等基本预防维修更换模型，力求在理论研究上达到一定深度。本书注重理论联系实际，积极将所构建的模型应用到液压控制系统滑阀、海底防爆裂控制系统、气体绝缘金属封闭开关设备、发电机组、发动机气缸和硅材料微机电系统等工程实践中，解决工程实际中复杂系统可靠性评估与维修策略优化问题，为工业实际系统的维修策略选取提供决策支持。

本书主要面向从事复杂装备研制管理、可靠性工程及工业工程与质量管理等方向的研究人员和科研工作者，研究结论可为相关领域从事可靠性分析、退化建模、维修决策的管理人员提供技术支持，也可作为相关高等院校可靠性工程和装备保障工程专业本科生和研究生的教学参考用书。

图书在版编目（CIP）数据

相关竞争失效系统可靠性评估及最优维修决策 / 董文杰著. --北京：科学出版社, 2025. 7. --ISBN 978-7-03-082728-9

Ⅰ. TB114.39

中国国家版本馆 CIP 数据核字第 20254PG852 号

责任编辑：王丹妮 / 责任校对：贾娜娜

责任印制：张　伟 / 封面设计：有道文化

科学出版社出版

北京东黄城根北街 16 号

邮政编码：100717

http://www.sciencep.com

北京中石油彩色印刷有限责任公司印刷

科学出版社发行　各地新华书店经销

*

2025 年 7 月第　一　版　开本：720×1000　1/16

2025 年 7 月第 一 次印刷　印张：14 3/4

字数：300 000

定价：168.00 元

（如有印装质量问题，我社负责调换）

“博士后文库”序言

1985 年，在李政道先生的倡议和邓小平同志的亲自关怀下，我国建立了博士后制度，同时设立了博士后科学基金。40 年来，在党和国家的高度重视下，在社会各方面的关心和支持下，博士后制度为我国培养了一大批青年高层次创新人才。在这一过程中，博士后科学基金发挥了不可替代的独特作用。

博士后科学基金是中国特色博士后制度的重要组成部分，专门用于资助博士后研究人员开展创新探索。博士后科学基金的资助，对正处于独立科研生涯起步阶段的博士后研究人员来说，适逢其时，有利于培养他们独立的科研人格、在选题方面的竞争意识以及负责的精神，是他们独立从事科研工作的“第一桶金”。尽管博士后科学基金资助金额不大，但对博士后青年创新人才的培养和激励作用不可估量。四两拨千斤，博士后科学基金有效地推动了博士后研究人员迅速成长为高水平的研究人才，“小基金发挥了大作用”。

在博士后科学基金的资助下，博士后研究人员的优秀学术成果不断涌现。2013 年，为提高博士后科学基金的资助效益，中国博士后科学基金会联合科学出版社开展了博士后优秀学术专著出版资助工作，通过专家评审遴选出优秀的博士后学术著作，收入“博士后文库”，由博士后科学基金资助、科学出版社出版。我们希望，借此打造专属于博士后学术创新的旗舰图书品牌，激励博士后研究人员潜心科研，扎实治学，提升博士后优秀学术成果的社会影响力。

2015 年，国务院办公厅印发了《关于改革完善博士后制度的意见》（国办发〔2015〕87 号），将“实施自然科学、人文社会科学优秀博士后论著出版支持计划”作为“十三五”期间博士后工作的重要内容和提升博士后研究人员培养质量的重要手段，这更加凸显了出版资助工作的意义。我相信，我们提供的这个出版资助平台将对博士后研究人员激发创新智慧、凝聚创新力量发挥独特的作用，促使博士后研究人员的创新成果更好地服务于创新驱动发展战略和创新型国家的建设。

祝愿广大博士后研究人员在博士后科学基金的资助下早日成长为栋梁之才，为实现中华民族伟大复兴的中国梦做出更大的贡献。

中国博士后科学基金会理事长

前 言

相关竞争失效系统的可靠性建模理论是在现代社会技术不断进步的强烈推动下产生的，是在传统失效数据分析、状态监控、故障诊断等理论基础上为解决现代工程问题而发展起来的一门集退化建模、故障检测与诊断、设备健康管理等为一体的新型可靠性分析技术与方法。对产品退化过程进行建模和分析，可以对影响产品失效的诸多因素，如设计缺陷、制造及工艺过程的差异和缺陷、使用环境、运行模式等的动态性和不确定性等进行更加合理的描述。在相关竞争失效系统可靠性分析基础上进行的预防性维修则可以以最低的维修成本，尽可能地保持、恢复或延长设备的使用寿命，保证其运行安全，防止灾难性事故的发生，并最大限度地提高其使用效率。

本书在分析国内外退化建模及预防维修策略等先进成果的基础上，聚焦同时经历外界环境冲击与性能退化的一类相关竞争失效系统的可靠性建模与预防维修策略优化等问题。在随机不确定失效阈值背景下相关竞争失效系统可靠性建模、受多级失效相关性影响的连续退化系统的关键度分析、考虑老化效应的相关竞争失效系统可靠性建模、考虑退化与冲击双重相关的系统可靠性建模及双变量维修策略、考虑两类冲击效果的随机退化系统可靠性建模及其最优维修策略、具备容错机制的相关竞争失效系统可靠性分析及基于时间的预防维修决策、随机延迟退化系统可靠性评估模型与维修策略优化和基于扩展累积冲击损伤模型的多部件系统退化建模及维修策略等方面进行理论创新，运用一般退化路径模型、带漂移的维纳（Wiener）过程、伽马（Gamma）退化过程、累积冲击损伤模型等建立系统可靠性评估模型，并在此基础上研究年龄更换策略、周期更换策略、检修更换策略、视情维修策略等基本预防维修更换模型，力求在理论研究上达到一定深度。本书注重理论联系实际，积极将所构建的模型应用到液压控制系统滑阀、海底防爆裂控制系统、气体绝缘金属封闭开关设备、发电机组、发动机气缸和硅材料微机电系统等工程实践中，解决工程实际中复杂系统可靠性评估与维修策略优化问题。

全书共分为 11 章。第 1 章介绍本书的研究背景和研究意义，概述本书主要研究内容；第 2 章通过对相关竞争失效系统相关理论基础概念的介绍，为后续章节的研究工作奠定基础；第 3 章建立随机不确定失效阈值背景下的相关竞争失效系统可靠性评估模型并以微机电系统为案例进行模型验证；第 4 章针对受多级失效相关性影响的连续退化系统提出一个关键度分析框架，引入滑阀的案例来进行理论验证；第 5 章探讨在持续退化和随机冲击背景下的老化效应，解释产品抵抗暴露故障过程的内在能力如何随着运行而退化；第 6 章研究考虑退化过程与冲击过程双重相关的系统可靠性建模方法和双变量预防维修策略；第 7 章研究考虑两类冲击效果的随机退化系统可靠性建模及其最优维修策略；第 8 章分析具备容错机制的相关竞争失效系统可靠性评估模型，并对比两类基于时间的预防维修策略的优劣；第 9 章对比不同冲击类型发生概率下的随机延迟退化系统的周期更换策略和检修更换策略两类预防维修策略的优劣；第 10 章扩展标准累积冲击损伤模型，引入损伤自治愈系数和损伤加剧系数，构建多部件串并联系统和并串联系统的可靠性评估模型；第 11 章通过对全书内容的总结，进一步明确其中的理论价值和下一步的研究重点。

本书入选《博士后文库》并得到了中国博士后科学基金优秀学术专著出版计划的资助。部分研究工作获国家自然科学基金青年项目（72401132）、江苏省自然科学基金青年项目（BK20230870）、江苏省社会科学基金青年项目（23GLC001）、江苏省卓越博士后计划（2022ZB222）、中国博士后科学基金面上项目（2022M721596）、中央高校基本科研业务费（NS2023043）和江苏省青年科技人才托举工程（JSTJ-2024-460）等科研/人才项目支持。感谢刘思峰教授、谢乃明教授、方志耕教授、欧阳林寒教授、赵旭峰教授、达高峰教授、黄洪钟教授、刘宇教授、马义中教授、崔利荣教授、赵先教授、王俊杰博士、陶良彦博士、陈嘉宇博士、曹颖赛博士等在成书过程中所提供的悉心帮助。夏悦鑫、邓硕伟、方舟、张梅轩等学生参与了本书内容的相关工作，在此一并致谢。

限于作者研究水平，书中不当之处在所难免，殷切希望有关专家和广大读者批评指正。

目　　录

第1章 绪　论

1.1 研究背景

《中华人民共和国国民经济和社会发展第十四个五年规划和2035年远景目标纲要》（简称《“十四五”规划和2035年远景目标纲要》）中明确提出，坚持把发展经济着力点放在实体经济上，加快推进制造强国、质量强国建设，促进先进制造业和现代服务业深度融合，强化基础设施支撑引领作用，构建实体经济、科技创新、现代金融、人力资源协同发展的现代产业体系。

《“十四五”规划和2035年远景目标纲要》强调，坚持自主可控、安全高效，推进产业基础高级化、产业链现代化，保持制造业比重基本稳定，增强制造业竞争优势，推动制造业高质量发展。在高端新材料、重大技术装备、智能制造与机器人技术、航空发动机及燃气轮机、新能源汽车和智能（网联）汽车、高端医疗装备和创新药、农业机械装备等领域深入实施质量提升行动，推动制造业产品“增品种、提品质、创品牌”。

可靠性理论起源于第二次世界大战期间及其以后对军用电子设备失效现象的研究，标志事件是1952年在美国成立的军用电子设备可靠性咨询组（advisory group on reliability of electronic equipment，AGREE）。AGREE是由美国国防部成立的一个由军方、工业领域和学术领域三方共同组成的，在可靠性设计、试验及管理的程序及方法上有所推动的，并确定美国可靠性研究发展方向的组织。经过半个多世纪的迅速发展，可靠性工程不断成长壮大，现在已经成为一门涉及面非常广的综合性学科，是一门涵盖了系统工程、管理科学与工程、价值工程、人因工程、电子计算机技术、软件测试技术，以及概率论、运筹学、数理统计、随机过程等多种学科成果的应用科学。提升产品质量和可靠性也已经成为提高装备效能、减少装备整个生命周期成本的重要途径，成为企业提升品牌价值和中国制造整体形象的重要保障。

然而，由于复杂装备研制项目往往具有投资巨大、社会影响大，科学探索性强、技术难度大，目标层次高、关系复杂且可能存在一定的矛盾性，参与单位多、利益关系复杂且存在一定的冲突性等方面的特征，现代可靠性工程又面临着一系列新的问题，包括高可靠问题、小子样问题、长寿命问题、少失效甚至无失效的问题、相关性问题等，特别是高技术武器装备及“三航”（即航空、航天、民航）领域一些昂贵的高可靠性、长寿命关键部件，其可靠性评估难度越来越大。以小子样问题为例，传统的可靠性理论常常以产品失效时间作为统计分析的对象，首先通过大样本寿命试验获得产品失效时间数据，其次根据统计判别准则选择合适的寿命分布模型来描述产品失效规律，最后通过失效时间分布函数来评估产品剩余寿命和可靠性。对于具有高可靠性的现代产品，在规定的试验时间内往往不能获得足够量的失效时间数据；对于失效机理比较复杂的产品和失效判据比较模糊的情形，如产品快速研制的需求、新技术新材料的使用、产品设计和结构的复杂化等，即使采用加速寿命试验，得到的失效数据量也极其有限，这时依然使用建立在大样本寿命试验基础上的基于失效的可靠性建模方法对产品可靠性进行评估，可能导致产品可靠性评估结果与实际相差甚远，甚至造成可靠性技术与工程实践脱节的现象。

维修泛指在系统投入运营后，为使系统保持、恢复或改善到规定状态所进行的一系列活动，而维修性是指产品在规定的条件和规定的时间内，按规定的程序和方法进行修理时，保持或恢复其规定状态的能力。维修对于恢复设备性能、延长设备使用寿命、消除潜在故障隐患、防止重大事故的发生和降低灾难性损失至关重要。近年来，由维修不当引发的事故时有发生。例如，1985 年 8 月 12 日，一架搭载 509 名乘客及 15 名机组人员的波音 747SR-46 客机（JA8119 号）在日本群马县高天原山坠毁，事故造成 520 人死亡，成为全球第二大严重空难。经过航空、铁道事故调查委员会（日本）历时 2 年对事故原因的调查，发现飞机坠毁的原因是后部承压隔板故障维修不当造成飞行时尾部压力罩破裂，从而发生爆炸性减压并导致飞机失去液压操纵。1994 年 6 月 6 日，中国西北航空公司一架俄制图-154M 型客机（B-2610 号）在西安起飞不久后系统发生故障，飞机经猛烈摇晃后随即解体，残骸坠落在距离咸阳国际机场东南方约 18mi（1mi≈1.6093km）的农地上，导致机上 146 名乘客及 14 名机组人员全部罹难，成为迄今中国境内遇难人数最多的空难。经事后调查，操纵系统的维修差错故障是导致事故发生的主要原因。2002 年 5 月 25 日，一架搭载 206 名乘客及 19 名机组人员的波音 747-200 客机（B-18255 号）在中国台湾中正国际机场（今桃园国际机场）飞往香港国际机场途中发生坠毁事故，造成机上人员全数罹难。事故原因为机尾蒙皮维修不当导致累积金属疲劳，飞行过程中机尾脱落并失控，最后因舱体结构突然解体，飞机失控坠毁。

维修活动既包括技术性的活动，如设备润滑保养、检测、误差调整、垢质清洗、故障隔离、拆卸安装、零部件更换、修理或修复等，又包括管理性的活动，如备件使用和储存条件的监测、设备运转时间和频率的控制等。20 世纪 70 年代以来，美国的后勤工程（logistic engineering）、英国的设备综合管理工程（tero technology）及日本的全面生产维修（total productive maintenance）的相继创立标志着维修脱离于可靠性工程而成为一门独立学科，且日益受到重视。据统计，在民航运输业，民机的维修费用已经达到其购买价格的 2/3，占直接运营成本的 10%～20%。作为美国第五代战斗机代表的 F22 歼击机的单机造价约为 1.5 亿美元，其每飞行 1h，就需要 34h 来进行维护保养。近年来，随着科技的进步和制造工艺的不断完善，系统可靠性得到大幅度提高，但产品的复杂化使得用于维修的人力和费用大幅上升，这也给维修模式的选择、维修策略的制定和优化带来了新的挑战。

1.2　研究目的及意义

相关竞争失效系统的可靠性建模理论是在现代社会技术不断进步的强烈推动下产生的，是在传统失效数据分析、状态监控、故障诊断等理论基础上为解决现代工程问题而发展起来的一门集退化建模、故障检测与诊断、设备健康管理等为一体的新型可靠性分析技术与方法。对产品退化过程进行建模和分析，可以对影响产品失效的诸多因素，如设计缺陷、制造及工艺过程的差异和缺陷、使用环境与运行模式等的动态性和不确定性等进行更加合理的描述。在系统退化建模基础上进行的预防性维修则可以以最低的维修成本，尽可能地保持、恢复或延长设备的使用寿命，保证其运行安全，防止灾难性事故的发生，并最大限度地提高其使用效率。总的来说，本书的价值和意义体现在以下方面。

（1）为解决高可靠性长寿命产品的可靠性评估问题提供新途径。不同于传统可靠性评估模型主要利用产品失效发生时的信息，本书首先主要利用基于退化的可靠性分析方法，同时考虑外界环境对系统内部退化规律的影响，通过对产品的物理和化学属性及其相关参数的研究，描述产品的状态演化并确定可靠性度量指标，其次使用概率方法和随机过程理论建立退化特征量的分布函数，并根据产品特性参数确定退化失效准则，最后采用数值解析或者蒙特卡罗（Monte Carlo）仿真技术进行失效概率估计。由于能充分利用产品在失效前的各种信息，包括性能试验信息和产品寿命数据，特别是可以从退化数据中挖掘与产品寿命分布有关的信息，基于退化的可靠性建模技术更适用于高可靠性长寿命产品。同时，将影响产品设计、制造和使用环境等的诸多因素综合考虑进退化模型的结构中，可以在极少失效甚至无失效的情况下预计和评估产品可靠性，为解决现代工程中的小子样问题提供了一条新途径。

（2）工程适应性强，可以避免理论与实践间的脱节现象。表征产品退化过程的特征量，如频率、振型、光谱、色谱、铁粉含量等物理特征量，刚度、阻尼、裂纹尺寸等结构特征量，特征值、特征向量等数学特征量，在工程实际中都与产品退化失效过程紧密相关。通过对退化试验中观测到的数据进行微分、积分、相关函数、主成分、独立成分、相位谱、功率谱密度等变换，可以辨识出导致系统故障的退化量取值。产品运行过程中，由各种环境因素相互作用引起的各种机械应力、化学应力、热应力等的改变使产品性能指标不断发生变化。同时，对产品失效准则的判定也以工程实际为基础，例如，雷达测距精度指标为 2m±0.5m，锂离子蓄电池使用寿命为电池容量不超过额定容量的 80%等。因此，基于退化的可靠性建模技术在工程实际中适用性更强。

（3）保障系统运行安全，避免灾难性事故的发生。国内外曾发生的各种空难、海啸、爆炸、地震、核泄漏等恶性事件不但造成了人员伤亡和巨大的经济损失，还产生了严重的社会影响。即使是日常生产中的事故，也会因生产过程不能持续进行或设备突发故障而影响生产并造成经济损失。基于退化的可靠性建模技术可以通过对系统状态的及时监测了解和掌握系统的运行状态，结合系统的历史和现状并考虑各类环境因素，对系统运行情况做出评估，判断其处于正常或非正常状态，并对状态进行显示和记录，提前对异常状态做出预警，以便维修人员及时处理缺陷，为故障分析、性能评估、系统安全运行和合理使用提供信息和准备基础数据。

（4）多模式维修策略应用，为管理者实现综合成本最优提供技术支持。以系统退化建模为基础的预防维修策略能准确地对设备的各种异常状态做出诊断，在故障发生之前提出可能发生故障的预报，可以在设备发生故障前就采取有针对性、有计划性、有目的性的维护手段，及时地预防或消除故障，对系统的运行状态进行必要的指导，从而有助于确保设备的运行稳定性和连续性，以便在允许的条件下充分挖掘系统潜力，延长服役期限和使用寿命，降低全生命周期费用，实现综合成本最优。同时，预防维修时搜集的大量反映设备运行状态的数据可以及时存档于信息化管理系统中，为系统结构修改、优化设计、合理制造等提供信息，有助于提升设备生产管理水平，为企业管理者加强资源配置提供支持。

1.3 研 究 内 容

本书在分析国内外退化建模及预防维修策略等先进成果的基础上，聚焦同时经历外界环境冲击与性能退化的一类相关竞争失效系统的可靠性建模与预防维修策略优化等问题。运用一般退化路径模型和随机过程理论建立系统可靠性评估模型，并在此基础上研究年龄更换策略、周期更换策略、检修更换策略、视情维修策略等基本预防维修更换模型，力求在理论研究上达到一定深度。同时，本书注重理论联系实际，积极将所构建的模型应用到液压控制系统滑阀、海底防爆裂控制系统、气体绝缘金属封闭开关设备、发电机组、发动机气缸和硅材料微机电系统等工程实践中，解决工程实际中复杂系统可靠性评估与维修策略优化问题。总的来说，本书共分为 11 章，其中，主体部分为第 3～10 章，主要研究内容可总结如下。

第 1 章为绪论。介绍本书的研究背景和研究意义，概述本书主要研究内容。

第 2 章为相关竞争失效系统可靠性分析及维修策略优化理论基础。通过对相关竞争失效系统相关理论基础概念的介绍，为后续章节的研究工作奠定基础。对退化建模中涉及的一般退化路径模型、Wiener 过程、Gamma 过程、逆高斯（inverse Gaussian）过程、累积冲击损伤模型等可靠性评估模型的定义、参数估计方法、寿命分布形式等内容进行详尽阐释；对基本维修理论中的年龄更换策略、故障小修的周期更换策略、故障不修的周期更换策略、检修更换策略等预防维修模型的构建和优化方法进行具体分析。

第 3 章为本书的第一大主体研究内容。在相关竞争失效可靠性建模过程中，失效阈值的设定是必不可少的环节。产品设备失效阈值的随机不确定性主要来源于以下两个方面：一方面，在生产制造过程中，由于环境的不确定性及加工工艺的不稳定性，不同的设备不可避免地具有个体差异性；另一方面，在设备使用过程中，外界应力的随机波动会动态影响系统的失效阈值。在描述相关竞争失效模式的基础上，该章首先对失效阈值的随机不确定性进行分析，探究考虑不确定性失效阈值的必要性，其次基于“退化-阈值-冲击”（degradation-threshold-shock，DTS）理论搭建模型公式，描述退化过程与冲击过程之间的相关性，推导相应的随机不确定失效阈值背景下相关竞争失效的可靠性函数，最后以微机电系统为案例对所提模型进行可靠性验证和敏感性分析，从而体现竞争相关性及阈值随机性对系统可靠性的影响。

第 4 章为本书的第二大主体研究内容。多级失效的相互关联性是一个至关重要且涉及众多层面的复杂现象，它探讨的是不同层级间的故障如何相互作用。形象地说，这就像一个层层递进的精细构造，其中，基础部分的微小故障在特定情境下可能逐级扩散，波及更高级别的功能，最终可能导致整个系统的瘫痪。这表明系统不仅在其整体层面上存在失效的相互关联，而且在各个组成部分之间存在这种关联。这些组件间的或组件内部的关联性可以这样理解：一个组件的劣化可能受到其他组件状态的影响。触发这种关联的主要因素是组件的结构特性和功能之间的相互作用。在对此失效机理分析的基础上，该章建立连续退化系统的多级失效相关性可靠性评估模型，构建一个全面的关键度分析框架。该章所提方法可以分别明确由组件带来的影响、组件之间和组件内部的失效相关性。最后通过引入一个滑阀的案例，以验证所提方法的有效性。

第 5 章为本书的第三大主体研究内容。该章引入退化过程和冲击过程的老化效应，探讨产品抵抗暴露故障过程的内在能力如何随着运行而退化。其中，退化过程由连续的 Gamma 过程进行描述，为了能够准确地描述产品性能随时间的下降特性，假定增加速率由老化强度决定；为了凸显老化效应对冲击破坏的影响，假设故障阈值随运行时间而降低。退化过程与冲击过程之间的依赖强度是根据冲击幅度和累积退化概率决定的。在考虑退化效应的情况下，为了评估产品在不同故障模式下的可靠性，分别计算退化失效、冲击失效和相关竞争失效的可靠性函数。最后选取发动机系统的气缸作为案例，通过敏感性分析揭示关键参数对系统可靠性的具体影响，为工程师提供关于优化产品设计和维护策略以延长产品寿命的方案。

第 6 章为本书的第四大主体研究内容。对冲击过程和退化过程双重相关的复杂系统进行可靠性建模，并在此基础上提出同时考虑冲击次数和系统运行年龄的双变量预防维修策略。具体来说，以一般退化路径模型为基础的内部退化过程和以非齐次泊松（Poisson）过程为基础的外界冲击过程相互影响，竞争性地导致系统失效。一方面，冲击损伤可改变系统当前退化量，加速系统退化失效；另一方面，系统退化量可直接影响冲击到达强度。考虑两类冲击效果：第一类冲击为轻微冲击，可通过最小维修进行修复；第二类冲击为严重冲击，可直接导致系统发生冲击失效。对系统在发生 N 次轻微冲击或运行时间到达 T 时进行预防性更换，在更新报酬理论的基础上进行维修方案设计并进行维修策略优化。

第 7 章为本书的第五大主体研究内容。在受随机退化的同时遭受外界冲击的单部件系统中，将到达的冲击分为两种类型，即非致命冲击和致命冲击，基于 DTS 理论建模框架对系统可靠性函数进行研究。提出具有两个优化变量的定期更换策略和检修更换策略，并通过比较来检验哪种策略在平均维修成本率方面效益更高。引入海底水下防喷器（blowout preventer，BOP）控制系统的案例对所提模型进行验证，经敏感性分析表明致命冲击的发生概率对安排维修决策有重大影响。因此，在选择合适的维修策略之前，考虑冲击效果的影响具有重要意义。

第 8 章为本书的第六大主体研究内容。对具备容错机制的相关竞争失效系统可靠性进行分析，并在此基础上对比两类基于时间的预防维修策略。具体来说，以带漂移的 Wiener 过程对系统退化过程进行描述，并考虑外界环境冲击对系统可靠性的影响。外界冲击根据冲击效果可以分为两类：一类冲击为致命冲击，可直接导致系统丧失功能；另一类冲击为非致命冲击，可以以冲击损伤的方式加速系统退化。由于系统事先设计容错机制，可以对一定数量的非致命冲击进行屏蔽。在 m-δ 冲击模型的基础上，对退化系统可靠性进行分析，并提出以年龄更换策略和故障不修的周期更换策略为代表的两类基于时间的预防维修模型。以两类策略最优的维修成本率为出发点定义策略相对增益，进而对两个维修策略的经济性和优劣进行对比，为维修管理人员提供理论参考。

第 9 章为本书的第七大主体研究内容。对存在退化延迟的一类随机失效系统进行可靠性建模，并分析其预防维修策略。具体来说，对于存在随机延迟初始时间的一般退化系统，以 Gamma 过程描述其退化规律，根据冲击效果将外界环境冲击分为致命冲击和非致命冲击两类。冲击过程和退化过程的相关关系体现在，随机冲击过程的强度受当前退化量的影响，同时非致命冲击以累积损伤的方式加速系统失效。在系统可靠性分析的基础上，提出以周期更换策略为代表的基于时间的维修策略和以检修更换策略为代表的基于状态的维修策略，以维修成本率的相对增益作为目标函数对不同情形下的两类预防维修策略进行对比。将理论模型用于某气体绝缘金属封闭开关设备的可靠性分析及其维修策略的优化中，研究结论可服务于维修工程人员。

第 10 章为本书的第八大主体研究内容。以标准累积冲击损伤模型为基础，引入损伤自治愈系数和损伤加剧系数对累积冲击损伤模型进行扩展，在对部件可靠性进行建模的基础上，分别对串并联系统和并串联系统可靠性进行分析，并研究损伤自治愈系数和损伤加剧系数对系统成批更换策略的影响。与传统的多部件系统不同，该章假设存在多种类型的外界冲击且并非每一种冲击都对每一个部件起作用。将具有自治愈能力的聚合物黏合剂添加到硅微粒中，并研究不同损伤自治愈系数下以硅微粒为主要组成成分的微机电系统的可靠性及自治愈能力对系统最优更换周期的影响。

第 11 章是结论与展望。通过对全书内容的总结，进一步明确其中的理论价值和下一步的研究重点。

整体来说，第 1 章作为引出全书的主要研究内容，阐述本书的研究背景和意义。第 2 章介绍相关竞争失效系统的基本特征，作为基础理论的介绍，综述当前系统退化建模及预防维修策略方面的研究进展。第 3～10 章是本书的核心内容，也是重点工作。综合运用一般退化路径模型、带漂移的 Wiener 退化过程、Gamma 退化过程、累积冲击损伤模型等可靠性建模方法和以此为基础的年龄更换策略、周期更换策略、检修更换策略等基本预防维修策略，从单部件系统的可靠性分析过渡到多部件系统的可靠性评估；在维修策略上，也从基于时间的预防维修模型逐渐过渡到基于状态的预防维修模型，且以工程实际案例为背景进行模型的检验和修正。本书核心内容部分建模与分析按照“确定失效机理—选取可靠性评估模型—估计模型未知参数—计算失效分布—制订维修方案—优化维修策略—模型验证与应用”的步骤展开，力求在理论和应用两个层面上都具有深度和价值。第 11 章再次总结本书的创新点，指出下一步可能的研究内容。

第2章　相关竞争失效系统可靠性分析及维修策略优化理论基础

产品失效模式一般可以分成退化失效和冲击失效两类，其中，退化失效是指产品功能或性能随时间缓慢劣化并最终无法满足规定要求，冲击失效则是指产品功能在工作过程中由于环境影响或外界冲击而突然丧失。例如，某型金属化膜电容器电容值的下降可能包含两种原因：一种是介质的自然耗损导致的缓慢退化，是一直在发生的；另一种是外界应力冲击、电容元件端部喷金层的连接松散或剥落、有机薄膜击穿导致大面积的自愈等诱导的介质突发耗损，是随机发生的。如果一个产品同时具有这两种失效模式，即产品在性能缓慢退化过程中可能发生冲击失效，则产品的最终失效往往是不同失效模式竞争的结果。同时，产品的退化失效和冲击失效往往不是独立的，而是存在某种相关关系。

2.1　相关竞争失效系统的基本特征

复杂系统的失效模式总体上可分为退化失效和冲击失效两类。

1. 退化失效

系统在运行期间，并不只有简单的正常和失效两种状态，而是一个连续的退化过程，许多失效机理都可以被认为是一个潜在的退化过程。当系统性能随着时间退化到一定程度时，会出现失效，此时判断系统发生退化失效的标准称为退化失效阈值。若系统退化量超过退化失效阈值，则系统发生退化失效。例如，机械零件的磨损，金属材料的蠕变、腐蚀，电子元器件的性能衰退，绝缘材料的老化等，退化失效是一个随机过程。退化失效过程如图 2.1 所示，系统退化量在 t_1 时刻首次超过退化失效阈值 D，此时系统将发生退化失效。

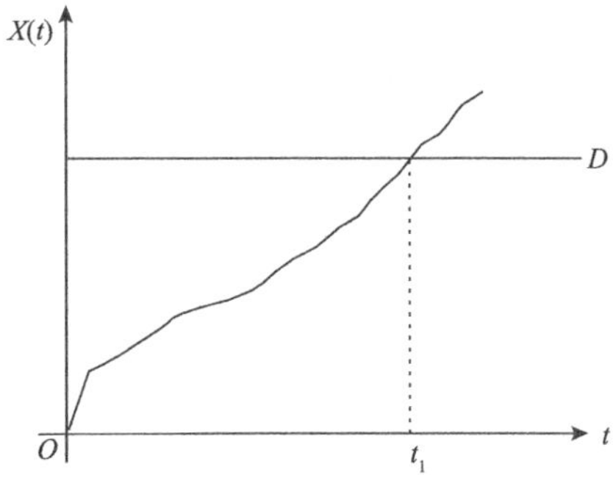

图 2.1　退化失效过程

2. 冲击失效

系统除由自身因素导致的自然退化以外，还会因外界随机环境的变化而不断受到冲击的影响，这种由外在冲击载荷的影响而导致的失效称为冲击失效。由于冲击破坏是偶然的，系统的冲击失效可能随时发生，此时判断系统发生冲击失效的标准称为冲击失效阈值。冲击失效可能因外界的冲击（电冲击、温度冲击等）超过系统冲击失效阈值导致，也可能因系统的性能（强度、刚度等）不足导致。根据现有理论研究，冲击失效具有多种类型，将在 2.4 节中进行详细介绍，下面简述其中一种冲击失效过程——极值冲击失效。如图 2.2 所示，在 t_4 时刻极值冲击载荷 W_4 首次超过了系统冲击失效阈值 D，表明系统在 t_4 时刻即发生冲击失效。

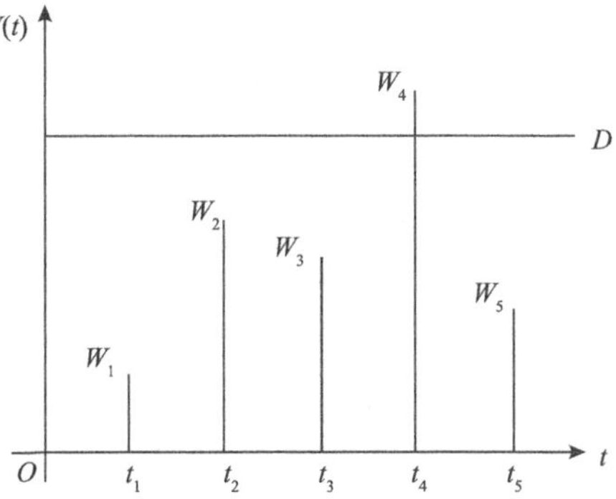

图 2.2　极值冲击失效过程

3. 相关竞争失效

若退化失效和冲击失效同时存在于系统运行过程中，则系统的最终失效是由这两种失效模式相互竞争造成的。系统连续退化产生的退化失效及随机冲击导致的冲击失效在运行过程中相互依赖且相互竞争，从而引发竞争失效过程。两种失效模式的相互影响主要体现在两方面：一方面，随机冲击会导致退化程度的加深；另一方面，连续退化过程会使得冲击失效更容易发生。例如，脉冲氙灯失效一般包括由电极材料熔化蒸发导致的退化失效和炸灯等导致的冲击失效，而炸灯的概率随产品退化程度的增加而减小。

2.2 可靠性基础知识

可靠性是指产品在规定条件下和规定时间内完成规定功能的能力。可靠性一词包括广义和狭义两种解释。广义可靠性是指产品在其整个生命周期内完成规定功能的能力，包括狭义可靠性和维修性；狭义可靠性是指产品在某一规定时间内发生失效的难易程度。

上述可靠性的定义中包含三个主要因素，即规定的条件、规定的时间和规定的功能。

（1）规定的条件。一个产品规定的工作条件是非常重要的，达不到规定工作条件的产品不能正常工作，其寿命不能保证。规定的工作条件通常是指环境条件（如温度、湿度、振动、气压、辐射、风沙、腐蚀性气体、冲击、噪声、磁场、电场、油污、灰尘）、维修条件（如维护保养措施、修理技术水平、可修性与不修性）和使用条件（如使用者的操作技术水平、连续工作或非连续工作），这三方面的条件对产品的可靠性有着直接影响。条件不同，虽是同一产品，可靠性也大不一样。例如，产品在实验条件下工作和在车间条件下工作，在室内条件下工作和在野外条件下工作，其可靠性可能差距十分大。因此，不在规定的相同条件下讨论或比较系统的可靠性指标没有意义。

（2）规定的时间。时间参数可以用周期、次数、里程或其他指标代替。时间可以包括被研究产品的任何观察期间或实际的工作期间和贮存期等，规定时间的表示方法和长短依据产品及其功能的不同而异。例如，一般的机器和仪表用工作小时表示；交通运输和动载工具（如汽车、火车、飞机、火箭等）用行驶或飞行公里表示；齿轮、轴承和某些受弯曲载荷的产品用循环次数表示；成功-失败型装置用试验次数表示；继电器开关以工作次数表示。另外，导弹、火箭要求在几分或几秒内可靠，灯泡、显像管要求几千或上万小时内可靠，机器设备、桥梁建筑要求几十年或几百年内可靠，一些可维修的产品（如机床）只要更换部件就可以工作无穷长时间。另外，可靠性是包含时间因素的产品质量指标，撇开时间就失去了讨论可靠性的前提。由于产品的老化和磨损，产品可靠度随着时间的延长而逐渐降低，因此可靠度是时间的非增函数。要说清楚什么时间上的可靠度才有意义，例如，一件产品的可靠度在第一年和第二年是不同的。不在规定时间的前提下讨论可靠度是没有意义的。

（3）规定的功能。产品功能通常由产品的各项性能指标（如精度、功率、速度、稳定度等）来给出。在工作或试验中，通过检测，例如，确认产品达到了规定的性能指标，则称产品完成了规定的功能，为完好产品；反之，则称该产品丧失了规定的功能，为失效产品，对可修产品通常称故障。产品由完好状态向失效状态的转变称为发生故障或失效，将此刻相应的各项性能指标称为失效判据或故障判据。在讨论某种产品的可靠性时，明确而合理地给出定量的失效判据或故障判据是非常重要的，否则就失去了讨论可靠性的准绳。每种产品都有一定的功能，是专用的一种功能或多种功能，超出规定的功能来要求产品是不合理的。功能多的产品要保证高可靠度是困难的，在设计上要和实际任务和成本等因素结合起来考虑。

综上所述，可靠性作为一门学科，其任务就是在规定的条件、规定的时间和规定的功能前提下研究产品发生故障的统计规律。可靠性数学模型就是这种规律性的数学综合、分析与描述，以便在设计和使用时为提高或预测产品的可靠性提供数量依据。

2.2.1　可靠度

可靠度是指产品在规定条件下和规定时间内，完成规定功能的概率。可靠度是可靠性的定量化名词。可靠度 $R(t)$ 的公式为

$$R(t) = P\{T > t\} \tag{2.1}$$

其中，T 为系统的寿命；t 为规定时间。

2.2.2　不可靠度

不可靠度是指系统在规定条件下和规定时间内，不能完成规定功能的概率，也称累积失效概率。不可靠度 $F(t)$ 的公式为

$$F(t) = P\{T \leqslant t\} = 1 - R(t) \tag{2.2}$$

以系统出厂时刻的角度描述不可靠度，当 $t = 0$ 时，$F(t) = 0$，当 $t = \infty$ 时，$F(t) = 1$。

2.2.3 失效概率密度

失效概率密度为累积失效概率 $F(t)$ 对时间 t 的变化率，记为 $f(t)$，公式为

$$f(t)=\frac{\mathrm{d}F(t)}{\mathrm{d}t}=-\frac{\mathrm{d}R(t)}{\mathrm{d}t} \tag{2.3}$$

从统计学的角度出发，若有 N_0 个产品，经过时间 t 后失效总数为 $n(t)$。假设经过了时间 $t+\Delta t$，系统失效总数为 $n(t+\Delta t)$，则定义时刻 t 失效概率密度函数为

$$f(t)=\frac{n(t+\Delta t)-n(t)}{N_0\Delta t} \tag{2.4}$$

2.2.4 失效率

失效率是指系统工作至时刻 t，在单位时间内发生失效的概率，记为 $\lambda(t)$。失效率是非常重要的可靠性指标，它反映了系统在时刻 t 丧失工作能力的速率，表示为

$$\lambda(t)=\lim_{\Delta t\to 0}\frac{P\{t<T\leqslant t+\Delta t|T>t\}}{\Delta t} \tag{2.5}$$

从统计学的角度出发，若有 N_0 个产品，经过时间 t 后失效总数为 $n(t)$。假设经过了时间 $t+\Delta t$，系统失效总数为 $n(t+\Delta t)$，则定义时刻 t 失效率为

$$\lambda(t)=\frac{n(t+\Delta t)-n(t)}{(N_0-n(t))\Delta t} \tag{2.6}$$

当考察的时间足够长时，有

$$\lambda(t)=\lim_{\substack{\Delta t\to 0\\ N_0\to\infty}}\frac{n(t+\Delta t)-n(t)}{(N_0-n(t))\Delta t}=\lim_{\substack{\Delta t\to 0\\ N_0\to\infty}}\frac{\dfrac{n(t+\Delta t)-n(t)}{N_0\Delta t}}{\dfrac{N_0-n(t)}{N_0}}=\frac{f(t)}{R(t)} \tag{2.7}$$

上述四个可靠性指标中，若知道其中的任意一个指标，就可以通过上述公式推导其他三个指标，其关系如表 2.1 所示。

表 2.1　各可靠性指标间的关系

可靠性指标	$f(t)$	$F(t)$	$R(t)$	$\lambda(t)$
$f(t)$	$f(t)$	$\dfrac{\mathrm{d}F(t)}{\mathrm{d}t}$	$-\dfrac{\mathrm{d}R(t)}{\mathrm{d}t}$	$\lambda(t)\exp\left[\int_0^t \lambda(s)\mathrm{d}s\right]$
$F(t)$	$\int_0^t f(s)\mathrm{d}s$	$F(t)$	$1-R(t)$	$1-\exp\left[\int_0^t \lambda(s)\mathrm{d}s\right]$
$R(t)$	$\int_t^\infty f(s)\mathrm{d}s$	$1-F(t)$	$R(t)$	$\exp\left[\int_0^t \lambda(s)\mathrm{d}s\right]$
$\lambda(t)$	$\dfrac{f(t)}{R(t)}$	$\dfrac{1}{1-F(t)}\dfrac{\mathrm{d}F(t)}{\mathrm{d}t}$	$\dfrac{f(t)}{R(t)}$	$\lambda(t)$

2.3　基于退化的可靠性建模技术

本书将退化模型分为一般退化路径模型（2.3.1 节）和随机过程模型（2.3.2～2.3.4 节）两大类，其中，常用于退化建模的随机过程包括 Wiener 过程、Gamma 过程、inverse Gaussian 过程等。本节主要介绍典型退化模型的基础理论和基本性质，根据其常用的参数估计方法对模型中未知参数进行估计和计算，并结合系统失效阈值推导其寿命分布。需要指出的是，本书的退化系统专指状态连续且难以以有限数量划分的一类随机失效系统，因此离散多状态系统（multi-state system，MSS）不在本书研究范围内，以下不再赘述。

2.3.1　一般退化路径模型

1. 模型定义

设 $X(t)$ 是产品在时刻 t 的退化特征量，其中，$X(t)$ 不局限于产品的物理性能，而是任何可以表征产品失效机理和失效过程、与产品寿命和可靠性相关的可以测量，或可以从测量数据中提取的变量，这些变量能够表示产品的物理性能或功能特性，则一般退化路径模型可表示为如下带随机参数的确定性函数形式：

$$X(t)=f(t;\boldsymbol{\Theta},\boldsymbol{\beta}) \tag{2.8}$$

其中，确定性函数 f 称为退化函数，可根据经验或对退化过程的定性解释来进行确定；$\boldsymbol{\Theta}=(\theta_1,\theta_2,\cdots,\theta_p)^{\mathrm{T}}$ 是对所有单元都相同的 p 维参数向量，称为固定效应参数；$\boldsymbol{\beta}=(\beta_1,\beta_2,\cdots,\beta_q)^{\mathrm{T}}$ 是描述不同个体差异性和特殊性的 q 维参数向量，称为随机效应参数。在确定退化函数后，随机过程 $\{X(t),t\geqslant 0\}$ 的样本函数可完全由固定效应参数 $\boldsymbol{\Theta}$ 和随机效应参数 $\boldsymbol{\beta}$ 的实现决定。

对于任意给定的样本，假设作为时间 t 的函数 $X(t)$ 的导数存在，定义

$$V(t)=\frac{\mathrm{d}X(t)}{\mathrm{d}t}=\frac{\mathrm{d}f(t;\boldsymbol{\Theta},\boldsymbol{\beta})}{\mathrm{d}t} \tag{2.9}$$

则 $V(t)$ 称为产品退化率。根据对产品退化率的定性认识，产品退化率可简要分成退化速率递增（$X_1(t)$）、退化速率恒定（$X_2(t)$）和退化速率递减（$X_3(t)$）三种情形，图 2.3 给出了失效阈值为 0.6 时退化曲线的三种情形。

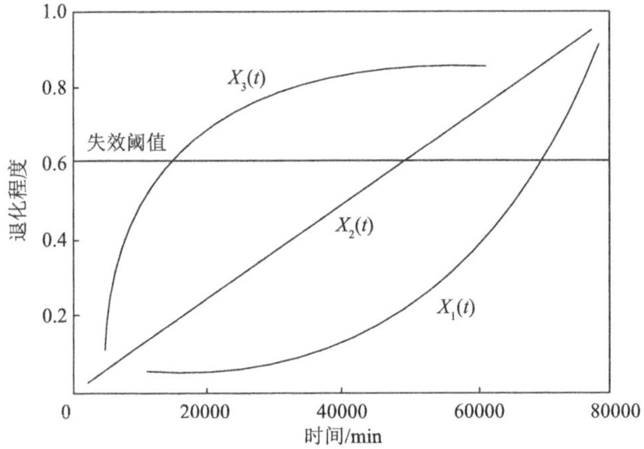

图 2.3　退化曲线的三种情形

对于图 2.3 所示的每一种情形，都可能有多个形式的曲线进行描述。参照寿命分布失效率的概念，结合产品失效机理，可以定义以下常用的退化率模型，作为一般退化路径模型的候选。

（1）恒定退化率模型。恒定退化率模型即图 2.3 中的线性退化形式，包括随机截距模型和随机斜率模型等。退化率 $V(t)=\mathrm{d}X(t)/\mathrm{d}t\equiv C$ 与时间无关，其中，C 是与时间 t 无关的随机变量或常数，分别表示不同个体具有不同的退化速率及所有个体具有相同的退化速率。

（2）幂律退化率模型。幂律退化率模型对应图 2.3 中的退化速率递增的情形，即退化速率随时间增加而逐渐增大。常用的幂律退化率形式为 $V(t)=\alpha t^{\beta}$ $(\beta>0)$，其中，α,β 可能是随机变量或常数。大部分产品和材料的退化规律可以用幂律退化率模型来进行描述，如钢筋混凝土结构的建筑强度、硫酸盐侵蚀造成的混凝土的退化等。

（3）逆幂律退化率模型。逆幂律退化率模型对应图 2.3 中的退化速率递减的情形，即退化速率随时间增加而逐渐增大。常用的逆幂律退化率形式为 $V(t)=\alpha t^{-\beta}\ (\beta>0)$，其中，$\alpha,\beta$ 可能是随机变量或常数。部分机械产品或材料的性能退化符合逆幂律退化率模型，如混凝土老化造成的产品退化满足 $\beta=0.5$ 的规律，蠕变导致的混凝土退化满足 $\beta=0.875$ 的规律。常用的对数退化率模型也是一种特殊的逆幂律退化率模型。

（4）指数退化率模型。在指数退化率模型中，$V(t)=\alpha\exp(-\beta t\gamma)$，其中，$\alpha,\beta,\gamma$ 是任意实数。当 $\beta>0$ 时，指数退化率模型是图 2.3 中退化速率递减情形的一种。很多电子产品的退化率符合指数退化率模型，如绝缘材料中氯化铜含量的增加导致的印刷电路板失效。

（5）混合模型。实际中影响产品退化性能的过程可能是非常复杂的，即存在多种因素的混合作用，且不同因素对性能退化速率的影响方式不同。混合模型常用于描述多种退化过程相互促进或抑制的情形，例如，一般的多项式退化率模型可以认为是恒定退化率模型与多种幂律退化率模型相加的混合模型。

2. *参数估计*

含随机效应的一般退化路径模型的参数估计是比较困难的，需要根据退化路径的具体形式采取不同的方法。当退化量与模型参数存在线性关系时，称这样的退化路径模型为线性效应退化路径模型。当退化量与模型参数不存在线性关系时，称其为非线性效应退化路径模型。对于线性效应退化路径模型或者经时间尺度变换可以转化为线性效应退化路径模型的非线性效应退化路径模型，可以采取极大似然估计（maximum likelihood estimation，MLE）方法对模型中的未知参数进行估计。

1）极大似然估计

设有 n 个样本进行退化试验，对于第 $i\ (i=1,2,\cdots,n)$ 个样本可得到 m_i 个退化数据，数据测量时刻为 $t_{i1},t_{i2},\cdots,t_{im_i}$。对于第 i 个单元的退化路径，其退化试验数据可表示为

$$\boldsymbol{y}_i=\boldsymbol{x}_i+\boldsymbol{\varepsilon}_i=\boldsymbol{U}_i\boldsymbol{\Theta}+\boldsymbol{V}_i\boldsymbol{\beta}_i+\boldsymbol{\varepsilon}_i \tag{2.10}$$

其中，$\boldsymbol{x}_i=(x_{i1},x_{i2},\cdots,x_{im_i})^{\mathrm{T}}$ 和 $\boldsymbol{y}_i=(y_{i1},y_{i2},\cdots,y_{im_i})^{\mathrm{T}}$ 分别为第 i 个单元的实际退化过程和退化特征量的测量值；$\boldsymbol{\Theta}=(\theta_0,\theta_1,\cdots,\theta_{p-1})^{\mathrm{T}}$ 为对应固定效应协变量 $\boldsymbol{U}_i$ 的参数向量；$\boldsymbol{\beta}_i=(\beta_{i1},\beta_{i2},\cdots,\beta_{iq})^{\mathrm{T}}$ 为对应随机效应协变量 $\boldsymbol{V}_i$ 的参数向量。假设 $\boldsymbol{\beta}_i$ 为 q 维 Gaussian 随机向量，均值为 0，方差为 $\boldsymbol{\Sigma}$，即 $\boldsymbol{\beta}_i\sim N(0,\boldsymbol{\Sigma})$。

对于不同试验单元，假设$\boldsymbol{\beta}_1,\boldsymbol{\beta}_2,\cdots,\boldsymbol{\beta}_n$是相互独立的；对于给定第$i$个单元，$\boldsymbol{\beta}_i$的实现对该单元的所有重复测量保持为常数。$\boldsymbol{\varepsilon}_i=(\varepsilon_{i1},\varepsilon_{i2},\cdots,\varepsilon_{im_i})^{\mathrm{T}}$表示测量误差，$\varepsilon_{ij}\ (i=1,2,\cdots,n;j=1,2,\cdots,m_i)$相互独立且服从正态分布，均值为0，方差为$\sigma^2$。$\boldsymbol{U}_i$是$m_i\times p$矩阵，每一行表示第$i$个单元在每个观测时刻的固定效应协变量取值，表示为$\boldsymbol{u}_{ij}=(1,u_{ij1},u_{ij2},\cdots,u_{ij,p-1})^{\mathrm{T}}$。为表示方便，令第一个协变量为时间，即$u_{ij1}=t_{ij}$，则$\boldsymbol{u}_{ij}=(1,t_{ij},u_{ij2},\cdots,u_{ij,p-1})^{\mathrm{T}}$，其余协变量可能是时间的函数，也可能包含时间和其他物理变量。同样地，随机效应协变量$\boldsymbol{V}_i$是$m_i\times q$矩阵，每一行表示为$\boldsymbol{v}_{ij}=(v_{ij1},v_{ij2},\cdots,v_{ijq})^{\mathrm{T}}$。由于只有部分回归系数是随机的，$\boldsymbol{V}_i$通常是$\boldsymbol{U}_i$的一个子矩阵。

固定效应参数$\boldsymbol{\Theta}$、随机效应模型的协方差矩阵$\boldsymbol{\Sigma}$和测量误差的方差σ^2是第i个单元退化数据$\boldsymbol{y}_i$的边际分布的参数，而观测值$\boldsymbol{y}_i$服从多元正态分布，即$\boldsymbol{y}_i\sim N(\boldsymbol{U}_i\boldsymbol{\Theta},\boldsymbol{\Omega}_i)$，其中，协方差矩阵$\boldsymbol{\Omega}_i$为

$$\boldsymbol{\Omega}_i=\boldsymbol{V}_i\boldsymbol{\Sigma}\boldsymbol{V}_i^{\mathrm{T}}+\sigma^2\boldsymbol{I}_{m_i} \tag{2.11}$$

从而得到第i个单元的对数似然函数为

$$l_i=-\frac{1}{2}(\boldsymbol{y}_i-\boldsymbol{U}_i\boldsymbol{\Theta})^{\mathrm{T}}\boldsymbol{\Omega}_i^{-1}(\boldsymbol{y}_i-\boldsymbol{U}_i\boldsymbol{\Theta})-\frac{1}{2}\ln|\boldsymbol{\Omega}_i| \tag{2.12}$$

其中，$|\boldsymbol{\Omega}_i|$为矩阵$\boldsymbol{\Omega}_i$的行列式。

进一步地，对于n个独立试验单元，其对数似然函数为

$$l=-\frac{1}{2}\sum_{i=1}^{n}(\boldsymbol{y}_i-\boldsymbol{U}_i\boldsymbol{\Theta})^{\mathrm{T}}\boldsymbol{\Omega}_i^{-1}(\boldsymbol{y}_i-\boldsymbol{U}_i\boldsymbol{\Theta})-\frac{1}{2}\sum_{i=1}^{n}\ln|\boldsymbol{\Omega}_i| \tag{2.13}$$

为了求解极大似然估计，可以采用优化搜索或者数值方法直接求式（2.13）中对数似然函数的极值，但是多维优化问题的求解一般是较为困难的，可以通过构造截面似然函数简化计算，从而得到参数的截面极大似然估计值。

实际上，给定方差$\boldsymbol{\Sigma}$和σ^2，在正态性假设下，回归系数$\boldsymbol{\Theta}$的估计可以转化为最小二乘估计（least squares estimation，LSE）问题，即将$\boldsymbol{V}_i\boldsymbol{\beta}_i+\boldsymbol{\varepsilon}_i$作为测量误差，那么测量误差为服从均值为0、协方差矩阵为$\boldsymbol{\Omega}_i$的正态分布。通过加权最小二乘法，可以得到回归系数$\boldsymbol{\Theta}$的估计为

$$\widehat{\boldsymbol{\Theta}}(\boldsymbol{\Sigma},\sigma)=\left[\sum_{i=1}^{n}(\boldsymbol{U}_i^{\mathrm{T}}\boldsymbol{\Omega}_i^{-1}\boldsymbol{U}_i)\right]^{-1}\left[\sum_{i=1}^{n}(\boldsymbol{U}_i^{\mathrm{T}}\boldsymbol{\Omega}_i^{-1}\boldsymbol{U}_i)\right] \tag{2.14}$$

将$\boldsymbol{\Theta}$的估计$\widehat{\boldsymbol{\Theta}}(\boldsymbol{\Sigma},\sigma)$代入式（2.14）所示的对数似然函数中，可以得到方差部分$\boldsymbol{\Sigma}$和σ^2的截面对数似然函数，进而通过极大化截面对数似然函数得到方差部分$\boldsymbol{\Sigma}$和σ^2的估计。

2）两阶段法

当一般退化路径模型为非线性效应退化路径模型时，难以得到其未知参数的极大似然估计，这时可以考虑采用两阶段法。两阶段法是一种近似的参数估计方法，其步骤如下：首先，估计各个样本的退化路径参数，即对于每个样本，单独拟合其退化数据，获得该样本的退化路径和退化模型参数；其次，利用获得的 n 组退化模型参数的估计值，计算总体退化路径模型参数的估计值。具体来说，分为下面两步。

（1）估计个体退化路径。

对于每个样本$i\,(i=1,2,\cdots,n)$，用线性或非线性最小二乘法，获得其退化路径模型参数$(\boldsymbol{\Theta}_i,\boldsymbol{\beta}_i)$的估计$(\widehat{\boldsymbol{\Theta}}_i,\widehat{\boldsymbol{\beta}}_i)$，即$(\widehat{\boldsymbol{\Theta}}_i,\widehat{\boldsymbol{\beta}}_i)$是使式（2.15）最小的解：

$$Q(\boldsymbol{\Theta}_i,\boldsymbol{\beta}_i)=\sum_{j=1}^{m_i}\left[y_{ij}-f(t_{ij};\boldsymbol{\Theta}_i,\boldsymbol{\beta}_i)\right]^2 \tag{2.15}$$

从而第 i 个样本的测量误差$\boldsymbol{\varepsilon}_i$的方差$\sigma_i^2$的估计值为

$$\widehat{\sigma}_i^2=\frac{1}{m_i-p-q}Q(\widehat{\boldsymbol{\Theta}}_i,\widehat{\boldsymbol{\beta}}_i) \tag{2.16}$$

对于退化数据较大的m_i，在条件$\boldsymbol{\beta}_i=\boldsymbol{\beta}_i^*$下，可得到如下渐近分布：

$$\begin{pmatrix}\widehat{\boldsymbol{\Theta}}_i\\ \widehat{\boldsymbol{\beta}}_i\end{pmatrix}\sim N\left(\begin{pmatrix}\boldsymbol{\Theta}\\ \boldsymbol{\beta}_i^*\end{pmatrix},\sigma_\varepsilon^2\left[\boldsymbol{f}^{\mathrm{T}}(t_j;\boldsymbol{\Theta},\boldsymbol{\beta}_i^*)\boldsymbol{f}(t_j;\boldsymbol{\Theta},\boldsymbol{\beta}_i^*)\right]^{-1}\right) \tag{2.17}$$

$$\frac{(m_i-p-q)\widehat{\sigma}_i^2}{\sigma_\varepsilon^2}\sim\chi^2(m_i-p-q) \tag{2.18}$$

其中，$\boldsymbol{\beta}_i^*$是$\boldsymbol{\beta}_i$的实际值；$N(\bullet)$是多元正态分布；$\chi^2(m_i-p-q)$是自由度为m_i-p-q的卡方分布；$\left[\boldsymbol{f}^{\mathrm{T}}(t_j;\boldsymbol{\Theta},\boldsymbol{\beta}_i^*)\boldsymbol{f}(t_j;\boldsymbol{\Theta},\boldsymbol{\beta}_i^*)\right]^{-1}$是$(p+q)$阶费希尔（Fisher）信息矩阵的逆，计分统计量为

$$\boldsymbol{f}^{\mathrm{T}}(t_j;\boldsymbol{\Theta},\boldsymbol{\beta}_i^*)=\left[\boldsymbol{f}_{\boldsymbol{\Theta}_1}(t_j;\boldsymbol{\Theta},\boldsymbol{\beta}_i),\cdots,\boldsymbol{f}_{\boldsymbol{\Theta}_p}(t_j;\boldsymbol{\Theta},\boldsymbol{\beta}_i);\boldsymbol{f}_{\boldsymbol{\beta}_{i1}}(t_j;\boldsymbol{\Theta},\boldsymbol{\beta}_i),\cdots,\boldsymbol{f}_{\boldsymbol{\beta}_{iq}}(t_j;\boldsymbol{\Theta},\boldsymbol{\beta}_i)\right]^{\mathrm{T}}$$

（2）估计总体退化路径。

根据假设，随机效应参数 $\boldsymbol{\beta}$ 服从多元正态分布，即 $\boldsymbol{\beta} \sim N(\mu_{\boldsymbol{\beta}}, \Sigma_{\boldsymbol{\beta}})$，则可利用个体退化路径模型参数的估计值，得到总体固定效应参数 $\boldsymbol{\Theta}$ 及随机效应参数 $\boldsymbol{\beta}$ 的估计为

$$\widehat{\boldsymbol{\Theta}} = \frac{1}{n}\sum_{i=1}^{n}\widehat{\boldsymbol{\Theta}}_i \tag{2.19}$$

$$\widehat{\mu}_{\boldsymbol{\beta}} = \frac{1}{n}\sum_{i=1}^{n}\widehat{\boldsymbol{\beta}}_i \tag{2.20}$$

$$\widehat{\boldsymbol{\Sigma}}_{\beta} = \frac{1}{n-1}\sum_{i=1}^{n}\left[\widehat{\boldsymbol{\beta}}_i - \widehat{\mu}_{\boldsymbol{\beta}}\right]^{\mathrm{T}}\left[\widehat{\boldsymbol{\beta}}_i - \widehat{\mu}_{\boldsymbol{\beta}}\right] - \frac{1}{n}\sum_{i=1}^{n}\widehat{\mathrm{Var}_{\varepsilon}}(\widehat{\boldsymbol{\beta}}_i) \tag{2.21}$$

其中，$\widehat{\mathrm{Var}_{\varepsilon}}(\widehat{\boldsymbol{\beta}}_i) = \sigma_i^2\left[\boldsymbol{f}^{\mathrm{T}}(t_j;\boldsymbol{\Theta},\boldsymbol{\beta}_i^*)\boldsymbol{f}(t_j;\boldsymbol{\Theta},\boldsymbol{\beta}_i^*)\right]_{q\times q}$ 是从第 i 个样本函数中得到的 $\widehat{\boldsymbol{\beta}}_i$ 的渐近协方差矩阵；$\left[\boldsymbol{f}^{\mathrm{T}}(t_j;\boldsymbol{\Theta},\boldsymbol{\beta}_i^*)\boldsymbol{f}(t_j;\boldsymbol{\Theta},\boldsymbol{\beta}_i^*)\right]_{q\times q}$ 是 $\left[\boldsymbol{f}^{\mathrm{T}}(t_j;\boldsymbol{\Theta},\boldsymbol{\beta}_i^*)\boldsymbol{f}(t_j;\boldsymbol{\Theta},\boldsymbol{\beta}_i^*)\right]^{-1}$ 的右下 q 阶子矩阵。

3. 寿命分布计算

假设已经确立产品退化过程模型 $\{X(t), t \geqslant 0\}$，为评估产品可靠性，首先需要确定产品退化失效准则，即确定退化量的正常取值集合 Ω，并据此判断产品处于何种状态。当 Ω 是以区间形式表示时，区间的边界又称失效阈值，此时确定退化失效准则的过程又称确定失效阈值。产品可靠度定义为

$$R(t) = P\{X(\tau) \in \Omega, 0 \leqslant \tau \leqslant t\} \tag{2.22}$$

按这种方式定义的可靠度又称性能可靠度，即对产品在规定时间和规定条件下，$R(t)$ 是对可靠性特征量 $X(\tau)$ 满足要求 Ω 的能力的概率度量。产品失效时间或寿命定义为

$$T = \inf\{t : X(\tau) \notin \Omega, 0 \leqslant \tau \leqslant t\} \tag{2.23}$$

实际中进行基于退化过程的可靠性评估时，失效阈值的具体类型往往比较复杂，需要根据产品失效机理来进行确定。本书将系统失效阈值分为绝对失效阈值、相对失效阈值、随机失效阈值和复合失效阈值四类。

不失一般性，此处及后面退化模型中均考虑绝对失效阈值的情形，即退化过

程 $\{X(t),t\geqslant 0\}$ 首次达到或超过绝对失效阈值 $D\,(D>0)$ 时，可判定产品失效。定义

$$\tau_D=\inf\{t:X(t)\geqslant D\} \tag{2.24}$$

则 τ_D 称为随机过程 $\{X(t),t\geqslant 0\}$ 首次达到临界值 D 时的时间，也称首达时间。因此，基于退化过程的寿命分布建模也称退化过程的首达时间建模。在可靠性工程中，按照式（2.24）定义的失效常常称为退化失效，意味着产品失效时不能满足功能要求，但是失效产品仍能继续运行。与退化失效对应的是冲击失效，表明产品彻底丧失规定功能，不能继续正常工作。

根据上述定义，产品寿命分布为

$$F_{\tau_D}(t)=P\{\tau_D\leqslant t\}=P\{X(t)\geqslant D\}=\{f(t;\boldsymbol{\Theta},\boldsymbol{\beta})\geqslant D\} \tag{2.25}$$

由于退化函数 $f(t;\boldsymbol{\Theta},\boldsymbol{\beta})$ 的形式往往比较复杂并且具有非单调性，寿命分布 $F_{\tau_D}(t)$ 的形式一般难以准确解析求解，可以采用 Monte Carlo 仿真方法得到。米克（Meeker）和埃斯科巴尔（Escobar）提出的基于伪失效时间对寿命分布 $F_{\tau_D}(t)$ 进行 Monte Carlo 仿真的过程如下：随机抽取退化过程 $\{X(t),t\geqslant 0\}$ 的系数得到一条样本路径，采用定步长方式得到该样本路径首次与直线 $x=D$ 相交的时刻，得到一个伪失效寿命；按照这种方式进行 N 次仿真，得到 N 个伪失效寿命，据此得到产品平均寿命和可靠度的估计，以及寿命分布的直方图估计。具体算法步骤如下。

（1）从 $\boldsymbol{\beta}=(\beta_1,\beta_2,\cdots,\beta_q)^{\mathrm{T}}$ 的联合分布（如均值为 $\widehat{\mu}_{\boldsymbol{\beta}}$、协方差矩阵为 $\widehat{\boldsymbol{\Sigma}}_{\boldsymbol{\beta}}$ 的多元正态分布）中生成 N 个模拟的实现 $\boldsymbol{\beta}_1,\boldsymbol{\beta}_2,\cdots,\boldsymbol{\beta}_N$，其中，$N$ 是一个比较大的数。

（2）根据模拟的 N 个实现，将 $\boldsymbol{\beta}_1,\boldsymbol{\beta}_2,\cdots,\boldsymbol{\beta}_N$ 代入 $f(t;\boldsymbol{\Theta},\boldsymbol{\beta}_1,\boldsymbol{\beta}_2,\cdots,\boldsymbol{\beta}_N)$ 中得到对应的模拟的退化过程，计算每个退化过程超过失效阈值的时间。

（3）对每个时间 t，将

$$\widehat{F}_{\tau_D}(t)\approx\frac{\#\{\text{仿真得到的首达时间}\leqslant t\}}{N} \tag{2.26}$$

作为寿命分布 $F_{\tau_D}(t)$ 的估计。

在 Monte Carlo 仿真方法中，可以使用二项分布估计潜在的误差，并通过选择足够大的 N，使这个误差任意小。特别地，对于给定的时刻 t，对 $F_{\tau_D}(t)$ 估计的 Monte Carlo 误差的标准偏差为 $\sqrt{\dfrac{F_{\tau_D}(t)(1-F_{\tau_D}(t))}{N}}$。

2.3.2 Wiener 过程

1. 模型定义

Wiener 过程又称布朗（Brownian）运动，最初是由英国植物学家罗伯特·布朗（Robert Brown）在 1827 年于显微镜下观察花粉颗粒的运动时发现的，主要描述由大量微小液体分子碰撞的累积效应造成的液体内部微粒的运动。Wiener 过程由于其简单的结构和比较丰富的研究成果，成为目前退化建模中应用最为广泛的一种模型。Wiener 过程的首达时间分布具有解析形式，便于对产品可靠性和寿命的分析与计算。

对于连续时间随机过程 $\{X(t),t\geqslant 0\}$，如果满足：① $X(0)=0$，② $\{X(t),t\geqslant 0\}$ 具有平稳独立增量的特性，即对任意 $0<t_1<t_2<\cdots<t_n$，随机变量 $X(t_1),X(t_2)-X(t_1),\cdots,X(t_n)-X(t_{n-1})$ 相互统计独立，③对任意的 $t>0$，$\{X(t),t\geqslant 0\}$ 服从正态分布，且均值为 0，方差为 $\sigma^2 t$，则称连续时间随机过程 $\{X(t),t\geqslant 0\}$ 为 Wiener 过程。

当 $\sigma=1$ 时，$\{X(t),t\geqslant 0\}$ 称为标准 Wiener 过程或者标准 Brownian 运动，常用 $\{B(t),t\geqslant 0\}$ 来表示。对于 $\sigma\neq 1$ 的情形，可通过变换 $\{X(t)/\sigma,t\geqslant 0\}$，将其转化为标准 Brownian 运动。标准 Brownian 运动 $\{B(t),t\geqslant 0\}$ 的特点是运动过程始终围绕初始点 0 做随机游动，运动的期望距离保持为 0。在退化建模中，常常采用下面改进的 Wiener 过程的形式。

1）带漂移的 Wiener 过程

带漂移的 Wiener 过程是指随机运动具有一个远离初始点的趋势，即不再围绕某一点随机移动。对于连续时间随机过程 $\{X(t),t\geqslant 0\}$，如果满足：① $X(0)=0$，② $\{X(t),t\geqslant 0\}$ 具有平稳独立增量的特性，即对任意 $0<t_1<t_2<\cdots<t_n$，随机变量 $X(t_1),X(t_2)-X(t_1),\cdots,X(t_n)-X(t_{n-1})$ 相互统计独立，③对任意的 $t>0$，$\{X(t),t\geqslant 0\}$ 服从正态分布，且均值为 μt，方差为 $\sigma^2 t$，则称连续时间随机过程 $\{X(t),t\geqslant 0\}$ 是具有漂移参数 μ、扩散参数 σ^2 的 Wiener 过程。

根据上述定义，带漂移的 Wiener 过程可表示为

$$X(t)=\mu t+\sigma B(t) \tag{2.27}$$

带漂移的 Wiener 过程 $\{X(t),t\geqslant 0\}$ 的变异系数为

$$\mathrm{CV}[X(t)]=\frac{\sqrt{\mathrm{Var}[X(t)]}}{E[X(t)]}=\frac{\sigma}{\mu\sqrt{t}} \tag{2.28}$$

从形式上看，$\mathrm{CV}[X(t)]$是时间 t 的减函数，表明从相对意义上看，随时间增加，$X(t)$的样本路径逐渐向其均值曲线靠近。$X(t)$的概率密度函数为

$$f(x;t)=\frac{1}{\sqrt{2\pi\sigma^2 t}}\exp\left[-\frac{(x-\mu t)^2}{2\sigma^2 t}\right] \tag{2.29}$$

由平稳独立增量性质可以得到，$X(t_1),X(t_2),\cdots,X(t_n)$的联合密度为

$$f(x_1,x_2,\cdots,x_n)=f(x_1;t_1)f(x_2-x_1;t_2-t_1)\cdots f(x_n-x_{n-1};t_n-t_{n-1}) \tag{2.30}$$

2）随机效应 Wiener 过程

从性能退化的角度来看，带漂移的 Wiener 过程模型相当于认为同一批产品的退化过程相同，即参数μ和σ都相同。实际上由于产品的原材料、生产过程等的差异，退化过程参数μ和σ可能因产品的个体差异而不同，此时可以用随机效应 Wiener 过程来进行描述。特别是对个体进行寿命预测时，考虑个体之间的差异有助于提高寿命预测精度。常用的随机效应 Wiener 过程可定义为

$$X(t)=\beta t+\sigma B(t) \tag{2.31}$$

其中，β为随机变量，描述个体不同退化速率的差异；σ^2为对所有个体相同的扩散参数。

3）非线性漂移 Wiener 过程

当描述不同个体具有不同退化速率和扩散行为时，可以考虑非线性漂移 Wiener 过程。设时刻 t 的退化特征量为$X(t)$，则非线性漂移 Wiener 过程可表示为

$$X(t)=\int_0^t \mu(x;\theta)\,\mathrm{d}x+\sigma B(t) \tag{2.32}$$

其中，$\mu(t;\theta)$为非线性函数，满足正则条件以保证式（2.32）存在弱的唯一全局解。

某些可线性化的 Wiener 过程本质上仍属于线性漂移 Wiener 过程。例如，假设存在 t 的非负单调增函数$\tau=\Lambda(t)$，使得一元 Wiener 过程可以写成如下形式：

$$X(t)=\mu\Lambda(t)+\sigma B(\Lambda(t)) \tag{2.33}$$

用τ替换$\Lambda(t)$，则可以得到线性漂移 Wiener 过程：

$$Y(\tau)=\mu\tau+\sigma B(\tau) \tag{2.34}$$

4）几何 Wiener 过程

由

$$X(t)=\exp[B(t)],t\geqslant 0 \tag{2.35}$$

定义的过程 $\{X(t),t\geqslant 0\}$ 称为几何 Wiener 过程。形如式（2.35）的几何 Wiener 过程的期望和方差分别为

$$E[X(t)]=E\{\exp[B(t)]\}=\exp\left(\frac{t}{2}\right) \tag{2.36}$$

$$\mathrm{Var}[X(t)]=E[X^2(t)]-\{E[X(t)]\}^2=\exp(2t)-\exp(t) \tag{2.37}$$

2. 参数估计

此处仅考虑对于形如式（2.27）的线性漂移 Wiener 过程的参数估计。假设共有 n 个样本进行性能退化试验，各样本在初始时刻退化量取值为 0，且第 $i\,(i=1,2,\cdots,n)$ 个样本在时刻 $t_{i1},t_{i2},\cdots,t_{im_i}$ 的退化量为 $X_{i1},X_{i2},\cdots,X_{im_i}$ 。记 $\Delta X_{ij}=X_{ij}-X_{i,j-1}$ 是第 i 个样本在时刻 $t_{i,j-1}\sim t_{ij}$ 的退化增量，$\Delta t_{ij}=t_{ij}-t_{i,j-1}$ 为各样本的测量间隔。由 Wiener 过程的性质可知，

$$\Delta X_{ij}\sim N(\mu\Delta t_{ij},\sigma^2\Delta t_{ij}) \tag{2.38}$$

因此，由退化数据 $X_{ij}=x_{ij}\ (i=1,2,\cdots,n;j=1,2,\cdots,m_i)$ 得到模型参数的似然函数为

$$L(\mu,\sigma^2)=\prod_{i=1}^{n}\prod_{j=1}^{m_i}\frac{1}{\sqrt{2\pi\sigma^2\Delta t_{ij}}}\exp\left[-\frac{(\Delta x_{ij}-\mu\Delta t_{ij})^2}{2\sigma^2\Delta t_{ij}}\right] \tag{2.39}$$

进而求得漂移参数 μ 和扩散参数 σ^2 的极大似然估计值分别为

$$\widehat{\mu}=\frac{\sum_{i=1}^{n}X_{im_i}}{\sum_{i=1}^{n}t_{im_i}} \tag{2.40}$$

$$\widehat{\sigma^2}=\frac{1}{\sum_{i=1}^{n}m_i}\left[\sum_{i=1}^{n}\sum_{j=1}^{m_i}\frac{(\Delta X_{ij})^2}{\Delta t_{ij}}-\frac{\left(\sum_{i=1}^{n}X_{im_i}\right)^2}{\sum_{i=1}^{n}t_{im_i}}\right] \tag{2.41}$$

可以看出，漂移参数 μ 的估计只与试验时间的长度及试验结束时样本的性能有关，与测量方案（即测量次数和间隔时间）无关，而扩散参数 σ^2 的估计不仅与试验时间有关，也与测量方案有关。假设采用定时截尾方式进行试验，等间隔测量且各样本的试验时间相同。设测量间隔为 δ，测量次数为 m，试验总时间为 $\tau=\sum_{i=1}^{n}t_{im_i}$，则上述估计量的方差分别为

$$\operatorname{Var}(\hat{\mu})=\frac{\sigma^2}{\tau}=\frac{\sigma^2}{\sum_{i=1}^{n}t_{im_i}} \tag{2.42}$$

$$\operatorname{Var}(\widehat{\sigma^2})=\frac{1}{\delta^2}\operatorname{Var}\left[\frac{1}{mn}\sum_{i=1}^{n}\sum_{j=1}^{m_i}(\Delta X_{ij})^2-\left(\frac{1}{mn}\sum_{i=1}^{n}\sum_{j=1}^{m_i}\Delta X_{ij}\right)^2\right]\approx\frac{2\sigma^4}{mn} \tag{2.43}$$

由此可以看出，测量次数越多，扩散参数的估计精度就越高，并且在没有测量误差的情况下，扩散参数的估计精度与试验时间的长度无关。

3. 寿命分布计算

仍以形如式（2.27）的线性漂移 Wiener 过程为例，在退化过程 $\{X(t),t\geqslant 0\}$ 的基础上定义随机过程

$$Z(t)=\sup_{0\leqslant s\leqslant t}\{X(s),s\geqslant 0\} \tag{2.44}$$

即任意时刻 $t\geqslant 0$，$Z(t)$ 取 $X(t)$ 在时间 $[0,t]$ 内的最大值，$Z(t)$ 也称 Wiener 最大过程。

记时刻 t 的 $Z(t)$ 的概率密度函数为 $g(z,t)$，由 $\{Z(t),t\geqslant 0\}$ 的定义可知其为单调随机过程，且产品在时间 t 内不失效的概率为

$$P\{T>t\}=\{Z(t)<D\}=\int_{-\infty}^{D}g(z,t)\,\mathrm{d}z \tag{2.45}$$

利用福克尔-普朗克（Fokker-Planck）方程（也称柯尔莫哥洛夫（Kolmogorov）前向方程），可得到 $g(z,t)$ 的形式为

$$g(z,t)=\frac{1}{\sigma\sqrt{2\pi t}}\left\{\exp\left[-\frac{(z-\mu t)^2}{2\sigma^2 t}\right]-\exp\left[-\frac{2\mu D}{\sigma^2}\right]\exp\left[-\frac{(z-2D-\mu t)^2}{2\sigma^2 t}\right]\right\} \tag{2.46}$$

将式（2.46）代入式（2.45）中，可得到失效阈值为常数 D 时寿命 τ_D 的分布函数为

$$F_{\tau_D}(t)=P\{\tau_D\leqslant t\}=\Phi\left[\frac{\mu t-D}{\sigma\sqrt{t}}\right]+\exp\left[\frac{2\mu D}{\sigma^2}\right]\Phi\left[\frac{-D-\mu t}{\sigma\sqrt{t}}\right] \tag{2.47}$$

其中，$\Phi(x)$ 为标准正态分布的分布函数，即 $\Phi(x)=\frac{1}{\sqrt{2\pi}}\int_{-\infty}^{x}\exp\left(-\frac{t^2}{2}\right)\mathrm{d}t$。$\tau_D$ 的概率密度函数为

$$f_{\tau_D}(t)=\frac{\mathrm{d}F_{\tau_D}(t)}{\mathrm{d}t}=\frac{D}{\sqrt{2\pi\sigma^2t^3}}\exp\left[-\frac{(D-\mu t)^2}{2\sigma^2t}\right] \tag{2.48}$$

上述分布函数及概率密度函数称为 inverse Gaussian 分布，记为 $\mathrm{IG}(D/\mu,D^2/\sigma^2)$。产品寿命 τ_D 的期望和方差分别为

$$E[\tau_D]=\frac{D}{\mu},\quad \mathrm{Var}[\tau_D]=\frac{D\sigma^2}{\mu^3} \tag{2.49}$$

如果产品退化可以用线性漂移 Wiener 过程描述，假设其运行到时刻 τ 仍未失效，且当前退化特征量为 $x_\tau\ (x_\tau<D)$ 时，产品的剩余寿命 T_{res} 可表示为

$$T_{\mathrm{res}}=\inf\{t:X(t+\tau)\geqslant D,X(\tau)=x_\tau\} \tag{2.50}$$

由 Wiener 过程的独立增量性质和齐次马尔可夫（Markov）性可得

$$T_{\mathrm{res}}=\inf\{t:X(t)\geqslant D-x_\tau\} \tag{2.51}$$

即剩余寿命 T_{res} 的分布也是 inverse Gaussian 分布，其失效分布只需将式（2.47）中的失效阈值 D 换成 $D-x_\tau$ 即可，即

$$F_{T_{\mathrm{res}}}(t)=\Phi\left[\frac{\mu t-(D-x_\tau)}{\sigma\sqrt{t}}\right]+\exp\left[\frac{2\mu(D-x_\tau)}{\sigma^2}\right]\Phi\left[\frac{-(D-x_\tau)-\mu t}{\sigma\sqrt{t}}\right] \tag{2.52}$$

2.3.3 Gamma 过程

1. 模型定义

Gamma 过程由于能够获得对应寿命分布的解析形式且是严格的单调非减的

随机过程，也被广泛应用于退化建模中。

对于连续时间的随机过程 $\{X(t),t\geqslant 0\}$，如果满足：① $X(0)=0$，② $\{X(t),t\geqslant 0\}$ 具有平稳独立增量的特性，③对任意的 $t\geqslant 0$ 和 Δt，$X(t+\Delta t)-X(t)\sim \text{Gamma}(\alpha\Delta t,\beta)$，则称连续时间的随机过程 $\{X(t),t\geqslant 0\}$ 为 Gamma 过程。其中，$\text{Gamma}(\alpha,\beta)$ 是形状参数为 $\alpha>0$、尺度参数为 $\beta>0$ 的 Gamma 分布，分布的概率密度函数为

$$f(x;\alpha,\beta)=\frac{x^{\alpha-1}}{\Gamma(\alpha)}\beta^{\alpha}\exp(-\beta x) \tag{2.53}$$

其中，$\Gamma(\alpha)=\int_0^{\infty}x^{\alpha-1}\exp(-x)\,\mathrm{d}x$ 为 Gamma 函数。根据 Gamma 过程的独立增量特性，可得到 $\{X(t),t\geqslant 0\}$ 在时刻 t 的均值和方差分别为

$$E[X(t)]=\frac{\alpha t}{\beta},\quad \text{Var}[X(t)]=\frac{\alpha t}{\beta^2} \tag{2.54}$$

其变异系数为

$$\text{CV}[X(t)]=\frac{\sqrt{\text{Var}[X(t)]}}{E[X(t)]}=\frac{1}{\sqrt{\alpha t}} \tag{2.55}$$

可以看出，$\text{CV}[X(t)]$ 是一个减函数，这说明在相对意义上，随着时间的增加，Gamma 过程的样本路径越来越接近均值路径。

Gamma 过程具有两个重要的性质：一个是“Gamma 桥”；另一个是纯跳过程。“Gamma 桥”的性质可以用来模拟 Gamma 过程的样本路径；纯跳过程的性质可以解释 Gamma 过程为何可以很好地描述产品退化。产品退化经常是缓慢的，会以一种无法看到的方式进行，但是在某些时刻，某些外界事件（如地震、强制输出等）的发生可能使其发生迅速的退化。Gamma 过程的样本路径包含微小的难以观察到的跳跃和大的创伤性跳跃，因此可以比较好地模拟这两种损伤模式，很适合描述系统疲劳、磨损、裂纹、锈蚀、腐蚀等自然老化现象。

2. 参数估计

对 Gamma 过程的参数估计可以采用基于退化量的矩估计、基于退化速率的矩估计和极大似然估计三种方法。以下将进行简要介绍。

假设有 n 个试验样本，对第 $i\ (i=1,2,\cdots,n)$ 个样本进行 m_i 次独立观测，时刻 $t_{ij}\ (j=1,2,\cdots,m_i)$ 获得的观测值为 X_{ij}。记 $\Delta X_{ij}=X_{ij}-X_{i,j-1}$，$\Delta t_{ij}=t_{ij}-t_{i,j-1}$。

1）基于退化量的矩估计

定义 $\overline{X}=\frac{1}{n}\sum_{i=1}^{n}\frac{X_{im_i}}{t_{im_i}}$，$S_X^2=\sum_{i=1}^{n}\sum_{j=1}^{m_i}(\Delta X_{ij}-\overline{X}t_{ij})^2$。

由于

$$E[\overline{X}]=\frac{1}{n}\sum_{i=1}^{n}E\left[\frac{X_{im_i}}{t_{im_i}}\right]=\frac{1}{n}\sum_{i=1}^{n}\frac{E[X_{im_i}]}{t_{im_i}}=\alpha\beta$$

和

$$\begin{aligned}E\left[\sum_{i=1}^{n}\sum_{j=1}^{m_i}(\Delta X_{ij}-\overline{X}t_{ij})^2\right]&=E\left[\sum_{i=1}^{n}\sum_{j=1}^{m_i}((\Delta X_{ij}-\alpha\beta\Delta t_{ij})-(\overline{X}-\alpha\beta)\Delta t_{ij})^2\right]\\&=\alpha\beta^2\sum_{i=1}^{n}t_{im_i}\left[1-\sum_{j=1}^{m_i}\left(\frac{\Delta t_{ij}}{t_{im_i}}\right)^2\right]\end{aligned}$$

令估计值等于期望，得到

$$\begin{cases}\alpha\beta=\overline{X}\\[2mm]\alpha\beta^2=\dfrac{S_X^2}{\sum_{i=1}^{n}t_{im_i}\left[1-\sum_{j=1}^{m_i}\left(\dfrac{\Delta t_{ij}}{t_{im_i}}\right)^2\right]}\end{cases}\tag{2.56}$$

因此，Gamma 过程中未知参数 α 和 β 的基于退化量的矩估计为

$$\begin{cases}\hat{\alpha}=\dfrac{\sum_{i=1}^{n}X_{im_i}^2\left[1-\sum_{j=1}^{m_i}\left(\dfrac{\Delta t_{ij}}{t_{im_i}}\right)^2\right]}{S_X^2\sum_{i=1}^{n}t_{im_i}}\\[4mm]\hat{\beta}=\dfrac{S_X^2}{\sum_{i=1}^{n}X_{im_i}\left[1-\sum_{j=1}^{m_i}\left(\dfrac{\Delta t_{ij}}{t_{im_i}}\right)^2\right]}\end{cases}\tag{2.57}$$

2）基于退化速率的矩估计

定义 $R_{ij}=\Delta X_{ij}/\Delta t_{ij}$， $M=\sum_{i=1}^{n}m_i$ 。

由于

$$\overline{R}=\frac{1}{M}\sum_{i=1}^{n}\sum_{j=1}^{m_i}R_{ij}\ ,\quad S_R^2=\frac{1}{M-1}\sum_{i=1}^{n}\sum_{j=1}^{m_i}\left[R_{ij}-\overline{R}\right]^2$$

则样本均值和样本方差分别为

$$E[\overline{R}]=E\left[\frac{1}{M}\sum_{i=1}^{n}\sum_{j=1}^{m_i}R_{ij}\right]=\alpha\beta\ ,\quad \mathrm{Var}[\overline{R}]=\mathrm{Var}\left[\frac{1}{M}\sum_{i=1}^{n}\sum_{j=1}^{m_i}R_{ij}\right]=\frac{1}{M^2}\alpha\beta^2\sum_{i=1}^{n}\sum_{j=1}^{m_i}\frac{1}{\Delta t_{ij}}$$

所以

$$E[S_R^2]=\frac{1}{N-1}\sum_{i=1}^{n}\sum_{j=1}^{m_i}E[R_{ij}-\overline{R}]^2=\frac{1}{N-1}\alpha\beta^2\sum_{i=1}^{n}\sum_{j=1}^{m_i}\frac{1}{\Delta t_{ij}}$$

令估计值等于期望，得到

$$\begin{cases}\alpha\beta=\overline{R}\\ \alpha\beta^2=\dfrac{MS_R^2}{\sum_{i=1}^{n}\sum_{j=1}^{m_i}1/\Delta t_{ij}}\end{cases}\tag{2.58}$$

因此，Gamma 过程中未知参数 α 和 β 的基于退化速率的矩估计为

$$\begin{cases}\hat{\alpha}=\dfrac{\sum_{i=1}^{n}\sum_{j=1}^{m_i}[1/\Delta t_{ij}]\overline{R}^2}{MS_R^2}\\ \hat{\beta}=\dfrac{MS_R^2}{\sum_{i=1}^{n}\sum_{j=1}^{m_i}[1/\Delta t_{ij}]\overline{R}}\end{cases}\tag{2.59}$$

3）极大似然估计

由 Gamma 过程的独立增量特性及 $\Delta X_{ij}\sim\mathrm{Gamma}(\alpha\Delta t_{ij},\beta)$，可得对数似然函数为

$$l(\alpha,\beta)=\sum_{i=1}^{n}\left[\sum_{j=1}^{m_i}(\alpha\Delta t_{ij}-1)\ln\Delta x_{ij}-\alpha\Delta t_{im_i}\ln\beta-\sum_{j=1}^{m_i}\ln\Gamma(\alpha\Delta t_{ij})-\frac{x_{im_i}}{\beta}\right] \quad (2.60)$$

由极大似然原理，令

$$\begin{cases}\dfrac{\partial l(\alpha,\beta)}{\partial\alpha}=\sum_{i=1}^{n}\sum_{j=1}^{m_i}\Delta t_{ij}[\ln x_{ij}-\psi(\alpha\Delta t_{ij})-\ln\beta]=0\\ \dfrac{\partial l(\alpha,\beta)}{\partial\beta}=\sum_{i=1}^{n}\left(\dfrac{x_{im_i}}{\beta^2}-\dfrac{\alpha t_{im_i}}{\beta}\right)=0\end{cases} \quad (2.61)$$

其中，$\psi(u)$ 是对数伽马（digamma）函数。求解后可以得到

$$\widehat{\beta}=\frac{\sum_{i=1}^{n}X_{im_i}}{\alpha\sum_{i=1}^{n}t_{im_i}} \quad (2.62)$$

将其代入第一个似然方程中，得到

$$\sum_{i=1}^{n}\left[\sum_{j=1}^{m_i}\Delta t_{ij}\ln(\Delta x_{ij})-t_{im_i}\ln\frac{x_{im_i}}{\alpha t_{im_i}}-\sum_{j=1}^{m_i}\Delta t_{ij}\psi(\alpha\Delta t_{ij})\right]=0 \quad (2.63)$$

由于式（2.63）是一个超越方程，只能采用数值方法求得形状参数 α 和尺度参数 β 的极大似然估计值。

3. 寿命分布计算

为了获得 Gamma 退化过程的寿命分布，不失一般性，假设 Gamma 过程 $\{X(t),t\geqslant 0\}$ 的初值为 0，失效阈值为 D，则寿命 τ_D 的分布函数为

$$F_{\tau_D}(t)=P\{\tau_D\leqslant t\}=P\{X(t)\geqslant D\}=\int_D^{\infty}\frac{x^{\alpha t-1}}{\Gamma(\alpha t)}\beta^{\alpha t}\exp(-\beta x)\,\mathrm{d}x=\frac{\Gamma(\alpha t,\beta D)}{\Gamma(\alpha t)}$$

（2.64）

其中，$\Gamma(a,z)$ 为不完全 Gamma 函数，且 $\Gamma(a,z)=\int_z^{\infty}x^{a-1}\exp(-x)\,\mathrm{d}x$。$\tau_D$ 的概率密度函数为

$$f_{\tau_D}(t)=\frac{\mathrm{d}F_{\tau_D}(t)}{\mathrm{d}t}=\frac{\alpha}{\Gamma(\alpha t)}\int_0^{\beta D}\left[\ln x-\frac{\Gamma'(\alpha t)}{\Gamma(\alpha t)}\right]x^{\alpha t-1}\exp(-x)\,\mathrm{d}x \qquad (2.65)$$

可以写成下面的形式：

$$\begin{aligned}f_{\tau_D}(t)&=\alpha\left[\psi(\alpha t)-\ln(\beta D)\right]\frac{\Gamma(\alpha t,\beta D)}{\Gamma(\alpha t)}\\&\quad+\frac{\alpha}{\alpha^2t^2\Gamma(\alpha t)}(\beta D)^{\alpha t}\times{}_2F_2(\alpha t,\alpha t;\alpha t+1,\alpha t+1;-\beta D)\end{aligned} \qquad (2.66)$$

其中，${}_2F_2$是阶数为(2,2)的广义超几何函数，定义为

$${}_gF_h(\{c_1,c_2,\cdots,c_g\},\{d_1,d_2,\cdots,d_h\};x)=\sum_{k=0}^{\infty}\frac{(c_1)_k(c_2)_k\cdots(c_g)_k x^k}{(d_1)_k(d_2)_k\cdots(d_h)_k k!}$$

其中，$(c)_k$是波赫哈默尔（Pochhammer）符号，定义为$(c)_k=\dfrac{\Gamma(c+k)}{\Gamma(c)}$，$(c)_0=0$。

可以看出，直接求解$f_{\tau_D}(t)$是比较困难的，但是可以通过离散化获得其近似计算。取$t_n=n/\alpha$，并令$q_n=P\{t_n<T\leqslant t_{n+1}\}$，则

$$f_{\tau_D}(t)=\frac{\dfrac{\Gamma(\xi/\beta,\alpha t_{n+1})}{\Gamma(t_{n+1})}-\dfrac{\Gamma(\xi/\beta,\alpha t_n)}{\Gamma(t_n)}}{t_{n+1}-t_n}=\frac{\dfrac{\Gamma(\xi/\beta,n+1)}{\Gamma(n+1)}-\dfrac{\Gamma(\xi/\beta,n)}{\Gamma(n)}}{1/\alpha}=\alpha q_n \qquad (2.67)$$

其中，

$$q_n=\frac{\Gamma(\xi/\beta,n)}{\Gamma(n)}=\frac{(\xi/\beta)^n}{n!}\exp\left(-\frac{\xi}{\beta}\right) \qquad (2.68)$$

这是一个 Poisson 分布，即在时间间隔$[n/\alpha,(n+1)/\alpha]$内，产品失效的概率可以用参数为ξ/β的 Poisson 分布进行逼近。

2.3.4 inverse Gaussian 过程

1. 模型定义

inverse Gaussian 过程也可以获得对应寿命分布的解析形式且可以融入多种类型的随机效应，因此也广泛应用于产品退化建模中。

对于连续时间的随机过程$\{X(t),t\geqslant 0\}$，如果满足：① $X(0)=0$，② $\{X(t),t\geqslant 0\}$

具有平稳独立增量的特性，③对任意的$t>s\geqslant 0$，$X(t)-X(s)\sim \mathrm{IG}(\mu[\Lambda(t)-\Lambda(s)],\eta[\Lambda(t)-\Lambda(s)]^2)$，则称连续时间的随机过程$\{X(t),t\geqslant 0\}$为 inverse Gaussian 过程。其中，μ为退化速率，$\Lambda(t)$是一个单调递增的函数，用于腐蚀、氧化和疲劳增长等退化的物理过程的度量，称为形状函数，$\mathrm{IG}(a,b)$表示概率密度函数为式（2.69）的 inverse Gaussian 分布：

$$f_{\mathrm{IG}}(x;a,b)=\sqrt{\frac{b}{2\pi x^3}}\exp\left[-\frac{b(x-a)^2}{2a^2x}\right],x>0 \tag{2.69}$$

其累积分布函数为

$$\begin{aligned}F_{\mathrm{IG}}(x;a,b)&=P\{X(t)\leqslant x\}=\int_0^x f_{\mathrm{IG}}(z;a,b)\,\mathrm{d}z\\&=\Phi\left[\sqrt{\frac{b}{x}}\left(\frac{x}{a}-1\right)\right]+\exp\left[\frac{2b}{a}\right]\Phi\left[-\sqrt{\frac{b}{x}}\left(\frac{x}{a}+1\right)\right]\end{aligned} \tag{2.70}$$

当$\Lambda(t)$是时间t的线性函数时，$X(t)$的增量不仅满足独立性，而且它的概率分布仅与时间区间的长度有关，而与起点无关。对任意的$t>s\geqslant 0$及$h>0$，$X(t+h)-X(s+h)$与$X(t)-X(s)$具有相同的概率分布，此时称退化过程$\{X(t),t\geqslant 0\}$为平稳 inverse Gaussian 过程。若$\Lambda(t)$是时间t的非线性函数，则$X(t)$的增量独立而非平稳，此时称退化过程$\{X(t),t\geqslant 0\}$为非平稳 inverse Gaussian 过程。

根据 inverse Gaussian 过程的性质，可得到$\{X(t),t\geqslant 0\}$在时刻t的均值和方差分别为

$$E[X(t)]=\mu\Lambda(t)，\quad \mathrm{Var}[X(t)]=\frac{\mu^3\Lambda(t)}{\eta} \tag{2.71}$$

其变异系数为

$$\mathrm{CV}[X(t)]=\frac{\sqrt{\mathrm{Var}[X(t)]}}{E[X(t)]}=\sqrt{\frac{\mu}{\eta\Lambda(t)}} \tag{2.72}$$

由于$\Lambda(t)$是一个单调递增的函数，$\mathrm{CV}[X(t)]$是一个减函数，说明在相对意义上，随着时间的增加，inverse Gaussian 过程的样本路径同 Wiener 过程和 Gamma 过程一样，也越来越接近均值路径。此外，inverse Gaussian 过程具有可加性，即若有n个独立的随机过程$X_i(t)\sim \mathrm{IG}(\mu\Lambda_i(t),\eta\Lambda_i^2(t))$，那么

$$S(t)=\sum_{i=1}^{n}X_i(t)\sim \mathrm{IG}\left(\mu\sum_{i=1}^{n}\Lambda_i(t),\eta\sum_{i=1}^{n}\Lambda_i^2(t)\right)$$

2. 参数估计

对平稳 inverse Gaussian 过程的参数估计主要采用极大似然估计。假设有 n 个试验样本，对第 $i\,(i=1,2,\cdots,n)$ 个样本进行 m_i 次独立观测，时刻 $t_{ij}\ (j=1,2,\cdots,m_i)$ 获得的观测值为 X_{ij}。记 $\Delta X_{ij}=X_{ij}-X_{i,j-1}$， $\Delta t_{ij}=t_{ij}-t_{i,j-1}$。

由 inverse Gaussian 过程的独立增量特性及 $\Delta X_{ij}\sim \mathrm{IG}(\mu\Lambda(\Delta t_{ij}),\eta\Lambda^2(\Delta t_{ij}))$，可得对数似然函数为

$$l(\mu,\eta)=\frac{1}{2}\sum_{i=1}^{n}\sum_{j=1}^{m_i}\left[\ln(\eta\Lambda^2(\Delta t_{ij}))-\ln(2\pi(\Delta x_{ij})^3)-\frac{\eta(\Delta x_{ij}-\mu\Lambda(\Delta t_{ij}))}{\mu^2\Delta x_{ij}}\right]\quad(2.73)$$

由极大似然原理，可得 μ 和 η 的极大似然估计值为

$$\begin{cases}\hat{\mu}=\dfrac{\sum\limits_{i=1}^{n}\sum\limits_{j=1}^{m_i}\Delta x_{ij}}{\sum\limits_{i=1}^{n}\sum\limits_{j=1}^{m_i}\Lambda(\Delta t_{ij})}\\[2ex]\hat{\eta}=\dfrac{\sum\limits_{i=1}^{n}m_i}{\sum\limits_{i=1}^{n}\sum\limits_{j=1}^{m_i}\dfrac{\Lambda^2(\Delta t_{ij})}{\Delta x_{ij}}-\dfrac{\sum\limits_{i=1}^{n}\sum\limits_{j=1}^{m_i}\Lambda^2(\Delta t_{ij})}{\sum\limits_{i=1}^{n}\sum\limits_{j=1}^{m_i}\Delta x_{ij}}}\end{cases}\quad(2.74)$$

3. 寿命分布计算

不失一般性，假设 inverse Gaussian 过程 $\{X(t),t\geqslant 0\}$ 的初值为 0，失效阈值为 D。$X(t)$ 服从 inverse Gaussian 分布 $\mathrm{IG}(\mu\Lambda(t),\eta\Lambda^2(t))$，则寿命 τ_D 的分布函数为

$$\begin{aligned}F_{\tau_D}(t)&=P\{\tau_D\leqslant t\}=P\{X(t)\geqslant D\}=1-F_{\mathrm{IG}}(D;\mu\Lambda(t),\eta\Lambda^2(t))\\&=\Phi\left[\sqrt{\frac{\eta}{D}}\left(\Lambda(t)-\frac{D}{\mu}\right)\right]-\exp\left[\frac{2\eta\Lambda(t)}{\mu}\right]\Phi\left[-\sqrt{\frac{\eta}{D}}\left(\Lambda(t)+\frac{D}{\mu}\right)\right]\end{aligned}\quad(2.75)$$

τ_D的概率密度函数为

$$f_{\tau_D}(t)=\frac{\mathrm{d}F_{\tau_D}(t)}{\mathrm{d}t}=\sqrt{\frac{\eta}{D}}\Lambda'(t)\Phi\left[\sqrt{\frac{\eta}{D}}\left(\Lambda(t)-\frac{D}{\mu}\right)\right]-\frac{2\eta\Lambda'(t)}{\mu}\Phi\left[-\sqrt{\frac{\eta}{D}}\left(\Lambda(t)+\frac{D}{\mu}\right)\right]$$
$$\times\exp\left[\frac{2\eta\Lambda(t)}{\mu}\right]+\sqrt{\frac{\eta}{D}}\Lambda'(t)\Phi\left[-\sqrt{\frac{\eta}{D}}\left(\Lambda(t)+\frac{D}{\mu}\right)\right]\exp\left[\frac{2\eta\Lambda(t)}{\mu}\right] \tag{2.76}$$

当$\eta\Lambda(t)$很大时，$X(t)$可近似为均值为$\mu\Lambda(t)$、方差为$\mu^3\Lambda(t)/\eta$的正态分布，即$X(t)\sim N(\mu\Lambda(t),\mu^3\Lambda(t)/\eta)$。此时$\tau_D$的分布函数可近似表示为

$$F_{\tau_D}(t)\approx 1-\Phi\left[\frac{D-\mu\Lambda(t)}{\sqrt{\mu^3\Lambda(t)/\eta}}\right]=\Phi\left[\sqrt{\frac{\eta\Lambda(t)}{\mu}}-\frac{D}{\mu}\sqrt{\frac{\eta}{\mu\Lambda(t)}}\right] \tag{2.77}$$

2.4 冲击失效理论

1. 极值冲击模型

极值冲击模型是指外界环境产生的冲击载荷大于产品或系统内在所能承受的失效阈值时，系统就会发生冲击失效。如图 2.4 所示，t_4时刻，极值冲击载荷W_4超过了失效阈值D，表明系统在t_4时刻即发生冲击失效。

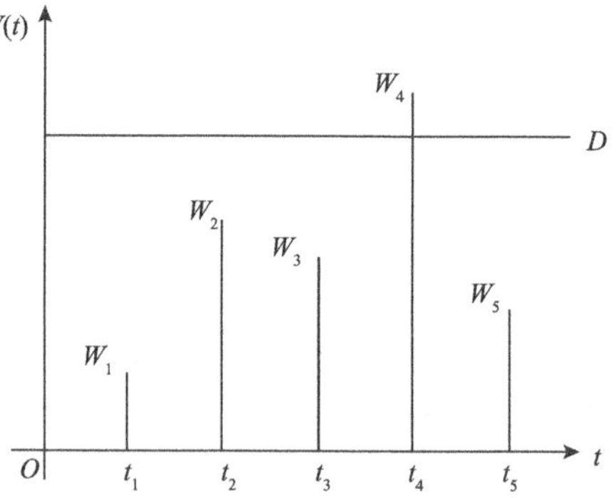

图 2.4 极值冲击模型

2. 累积冲击模型

累积冲击模型是指在系统运行过程中，当所有外界冲击带来的累积冲击载荷

量大于系统所能承受的失效阈值时，系统失效。如图 2.5 所示，系统运行过程中发生了三次随机冲击，在t_3时刻，三次随机冲击的累积冲击载荷超过了失效阈值D，故系统失效。

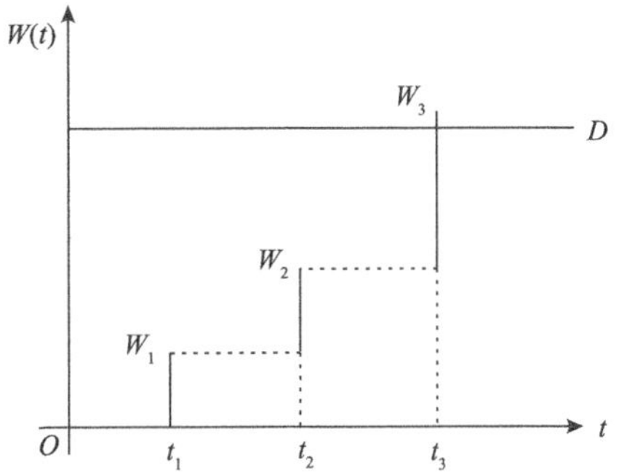

图 2.5　累积冲击模型

3. 混合冲击模型

混合冲击模型是指冲击的单独作用和累积作用均能对系统产生影响。如果一个足够“大”的冲击的强度超过失效阈值，或多个“不太大”的冲击的累积强度超过失效阈值，系统都会失效，而系统失效时间取决于两者之中较早到来者。

4. 成组冲击模型

成组冲击模型是指在系统运行过程中，当一系列高于失效阈值的冲击连续到达时，系统就会失效。如图 2.6 所示，在t_3、t_4、t_5时刻系统连续受到三次高于失效阈值D的随机冲击，故系统发生失效。

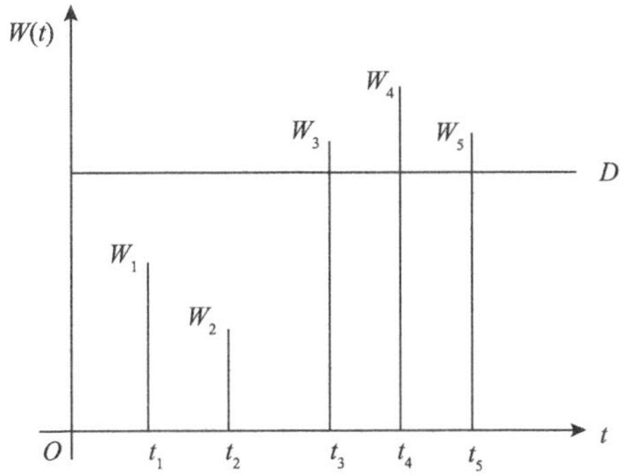

图 2.6　成组冲击模型

5. *m*-冲击模型

m-冲击模型统计的是超过某临界值且未超过系统失效阈值的随机冲击数量，

当达到一定次数时，系统失效。假定该系统受到三次超过临界值的随机冲击时就会发生失效，如图 2.7 所示，在t_5时刻超过临界值的随机冲击次数达到三次，此时系统发生失效。

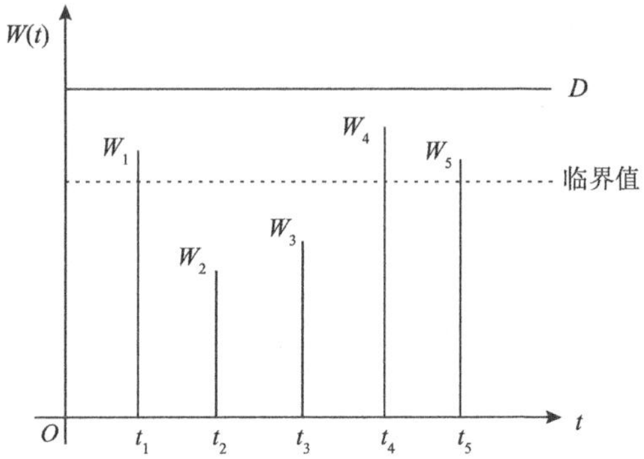

图 2.7　*m*-冲击模型

6. δ-冲击模型

δ-冲击模型是指当两次随机冲击之间的时间间隔过短，即小于系统规定的时间间隔δ时，系统发生失效。如图 2.8 所示，第三次到第四次冲击的时间间隔$\tau<\delta$，故系统在t_4时刻发生冲击失效。

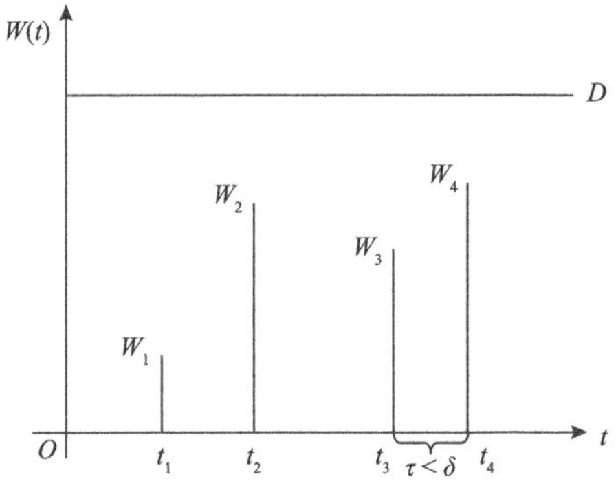

图 2.8　δ-冲击模型

7. m-δ 冲击模型

m-δ 冲击模型是上述 m-冲击模型和 δ-冲击模型的结合，即当存在$m(m=1,2,\cdots)$个超过某临界值的连续冲击的时间间隔都小于$\delta(\delta>0)$时，系统发生失效。如图 2.9 所示，第三次到第四次冲击的时间间隔$\tau_1<\delta$，第四次到第五次冲击的时间间隔$\tau_2<\delta$，第五次到第六次冲击的时间间隔$\tau_3<\delta$，即系统受到四次

超过系统某临界值的冲击并冲击的时间间隔都小于 δ，故系统在 t_6 时刻发生失效。

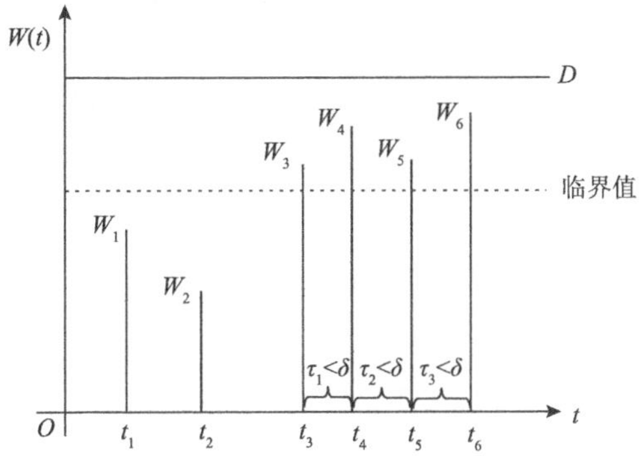

图 2.9　m-δ 冲击模型

2.5　维修决策理论

维修决策理论是现代维修理论和决策科学的高度融合，是以维修思想为指导，结合现代决策方法建立起来的理论和技术，重点研究与维修决策相关的理论和方法问题，核心是研究各种维修策略下的维修目标建模和维修参数优化等决策问题。维修决策研究的目的是在保证系统可靠性和安全性的前提下，对成本和收益进行综合权衡，确定和调整维修时机、维修任务和维修计划，实现及时、有效和经济的维修。维修决策理论和其他学科间的关系如图 2.10 所示。

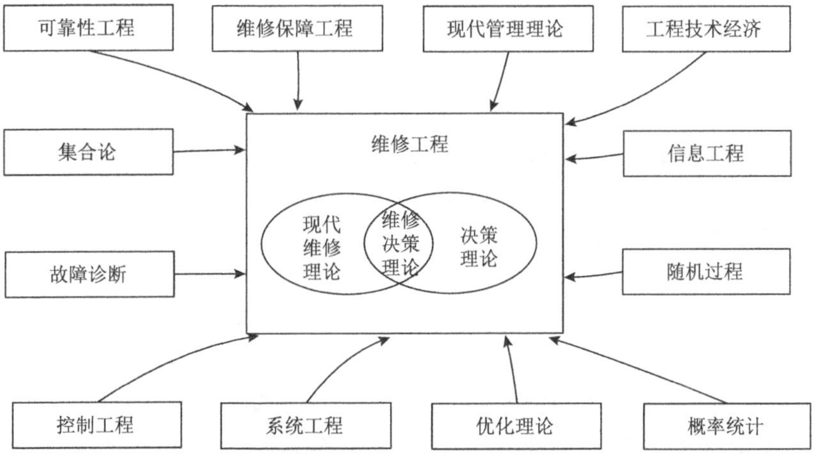

图 2.10　维修决策理论和其他学科间的关系

随着工业生产的发展，常见的维修方式主要有三种，即改善维修（corrective maintenance，CM）、事后维修（break-down maintenance，BM）和预防维修（preventive maintenance，PM），而预防维修又包含视情维修（on-condition maintenance，OM）、基于状态的维修（condition-based maintenance，CBM）和基于时间的维修（time-based maintenance，TBM）。五种主要维修方式之间的关系如图 2.11 所示。

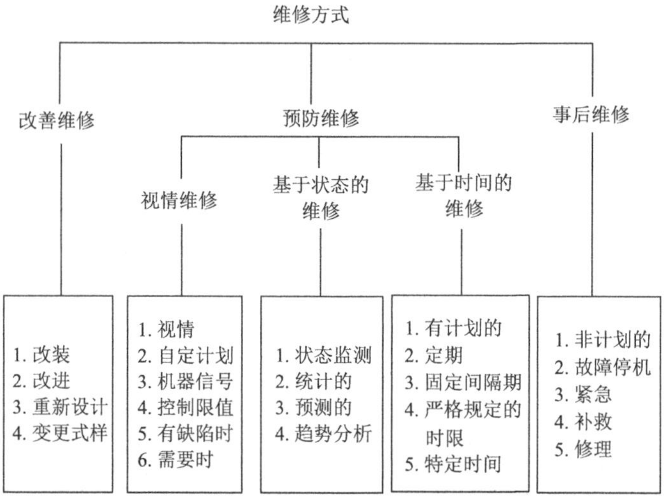

图 2.11　五种主要维修方式之间的关系

工业企业由于企业性质、系统状况和生产条件不同，在实施维修策略、确定维修方式时，要区别各类系统在生产中所处的地位和对生产的影响程度，相应地采取不同的维修方式，因此在一个企业内数种维修方式可以同时存在。

1. 改善维修

改善维修是为了消除系统的先天性缺陷或频发故障，对系统的局部结构或零件的设计加以改进，并结合修理进行改装，以提高系统可靠性和维修性的方式。例如，对于系统中不便检查的轴承，改用长效润滑的长寿命轴承、设置自动加油器或改装集中润滑系统等。改善维修与国家军用标准中的修复性维修类似，但与修复性维修相比，还包括改进的内容。

改善维修是一种很值得提倡的维修方式，它通过检查和修理实践对易出故障的薄弱环节进行改进，从而改善技术性能，达到从根本上减少故障、提高效率的目的。日本从 1957 年开始强调改善维修，主要包括两方面内容。

（1）根据预防维修记录改善系统，防止故障再次出现，提高系统的可靠性。

（2）改进系统，提高系统的维修性，即使发生故障，也可以缩短修理时间。

改善维修与技术改造的区别如下：前者的目的在于改善和提高个别零部件的

可靠性及维修性，从而降低故障率、缩短维修时间、减少维修费用；后者的目的则在于局部补偿系统的无形磨损，从而提高性能和精度。

2. 事后维修

事后维修是当系统发生故障，或性能、精度降低到合格水平以下时所进行的非计划性修理方式，也称故障修理。它适用于非重点系统、简单和低值系统、利用率低或有备用的系统，以及即使故障停机也不致影响生产的系统。

系统出现突发故障会给生产造成很大损失，也会给修理带来被动和困难，因此，关键设备和生产流水线上的重点设备不宜采用事后维修方式。但有些系统在故障停机后再修理不会给生产造成困难，如小型风机、水泵及砂轮机等，有意识地采用事后维修反而更经济。因此，对于修理技术并不复杂和故障损失不严重的系统，可以采用事后维修方式。

3. 视情维修

视情维修是在人为事先规定一些界限值或标准的情况下，通过人的感官或仪表进行检查，当发现潜在的问题开始暴露，并能确定何时将超过界限值时，认为系统有必要进行修理而采取的维修方式。

视情维修的理论依据是故障率曲线中的浴盆曲线不是唯一的，故障有随机性故障（如意外超载破坏）及规律性故障（如摩擦磨损破坏）之分。每种故障又分为有发展期故障和无发展期故障两种：对于有发展期故障，劣化是缓慢进行的，可以通过定期或连续监测检查出来；对于无发展期故障（如由于操作不当、材料缺陷和元件脱落等原因），尤其是一些电气元件（如继电开关及往复式发动机的传动零件等）最好采用视情维修方式。它的工作重点是检查，通过以安全为主要目标对关键性部件进行检查，发现存在的问题，及时修理更换，只有在有需要时才允许拆卸。

4. 基于状态的维修

基于状态的维修是一种以系统技术状态为基础的预防维修方式，也称预知维修或预测维修。它根据系统的日常点检、定期检查、状态监测和故障诊断所提供的信息，经过统计分析和数据处理来判断劣化程度，并在故障发生前有计划地进行适当的维修。

基于状态的维修方式能对系统适时地、有针对性地进行维修，不仅能保证系统经常处于良好的技术状态，而且能充分利用零件的寿命，有效地避免维修不足或维修过剩的情况，因此是一种经济合理、值得提倡的维修方式。由于状态监测和故障诊断一般可在系统运行或基本上不拆卸的情况下进行，并且可以使用各种便携式仪器及各种高精度的分析式仪器，它不仅适用于流程工业连续运转、利用率高的重点设备，还适用于非流程工业的大、精、稀设备及一般通用设备。

5. 基于时间的维修

基于时间的维修是一种以时间为基础的预防维修方式，具有对系统进行周期性修理的特点，即根据磨损规律，事先确定修理类别、修理周期及修理工作量，预计所需的备件和材料，可作较长时间的安排，修理计划则按系统的实际开动时数编制。

基于时间的维修方式适用于能掌握磨损规律和平时难以停机进行维修的流程工业生产、动能生产、自动线及大批量生产中使用的主要生产系统。其故障模式属于规律性故障，或无法实施状态监测的突发性故障。基于时间的维修按照固定的修理周期结构来安排系统的大、中、小修，难免会造成过剩维修，更换下的零件还有剩余价值，成本增高，经济效益不好。

对于有些行业的关键系统，如航空及核能部门的发动机、反应堆等，为了确保生产安全也往往采用基于时间的维修方式，牺牲一些经济性以换取可靠性。

系统维修决策过程框图如图 2.12 所示，该系统以性能监测、故障诊断、状态预测和维修决策为基础，通过状态补偿、状态重构及状态隔离和切换达到削弱或消除故障的目的。

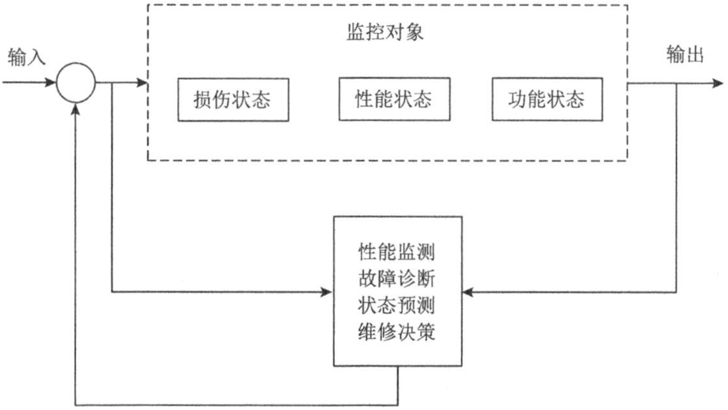

图 2.12　系统维修决策过程框图

2.6　基本预防维修策略

本节阐述连续退化系统的三类基本预防维修策略，包括年龄更换策略（age

replacement policy，ARP）、周期更换策略（periodic replacement policy，PRP）和检修更换策略（inspection replacement policy，IRP），其中，年龄更换策略和周期更换策略属于基于时间的预防维修模型，检修更换策略则属于基于状态的预防维修模型。在维修优化模型中，更新过程是经常使用的理论。下面简要介绍更新过程及常用的更新定理。

设 $X_1, X_2, \cdots$ 独立同分布，且分布函数为 $F(t)$，均值为 μ。令 $S_n = \sum_{i=1}^{n} X_i$，$S_0 = 0$，那么

$$P\{S_n \leqslant t\} = P\left\{\sum_{i=1}^{n} X_i \leqslant t\right\} = F^{(n)}(t)$$

其中，$F^{(n)}(t)$ 是 $F(t)$ 的 n 重卷积。令

$$N(t) = \sup\{n : S_n \leqslant t\} \tag{2.78}$$

其中，$N(t)$ 是一个取非负整数值的随机过程。称 $N(t)$ 是随机变量序列 $X_1, X_2, \cdots$ 产生的更新过程，X_n 为更新寿命（更新周期），S_n 为更新时刻（再生点）。由于 $\{N(t) \geqslant k\} \Leftrightarrow \{S_k \leqslant t\}$，部分和过程 $\{S_n, n \geqslant 0\}$ 也称更新过程。$[0,t]$ 内的平均更新次数为

$$\begin{aligned} M(t) &= E[N(t)] = \sum_{k=1}^{\infty} kP\{N(t) = k\} \\ &= \sum_{k=1}^{\infty} kP\{S_k \leqslant t < S_{k+1}\} = \sum_{k=1}^{\infty} k\left[F^{(k)}(t) - F^{(k+1)}(t)\right] = \sum_{k=1}^{\infty} F^{(k)}(t) \end{aligned} \tag{2.79}$$

$M(t)$ 称为更新函数。$M(t)$ 的拉普拉斯-斯蒂尔切斯（Laplace-Stieltjes，L-S）变换为

$$M^*(s) = \int_0^{\infty} \mathrm{e}^{-st}\,\mathrm{d}M(t) = \sum_{k=1}^{\infty} [F^*(s)]^k = \frac{F^*(s)}{1 - F^*(s)} \tag{2.80}$$

若 $F(t)$ 存在概率密度函数 $f(t)$，则 $M(t)$ 可微，且

$$m(t) = \frac{\mathrm{d}M(t)}{\mathrm{d}t} = \sum_{k=1}^{\infty} f^{(k)}(t) \tag{2.81}$$

其中，$f^{(k)}(t)$ 是 $f(t)$ 的 k 重卷积，即

$$f^{(k)}(t)=\int_0^t f^{(k-1)}(t-u)f(u)\mathrm{d}u$$

在维修优化中常常涉及以下更新定理。

定理 2.1 $\lim\limits_{t\to\infty}\dfrac{M(t)}{t}=\dfrac{1}{\mu}$。

定理 2.2 若$F(t)$不是格点分布，则

$$\lim_{t\to\infty}[M(t+a)-M(t)]=\frac{a}{\mu} \tag{2.82}$$

其中，格点分布是指随机变量的一切可能取值构成有限或无限个数的等差数列，即存在$\delta>0$，使得

$$P\{X=n\delta,n=0,1,\cdots\}=1$$

其中，最大的δ称为格点分布的周期。

定理 2.3 若$F(t)$不是格点分布，且$g(t)$在$t\geqslant 0$上非负非增并满足$\int_0^\infty g(t)\mathrm{d}t<\infty$，则

$$\lim_{t\to\infty}\int_0^t g(t-u)\mathrm{d}M(u)=\frac{1}{\mu}\int_0^\infty g(t)\mathrm{d}t \tag{2.83}$$

定理 2.4 假设Y_n是第n个更新周期X_n中的报酬，且$(X_n,Y_n)(n=1,2,\cdots)$独立同分布，称$Y(t)=\sum\limits_{n=1}^{N(t)}Y_n$是$[0,t]$内的总报酬。若$E[Y_n]$和$E[X_n]$有限，则

$$\lim_{t\to\infty}\frac{Y(t)}{t}=\frac{E[Y_n]}{E[X_n]} \tag{2.84}$$

2.6.1 年龄更换策略

年龄更换策略是指若系统达到指定的年龄$T\ (0<T\leqslant\infty)$仍未故障，则在时刻T对系统做预防性更换；若系统在T之前发生故障，则在故障时刻对系统做修复性更换，其中，T称为定时计划更换时间间隔。系统更新时刻为T或故障时刻（修复时刻）。

假设系统的失效分布为$F(t)=P\{X\leqslant t\}$，概率密度函数为$f(t)$，失效率为

$\gamma(t)=f(t)/(1-F(t))$，寿命均值为 μ。用 $N_1(t)$ 和 $N_2(t)$ 分别表示直到时刻 t 修复性更换的次数和预防性更换的次数，c_f 和 c_p 分别表示一次修复性更换和预防性更换的成本（不仅包括部件本身的费用和维修成本，还包括由故障造成的各种经济损失和其他损失），进一步假定维修时间可以忽略不计且 $c_f > c_p$。用 $C(t)$ 表示直到时刻 t 的期望成本，则

$$C(t)=c_f E[N_1(t)]+c_p E[N_2(t)] \tag{2.85}$$

用 $C_1(T)$ 表示在一个更新周期内的期望成本率，则更新周期的平均长度为

$$\int_0^T t\,\mathrm{d}P\{X\leqslant t\}+TP\{X>T\}=\int_0^T t\,\mathrm{d}F(t)+T\overline{F}(T)=\int_0^T \overline{F}(t)\mathrm{d}t \tag{2.86}$$

其中，$F(t)+\overline{F}(t)\equiv 1$。由定理 2.4 可得在一个更新周期内的期望成本率为

$$C_1(T)=\lim_{t\to\infty}\frac{C(t)}{t}=\frac{c_f E[N_1(t)]+c_p E[N_2(t)]}{\int_0^T t\,\mathrm{d}P\{X\leqslant t\}+TP\{X>T\}}=\frac{c_p+(c_f-c_p)F(T)}{\int_0^T \overline{F}(t)\mathrm{d}t} \tag{2.87}$$

年龄更换策略的核心是求最优的 T^* 使得在一个更新周期内的维修成本率 $C_1(T)$ 最小。

定理 2.5　若系统失效率 $\gamma(t)$ 严格单调递增，则

（1）若 $\gamma(\infty)>c_f/[\mu(c_f-c_p)]$，则存在唯一的 T^* 使得 $C_1(T)$ 最小，且 T^* 满足

$$\gamma(T)\int_0^T \overline{F}(t)\mathrm{d}t-F(T)=\frac{c_p}{c_f-c_p} \tag{2.88}$$

此时最小维修成本率为

$$C_1(T^*)=(c_f-c_p)\gamma(T^*) \tag{2.89}$$

（2）若 $\gamma(\infty)\leqslant c_f/[\mu(c_f-c_p)]$，则 $T^*=\infty$，即系统只在故障时进行修复性更换，此时最小维修成本率为

$$C_1(\infty)=c_f/\mu \tag{2.90}$$

证明　令式（2.87）中 $\frac{\mathrm{d}C_1(T)}{\mathrm{d}T}=0$，得式（2.80）。

令 $h_1(T)=\gamma(T)\int_0^T \overline{F}(t)\mathrm{d}t-F(T)$，则 $h_1(0)=0$，$h_1(\infty)=\mu\gamma(\infty)-1$。对于 $T_2>T_1$，有

$$\begin{aligned}
h_1(T_2)-h_1(T_1)&=[\gamma(T_2)-\gamma(T_1)]\int_0^{T_1}\overline{F}(t)\mathrm{d}t+\gamma(T_2)\int_{T_1}^{T_2}\overline{F}(t)\mathrm{d}t-[F(T_2)-F(T_1)]\\
&>[\gamma(T_2)-\gamma(T_1)]\int_0^{T_1}\overline{F}(t)\mathrm{d}t+\int_{T_1}^{T_2}\gamma(t)\overline{F}(t)\mathrm{d}t-\int_{T_1}^{T_2}f(t)\mathrm{d}t\\
&=[\gamma(T_2)-\gamma(T_1)]\int_0^{T_1}\overline{F}(t)\mathrm{d}t\\
&>0
\end{aligned}$$

即 $h_1(T)$ 为连续严格单调递增函数。当 $\gamma(\infty)>c_f/[\mu(c_f-c_p)]$ 时，$h_1(\infty)>c_p/(c_f-c_p)$。因此，式（2.88）有唯一解 T^* 使 $C_1(T)$ 取极值。又因 $C_1(0)=\infty$，T^* 是 $C_1(T)$ 唯一的极值点，故 T^* 是 $C_1(T)$ 的最小值点。当 $\gamma(\infty)\leqslant c_f/[\mu(c_f-c_p)]$ 时，$h_1(\infty)\leqslant c_p/(c_f-c_p)$，对所有 $T\geqslant 0$，有 $h_1(T)<c_p/(c_f-c_p)$，$\mathrm{d}C_1(T)/\mathrm{d}T<0$，因此，$T^*=\infty$。

2.6.2 周期更换策略

周期更换策略是指系统在固定的周期 $kT\ (k=1,2,\cdots)$ 进行预防性更换，如果在更换周期内发生故障，则可以采取故障不修或故障小修两种方式。以下将分别进行介绍。

1. 故障不修的周期更换策略

故障不修的周期更换策略是指系统在固定的周期 $kT\ (k=1,2,\cdots)$ 进行预防性更换，如果在更换周期内发生故障，则不对故障进行维修。假设因故障导致的单位时间系统停工成本为 c_d，预防性更换成本为 c_p。系统的失效分布为 $F(t)=P\{X\leqslant t\}$，概率密度函数为 $f(t)$，失效率为 $\gamma(t)=f(t)/(1-F(t))$，寿命均值为 μ。由定理 2.4 可知，在一个更新周期内的维修成本率为

$$C_2(T)=\lim_{t\to\infty}\frac{C(t)}{t}=\frac{c_d\int_0^T(T-t)\mathrm{d}P\{X\leqslant t\}+c_p}{T}=\frac{c_d\int_0^T F(t)\mathrm{d}t+c_p}{T} \tag{2.91}$$

定理 2.6 （1）若 $\mu c_d>c_p$，则存在唯一的 T^* 使得 $C_2(T)$ 最小，且 T^* 满足

$$\int_0^T [F(T)-F(t)]\mathrm{d}t = \frac{c_p}{c_d} \tag{2.92}$$

此时最小维修成本率为

$$C_2(T^*) = c_d F(T^*) \tag{2.93}$$

（2）若 $\mu c_d \leqslant c_p$，则 $T^* = \infty$。

证明　令式（2.91）中 $\frac{\mathrm{d}C_2(T)}{\mathrm{d}T}=0$，得式（2.92）。

令 $h_2(T)=\int_0^T [F(T)-F(t)]\mathrm{d}t$，则 $h_2(0)=0$，$h_2(\infty)=\mu$。此外，有

$$\frac{\mathrm{d}h_2(T)}{\mathrm{d}T} = F(T) + T\frac{\mathrm{d}F(T)}{\mathrm{d}T} - F(T) = T\frac{\mathrm{d}F(T)}{\mathrm{d}T} > 0$$

因此，$h_2(T)$ 单调递增。当 $h_2(\infty) > c_p / c_d$，即 $\mu c_d > c_p$ 时，式（2.91）有唯一解 T^* 使 $C_2(T)$ 取极值。又因 $C_2(0)=\infty$，T^* 是 $C_2(T)$ 唯一的极值点，故 T^* 是 $C_2(T)$ 的最小值点。当 $h_2(\infty) \leqslant c_p / c_d$ 时，即 $\mu c_d \leqslant c_p$，$T^* = \infty$。

2. 故障小修的周期更换策略

故障小修的周期更换策略是指系统在固定的周期 $kT\ (k=1,2,\cdots)$ 进行预防性更换，如果在更换周期内发生故障，则对故障进行最小维修，最小维修不改变系统故障率。假设每次最小维修的成本为 c_m，预防性更换成本为 c_p。由定理 2.4 可知，在一个更新周期内的维修成本率为

$$C_3(T) = \lim_{t\to\infty}\frac{C(t)}{t} = \frac{c_m \Lambda(T) + c_p}{T} \tag{2.94}$$

其中，$\Lambda(T)$ 为一个更新周期内的期望小修次数。

定理 2.7　$\Lambda(T) = \int_0^T \gamma(t)\mathrm{d}t$。

证明　令 $P_n(t)\ (n=1,2,\cdots)$ 表示 $[0,t]$ 内发生 n 次故障小修的概率。根据故障率函数的定义，系统在 $[t,t+\Delta t]$ 内发生故障的概率为 $\gamma(t)\Delta t + o(\Delta t)$。因此

$$\begin{cases} P_0(t+\Delta t) = P_0(t)[1-\gamma(t)\Delta t] + o(\Delta t) \\ P_n(t+\Delta t) = P_n(t)[1-\gamma(t)\Delta t] + P_{n-1}(t)\gamma(t)\Delta t + o(\Delta t) \end{cases}$$

整理得

$$\begin{cases}\dfrac{\mathrm{d}P_0(t)}{\mathrm{d}t}=-\gamma(t)P_0(t)\\ \dfrac{\mathrm{d}P_n(t)}{\mathrm{d}t}=-\gamma(t)P_n(t)+\gamma(t)P_{n-1}(t)\end{cases}$$

假设初始时刻系统是新的，即 $P_0(0)=1,P_n(0)=0$。引进母函数

$$\varPsi(t,z)=\sum_{k=0}^{\infty}P_k(t)z^k,|z|\leqslant 1$$

则以上方程组变为

$$\frac{\partial\varPsi(t,z)}{\partial t}=-(1-z)\gamma(t)\varPsi(t,z)$$

根据 $\varPsi(0,z)=1$，解得

$$\varPsi(t,z)=\exp\left[-(1-z)\int_0^t\gamma(u)\,\mathrm{d}u\right]$$

因此，

$$\varLambda(t)=\sum_{n=1}^{\infty}nP_n(t)=\left.\frac{\partial\varPsi(t,z)}{\partial z}\right|_{z=1}=\int_0^t\gamma(u)\,\mathrm{d}u \tag{2.95}$$

定理 2.8 若系统失效率 $\gamma(t)$ 严格单调递增，则

（1）若 $h_3(\infty)>c_p/c_m$，则存在唯一的 T^* 使得 $C_3(T)$ 最小，且 T^* 满足

$$\int_0^T[\gamma(T)-\gamma(t)]\,\mathrm{d}t=\frac{c_p}{c_m} \tag{2.96}$$

此时最小维修成本率为

$$C_3(T^*)=c_m\gamma(T^*) \tag{2.97}$$

（2）若 $h_3(\infty)\leqslant c_p/c_m$，则 $T^*=\infty$，即系统只在故障时进行最小维修，此时最小维修成本率为

$$C_3(\infty)=c_m\gamma(\infty) \tag{2.98}$$

证明　令式（2.93）中 $\frac{\mathrm{d}C_3(T)}{\mathrm{d}T}=0$，得式（2.96）。令 $h_3(T)=\int_0^T[\gamma(T)-\gamma(t)]\mathrm{d}t$，则 $h_3(0)=0$，且

$$\frac{\mathrm{d}h_3(T)}{\mathrm{d}T}=\gamma(T)+T\frac{\mathrm{d}\gamma(T)}{\mathrm{d}T}-\gamma(T)=T\frac{\mathrm{d}\gamma(T)}{\mathrm{d}T}>0$$

因此，$h_3(T)$ 单调递增。当 $h_3(\infty)>c_p/c_m$ 时，式（2.98）有唯一解 T^* 使 $C_3(T)$ 取极值。又因 $C_3(0)=\infty$，T^* 是 $C_3(T)$ 唯一的极值点，故 T^* 是 $C_3(T)$ 的最小值点。当 $h_3(\infty)\leqslant c_p/c_m$ 时，$T^*=\infty$，此时系统只在故障时进行最小维修而不进行周期更换。

2.6.3　检修更换策略

检修更换策略是指系统在连续的周期 $T_1,T_2,\cdots$ 进行状态监测，如果在检修时系统发生故障，则对部件进行修复性更换；如果在检修时系统未发生故障，则不进行维修操作。每次检修的成本为 c_i，因故障导致的单位时间系统停工成本为 c_d，修复性更换成本为 c_f。假设 $T_0=0$，系统在 $[T_{k-1},T_k]\,(k=1,2,\cdots)$ 内发生故障，则更新时刻为 T_k。假设系统的失效分布为 $F(t)=P\{X\leqslant t\}$，概率密度函数为 $f(t)=\mathrm{d}F(t)/\mathrm{d}t$，寿命均值为 $\mu=\int_0^\infty\overline{F}(t)\mathrm{d}t$。其中，$F(t)+\overline{F}(t)\equiv1$。

一个更新周期内的平均检修次数为

$$E[N_I]=\sum_{k=1}^{\infty}kP\{T_{k-1}<X<T_k\}=\sum_{k=1}^{\infty}\int_{T_{k-1}}^{T_k}k\,\mathrm{d}F(t) \tag{2.99}$$

一个更新周期内系统平均故障时间为

$$E[\rho]=\sum_{k=1}^{\infty}(T_k-X)P\{T_{k-1}<X<T_k\}=\sum_{k=1}^{\infty}\int_{T_{k-1}}^{T_k}(T_k-t)\,\mathrm{d}F(t) \tag{2.100}$$

更新周期的平均长度为

$$E[T_k]=\sum_{k=1}^{\infty}T_kP\{T_{k-1}<X<T_k\}=\sum_{k=1}^{\infty}\int_{T_{k-1}}^{T_k}T_k\,\mathrm{d}F(t) \tag{2.101}$$

由定理 2.4 可知，在一个更新周期内的维修成本率为

$$C_3(T_1,T_2,\cdots)=\lim_{t\to\infty}\frac{C(t)}{t}=\frac{c_iE[N_I]+c_dE[\rho]+c_f}{E[T_k]}$$

$$=\frac{\sum_{k=1}^{\infty}\int_{T_{k-1}}^{T_k}[c_ik+c_d(T_k-t)]\,\mathrm{d}F(t)+c_f}{\sum_{k=1}^{\infty}\int_{T_{k-1}}^{T_k}T_k\,\mathrm{d}F(t)} \tag{2.102}$$

$$=\frac{c_i\sum_{k=1}^{\infty}\overline{F}(T_{k-1})-c_d\mu+c_f}{\sum_{k=1}^{\infty}(T_k-T_{k-1})\overline{F}(T_{k-1})}+c_d$$

当 $T_k=kT\ (k=0,1,\cdots)$ 时，检修更换策略变为周期更换策略，式（2.102）变为

$$C_4(T)=\frac{c_i\sum_{k=0}^{\infty}\overline{F}(kT)-c_d\mu+c_f}{T\sum_{k=0}^{\infty}\overline{F}(kT)}+c_d=\frac{c_i\sum_{k=0}^{\infty}\overline{F}(kT)-c_d\mu+c_f+c_dT\sum_{k=0}^{\infty}\overline{F}(kT)}{T\sum_{k=0}^{\infty}\overline{F}(kT)} \tag{2.103}$$

定理 2.9　若存在 T^* 使得 $C_4(T)$ 最小，且 T^* 应满足

$$c_i\sum_{k=0}^{\infty}\overline{F}(kT)=(c_d\mu-c_f)\frac{\sum_{k=0}^{\infty}\left[\overline{F}(kT)-kTf(kT)\right]}{\sum_{k=0}^{\infty}\overline{F}(kT)} \tag{2.104}$$

此时最小维修成本率为

$$C_4(T^*)=c_d-\frac{c_i\sum_{k=0}^{\infty}kf(kT^*)}{\sum_{k=0}^{\infty}\left[\overline{F}(kT^*)-kT^*f(kT^*)\right]} \tag{2.105}$$

证明　对式（2.103）中的 $C_4(T)$ 求导并令 $\frac{\mathrm{d}C_4(T)}{\mathrm{d}T}=0$，得式（2.104）。又因 $\lim_{T\to0}C_4(T)=\infty$，$\lim_{T\to\infty}C_4(T)=c_d$，若存在 T^* 使得 $C_4(T)$ 最小，则 T^* 满足式（2.104）。

将其代入式（2.103）中，可得式（2.105）。

本章小结

本章首先给出了相关竞争失效系统的基本特征，即系统失效模式可分为退化失效和冲击失效两类，且这两类失效模式间是相关竞争的关系；其次，给出了一般退化路径模型、Wiener 过程、Gamma 过程、inverse Gaussian 过程等基于退化的可靠性建模技术；最后，基于维修决策理论，阐述了年龄更换策略、周期更换策略和检修更换策略等基本预防维修策略，推导了各个预防维修模型最优解满足的条件。

第3章　随机不确定失效阈值背景下相关竞争失效系统可靠性建模

在相关竞争失效可靠性建模过程中，失效阈值的设定是研究中必不可少的环节。产品设备失效阈值的随机不确定性主要来源于以下两个方面：一方面，在生产制造过程中，基于环境的不确定性及加工工艺的不稳定性，不同的设备不可避免地具有个体差异性；另一方面，在设备使用过程中，外界应力的随机波动会动态影响系统的失效阈值。其直观体现在建模过程中，失效阈值用恒定不变的值来表达是不恰当的，如弹簧的形变量、机械部件的磨损程度等。因此，如何在现有研究的基础上，针对随机不确定失效阈值的特点，对相关竞争失效系统进行描述分析，并建立相应的可靠性评估模型是本章要解决的重要问题之一。

本章首先在描述相关竞争失效模式的基础上对失效阈值的随机不确定性进行分析，探究考虑不确定性失效阈值的必要性；其次，基于 DTS 理论搭建模型公式，描述退化过程与冲击过程之间的相关性，推导相应的随机不确定失效阈值背景下相关竞争失效的可靠性函数；最后，以微机电系统为案例对所提模型进行可靠性和敏感性分析，从而体现竞争相关性及阈值随机性的影响。

3.1　问题描述与基本假设

工程系统在实际运行过程中大多会同时经历退化失效与冲击失效。当系统的累积退化量超过退化失效阈值时，系统会发生退化失效。本章采用极值冲击模型描述外界环境的随机冲击过程，因此当外界的冲击强度大于系统所能承受的阈值时，系统会发生冲击失效。考虑系统两种失效过程相互竞争、相互依赖的关系时，可靠性分析也更加复杂。图 3.1（a）展示了一种相关竞争失效过程，如图 3.1（a）所示，考虑失效过程之间的相关性，即随机冲击过程导致累积退化量的突增，由系统自然退化及冲击共同造成的损伤退化量 $X_s(t)$ 在 t_5 时刻超出了退化失效阈值 H_0，系统失效；如图 3.1（b）所示，在 t_3 时刻，冲击强度 W_3 大于冲击失效阈值 D_0 时，系统会发生冲击失效。

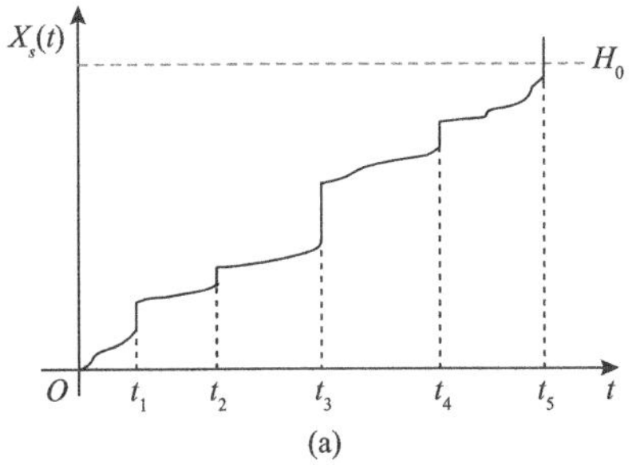

图 3.1　相关竞争失效过程示意图

大多研究在进行竞争失效可靠性分析时，均假定系统失效阈值是固定值，但是由于不同样本间的差异性及随机环境的不确定性影响，失效阈值用固定值来表达是不准确的。在相关竞争失效分析中同时考虑退化失效阈值与冲击失效阈值的随机不确定性，并在此基础上进行系统可靠性评估更为可信。如图 3.2 所示，退化失效阈值 H 和冲击失效阈值 D 均为随机变量，它们均受到某一随机分布的影响，且任何一个取值都具有相应的概率，反映了取值的波动不确定性。这种不确定性具体体现在最终的系统可靠性评估会存在偏差，导致可靠性分析的不可靠性。基于随机失效阈值的竞争失效可靠性分析不仅考虑了退化失效和冲击失效之间的相互依赖关系，还考虑了失效阈值的随机不确定性，因此更加真实地反映了系统运行情况。

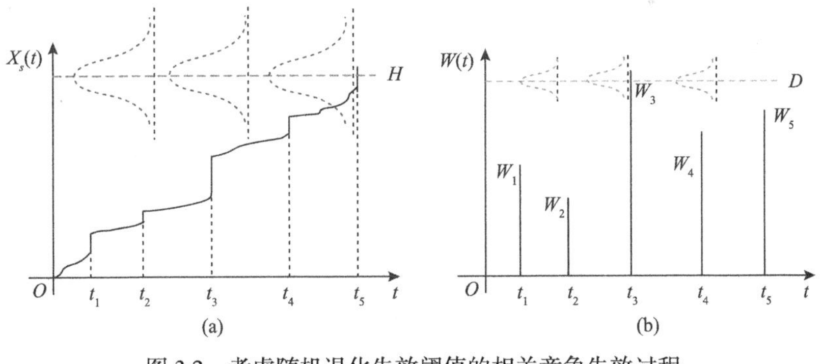

图 3.2　考虑随机退化失效阈值的相关竞争失效过程

在运行前期，系统可以抵抗一定强度的外界冲击。在运行一段时间后，系统的内在能力随着时间的增加而逐渐降低，因此考虑退化失效和冲击失效的依赖关系时，可以认为冲击失效阈值是一个关于 t 的逐渐减少的变量。此时，对于相同的冲击强度，系统更容易发生失效。如图 3.3（b）所示，随着系统工作时间的增加，系统的退化程度加剧，冲击失效阈值也会不断降低，即冲击失效阈值由 D 转变为有关 t 的时间变量 $D(t)$ 。

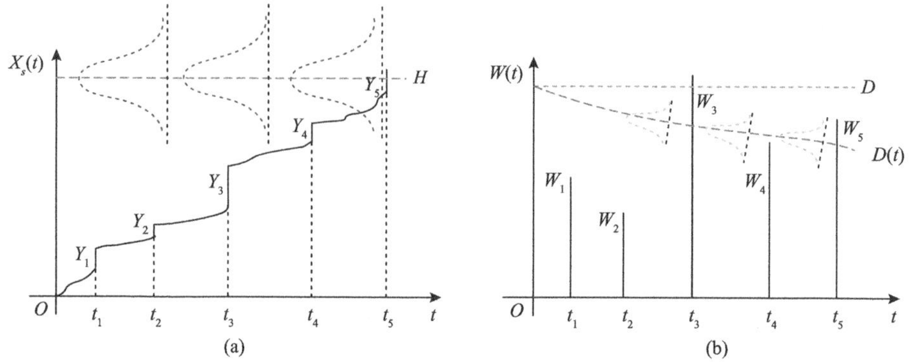

图 3.3　同时考虑随机退化失效阈值和随机冲击失效阈值的相关竞争失效过程

此外，在考虑失效阈值随机性的情况下，退化失效阈值 H 与冲击失效阈值 $D(t)$ 均为服从某一分布的随机变量。如图 3.4 所示，系统的冲击失效阈值在随机分布及退化过程中累积退化量的共同作用下，由固定阈值 D 转变为受随机变量控制且随时间减少的阈值 $D(t)$ 。

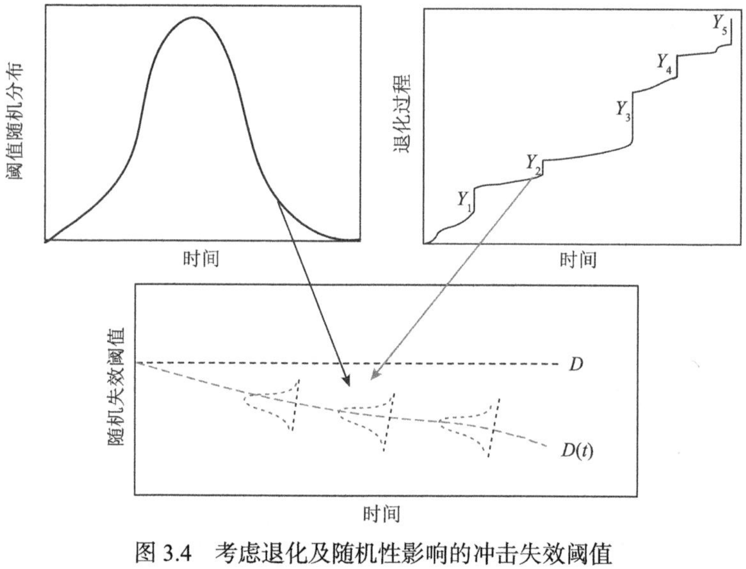

图 3.4　考虑退化及随机性影响的冲击失效阈值

为了更好地说明考虑失效阈值随机性影响的必要性，本章利用陀螺仪的试验数据进行分析比较。工程实践认为陀螺仪的退化失效阈值为 0.6，通过试验所得的失效阈值为 0.65、0.5、0.64、0.49、0.53、0.58。同类陀螺仪由于样本差异可能具有不同的失效阈值，表明陀螺仪的失效阈值具有一定的随机性。因此，在无法拒绝正态分布的假设下，根据试验数据的参数估计可得随机失效阈值正态分布的期望为 0.565，方差为 0.0695。由此可得随机失效阈值影响的可靠性曲线，如图 3.5 所示。不难发现，两条曲线在系统运行前期的差异明显，考虑阈值数据随机分布的陀螺仪可靠性更低。对于大多数系统，样本的个体差异性无法避免，因此在可靠性分析建模中考虑失效阈值的随机性，实现更准确的可靠性评估是十分必要的。本章所提出的随机不确定失效阈值背景下相关竞争失效系统可靠性建模参数与说明如表 3.1 所示。

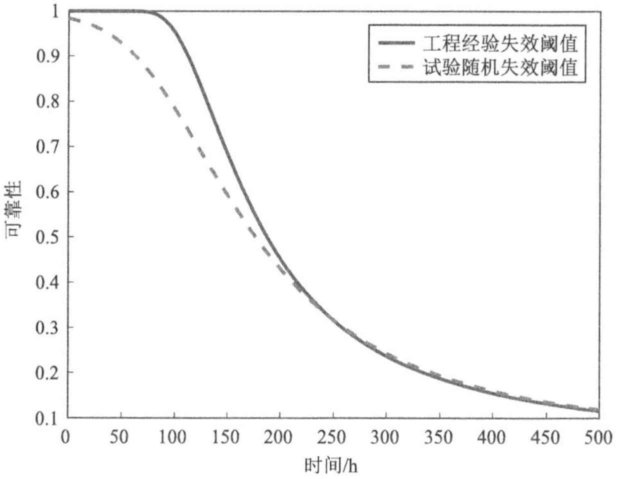

图 3.5　随机失效阈值影响的可靠性曲线

表 3.1　随机不确定失效阈值背景下相关竞争失效系统可靠性建模参数与说明

参数	说明
$N(t)$	[0, t]内外界冲击的到达次数
$X(t)$	系统自然退化过程
W	冲击强度
μ_W	冲击强度的均值
σ_W	冲击强度的标准差
μ_ω	Weibull 分布位置参数
m	Weibull 分布形状参数
η	Weibull 分布尺度参数
α	Gamma 分布形状参数
β	Gamma 分布尺度参数
Y	冲击损伤量

续表

参数	说明
c	冲击损伤量 Y 与冲击强度 W 的相关系数
k	运行过程中冲击总次数
λ	冲击发生率
N_0	积分的分割数
p	累积退化量与冲击失效阈值之间的关系系数
t_r	第 r 次冲击时刻
$E[X_s(t_r)]$	第 r 次冲击时，系统累积退化量的均值
$X_S(t)$	系统累积退化量
$R_S(t)$	系统不发生冲击失效的概率
$R_H(t)$	系统不发生退化失效的概率
D	冲击失效阈值
H	退化失效阈值
$R(t)$	系统可靠性函数（系统“生存”函数），即 $R(t)=P\{X>t\}$

3.2 随机不确定冲击失效阈值分布确定

随机失效阈值分布通常难以确定，相关研究也较少。根据有关退化过程随机失效阈值的研究假设，大多采用正态分布描述系统的退化失效阈值，本节亦假定退化失效阈值 H 采用截断正态分布来反映其随机性。冲击失效阈值通常反映了系统抵抗外界冲击的内在能力，例如，对于微机电系统，随机冲击引发轮毂裂纹，进而导致材料强度降低，当外界冲击强度超出承受范围时，微型发动机模具表面会出现碎片，轮毂断裂导致冲击失效；又如，对于机械产品，当系统所遭受的拉力或压力过大时，产品的结构强度无法支撑，发生冲击失效。因此，对于某些特定的系统（电子系统、机械系统等），在随机冲击的影响下冲击失效阈值 D 可以由系统能承受的材料强度来表示。经典的材料强度分布主要包括截断正态分布、对数正态分布和三参数 Weibull 分布三种，因此本节首先利用极大似然估计、灰色-极大似然估计等方法对冲击失效的随机不确定失效阈值分布进行参数估计，其次利用拟合优度检验方法确定最优的失效阈值分布，以便进行后续计算。

3.2.1　参数估计

1. 截断正态分布型随机失效阈值

假设 ω 在 (a,b) 内服从正态分布，则 ω 服从截断正态分布，即 $\omega \sim N(\mu_\omega,\sigma_\omega^2,a,b)$，其概率密度函数为

$$f(\omega)=\begin{cases}\dfrac{\dfrac{1}{\sqrt{2\pi}\sigma_\omega}\exp\left[-\dfrac{(\omega-\mu_\omega)^2}{2\sigma_\omega^2}\right]}{\varPhi\left(\dfrac{b-\mu_\omega}{\sigma_\omega}\right)-\varPhi\left(\dfrac{a-\mu_\omega}{\sigma_\omega}\right)}, & a\leqslant\omega\leqslant b\\ 0, & \text{其他}\end{cases} \tag{3.1}$$

由极大似然估计可得参数 μ_ω 和 σ_ω^2 的估计值为

$$\begin{cases}\hat{\mu}_\omega=\dfrac{1}{n}\sum\limits_{i=1}^{n}\ln\omega_i\\ \hat{\sigma}_\omega^2=\dfrac{1}{n-1}\sum\limits_{i=1}^{n}\left(\omega_i-\dfrac{1}{n}\sum\limits_{i=1}^{n}\omega_i\right)^2\end{cases} \tag{3.2}$$

2. 对数正态分布型随机失效阈值

若 $Y=\ln\omega$ 服从正态分布 $N(\mu_\omega,\sigma_\omega^2)$，则 ω 服从参数 μ_ω 和 σ_ω^2 的对数正态分布。概率密度函数为

$$f(\omega)=\begin{cases}\dfrac{1}{\sqrt{2\pi}\omega\sigma_\omega}\exp\left[-\dfrac{(\ln\omega-\mu_\omega)^2}{2\sigma_\omega^2}\right], & \omega\geqslant 0\\ 0, & \omega<0\end{cases} \tag{3.3}$$

由极大似然估计可得参数 μ_ω 和 σ_ω^2 的估计值为

$$\begin{cases}\hat{\mu}_\omega=\dfrac{1}{n}\sum\limits_{i=1}^{n}\ln\omega_i\\ \hat{\sigma}_\omega^2=\dfrac{1}{n-1}\sum\limits_{i=1}^{n}\left(\ln\omega_i-\dfrac{1}{n}\sum\limits_{i=1}^{n}\ln\omega_i\right)^2\end{cases} \tag{3.4}$$

3. 三参数 Weibull 分布型随机失效阈值

若随机变量ω服从三参数 Weibull 分布，则其概率密度函数为

$$f(\omega)=\begin{cases}\dfrac{m}{\eta}\left(\dfrac{\omega-\mu_\omega}{\eta}\right)^{m-1}\exp\left[-\left(\dfrac{\omega-\mu_\omega}{\eta}\right)^{m}\right], & \omega\geqslant\mu_\omega\\ 0, & \omega<\mu_\omega\end{cases}\tag{3.5}$$

其中，$\mu_\omega>0$ 为位置参数；$m>0$ 为形状参数；$\eta>0$ 为尺度参数，记作 $\omega\sim W(\eta,m,\mu_\omega)$。

采用灰色-极大似然法估计 Weibull 分布的三个参数主要分为以下两个步骤。

（1）利用一阶灰色模型估计位置参数。

（2）利用极大似然法估计尺度参数及形状参数。

由此可得 Weibull 分布为

$$F(\omega)=1-\exp\left[\left(\frac{\omega-\mu_\omega}{\eta}\right)^{m}\right]\tag{3.6}$$

令 $R(\omega)=1-F(\omega)$，式（3.6）可变换为 $\omega=\eta\exp\left[\dfrac{1}{m}\ln\ln\dfrac{1}{R(\omega)}\right]+\mu_\omega$，再令 $x_i=-\ln\ln\dfrac{1}{R(\omega_i)}$，则 $\omega_{x_i}=\eta\exp\left[-\dfrac{1}{m}x_i\right]+\mu_\omega$。记 $\eta=c,m=1/a,\mu_\omega=b$，则 $\omega=c\exp(-ax_i)+b$，这与灰色 GM（1，1）模型的时间响应式相同，因此可利用一阶灰色模型求解位置参数。此时可得似然函数为

$$L(\omega_1,\omega_2,\cdots,\omega_n;\eta,m)=\prod_{i=1}^{n}\frac{m}{\eta}\left(\frac{\omega_i-\mu_\omega}{\eta}\right)^{m-1}\exp\left[-\left(\frac{\omega_i-\mu_\omega}{\eta}\right)^{m}\right]\tag{3.7}$$

进而可得对数似然函数为

$$\ln L(\omega_1,\omega_2,\cdots,\omega_n;\eta,m)=n\ln\frac{m}{\eta}+(m-1)\sum_{i=1}^{n}\ln\frac{\omega_i-\mu_\omega}{\eta}\sum_{i=1}^{n}\left(\frac{\omega_i-\mu_\omega}{\eta}\right)^{m}\tag{3.8}$$

分别对η 和m求偏导数，并令其为零，可得

$$\begin{cases}mn\eta-\dfrac{m}{\eta^{m-1}}\displaystyle\sum_{i=1}^{n}(\omega_i-\mu_\omega)^m=0\\ \dfrac{n}{m}-n\ln\eta+\displaystyle\sum_{i=1}^{n}\ln(\omega_i-\mu_\omega)\sum_{i=1}^{n}\left(\dfrac{\omega_i-\mu_\omega}{\eta}\right)^{m}[\ln(\omega_i-\mu_\omega)-\ln\eta]=0\end{cases}\tag{3.9}$$

将式（3.9）的第一个方程代入第二个方程可得

$$y=\frac{n}{m}+\sum_{i=1}^{n}\ln(\omega_i-\mu_\omega)-\frac{n}{\sum_{i=1}^{n}\omega_i^m}\sum_{i=1}^{n}(\omega_i-\mu_\omega)^m\ln(\omega_i-\mu_\omega)=0 \tag{3.10}$$

由式（3.10）可解得尺度参数η 及形状参数 m。具体算法求解过程如下。

（1）对于给定的样本数据，将其排序得到次序统计量，并记作 $\omega_1,\omega_2,\cdots,\omega_n$，利用中位秩公式 $R(\omega_i)=1-(i-0.3)/(n+0.4)$ 计算样本的可靠度。

（2）利用 $x_i=-\ln\ln\dfrac{1}{R(\omega_i)}$ 计算 x_i，令 $B=\begin{pmatrix}-\dfrac{\omega_1+\omega_2}{2} & 1\\ \vdots & \vdots\\ -\dfrac{\omega_{n-1}+\omega_n}{2} & 1\end{pmatrix}$，$Y=\begin{pmatrix}\dfrac{\omega_2-\omega_1}{x_2-x_1}\\ \vdots\\ \dfrac{\omega_n-\omega_{n-1}}{x_n-x_{n-1}}\end{pmatrix}$，根据灰色系统理论可得 $\begin{pmatrix}a\\ d\end{pmatrix}=(B^{\mathrm{T}}B)^{-1}B^{\mathrm{T}}Y$，其中，$\mu_\omega=b=d/a$ 为 Weibull 分布位置参数的估计值。

（3）对于一般工程问题，设定 m 的取值范围为（1, 10），根据式（3.10）计算 $m_1=1$ 及 $m_2=10$ 时的 y 值，记为 y_1 和 y_2。取 $m_3=(m_1+m_2)/2$，并计算此时的 y 值，记为 y_3；若 $|y_3|$ 已达到理想的相对误差，则停止迭代，否则继续迭代。

（4）若 $y_1y_3<0$，则 $m_1=m_1,m_2=m_3$；若 $y_1y_3>0$，则 $m_1=m_3,m_2=m_2$，并继续执行步骤（3），直到找出绝对值最小的 y 值对应的零点，作为形状参数的极大似然估计值 m，并由式（3.9）的第一个方程得出尺度参数的极大似然估计值η 。

3.2.2　拟合优度检验

拟合优度检验是用来判断样本数据是否符合某种指定分布的方法，其原假设为

$$H_0:F_n(x)=F_0(x) \tag{3.11}$$

其中，$F_0(x)$ 为指定的概率分布。

本节将介绍三种基于经验分布函数构造的检验统计量。假设 $x_1,x_2,\cdots,x_n$ 是来自分布函数 F 的随机样本，其经验分布 $F_n(x)$ 定义为

$$F_n(x)=\frac{1}{n}\sum_{i=1}^{n}I_{[X_i\leqslant x]}=\frac{{}^{\#}\{X_i\leqslant x,i=1,2,\cdots,n\}}{n} \tag{3.12}$$

其中，$^{\#}A$ 表示集合 A 中的元素个数。

1. 柯尔莫哥洛夫-斯米洛夫（Kolmogorov-Smirnov，K-S）检验

K-S 检验是一个相当重要的检验方法，该方法无须对要检验的数据分组，且可以用于任何一元分布的检验。K-S 检验统计量是按一致距离构造的统计量，其定义为

$$K_n = \sup_{-\infty<x<\infty} |F_n(x) - F_0(x)| \tag{3.13}$$

K-S 检验统计量的值越小，则样本数据的分布与指定的分布偏差越小，越不能拒绝原假设。

2. 克拉默-冯·米塞斯（Cramer-von Mises，CvM）检验

K-S 检验统计量是按一致距离构造的统计量，当以 L^2 距离建立统计量时，就是均方型统计量，通常称为 CvM 检验统计量，其一般形式定义为

$$W_n^2 = n\int_{-\infty}^{\infty}[F_n(x) - F_0(x)]^2\psi(F_0(x))\,\mathrm{d}F_0(x) \tag{3.14}$$

其中，$\psi(\cdot)$ 为权函数，令 $u = F_0(x)$，当取不同的权函数时可得不同的统计量，$\psi(u) = 1$ 时，可得 CvM 检验统计量的计算公式为

$$W_n^2 = \frac{1}{12n} + \sum_{i=1}^{n}\left(u_i - \frac{2i-1}{2n}\right)^2 \tag{3.15}$$

3. 安德森-达令（Anderson-Darling，A-D）检验

当 CvM 检验统计量的权函数 $\psi(u) = [u(1-u)]^{-1}$ 时，可得 A-D 检验统计量为

$$A_n^2 = -n - \frac{1}{n}\sum_{i=1}^{n}(2i-1)[\ln u_i + \ln(1-u_{n-i+1})] \tag{3.16}$$

3.3 基于随机不确定失效阈值的相关竞争失效过程可靠性建模

由 3.2 节可以得到失效阈值的随机分布情况。本节将研究基于随机不确定失

效阈值的相关竞争失效模型。首先，在考虑随机退化失效阈值的情况下，建立单部件系统的退化失效模型；其次，研究系统累积退化对随机冲击失效阈值的影响，并建立相应的冲击失效模型；最后，根据 DTS 理论建立随机不确定失效阈值背景下相关竞争失效系统的可靠性函数。

3.3.1　基于随机失效阈值的退化失效建模

系统累积退化量由连续退化量及冲击损伤量共同构成。基于 Gamma 随机过程在描述退化过程中非负增量的优势，其在现有相关文献中得到了广泛应用。本节以线性 Gamma 随机过程描述自然退化过程 $X(t)$，即对于任意的 $t > s \geqslant 0$，$X(t) - X(s) \sim \text{Gamma}(\alpha(t-s), \beta)$，其中，$\alpha$ 为形状参数，β 为尺度参数。概率密度函数表示为

$$g_a(x, \alpha t, \beta) = \frac{\beta^{\alpha t} x^{\alpha t - 1} \mathrm{e}^{-\beta x}}{\Gamma(\alpha t)} I_{(0,\infty)}(x) \tag{3.17}$$

其中，当 $x \geqslant 0$ 时，$I_{(0,\infty)}(x) = 1$；当 $x < 0$ 时，$I_{(0,\infty)}(x) = 0$。在 t 时刻的退化量期望值可以表示为 $E[X(t)] = \alpha t / \beta$。

根据一般退化过程中冲击强度的度量，通常假定冲击强度 W 服从截断正态分布，为表示冲击强度的非负性，W 应不小于 0，即 $W \sim N(\mu_W, \sigma_W^2, 0, \infty)$，其中，$\mu_W$ 和 σ_W 为冲击强度的均值和标准差。有些学者认为随机冲击造成的冲击损伤量与冲击强度无关，有些学者则认为冲击损伤量 Y 与冲击震级线性相关。为了反映退化过程与随机冲击之间的相互依赖关系，本章假设每一次的随机冲击均会导致系统退化量的增加，且冲击损伤量 Y 与冲击强度 W 呈线性关系，即 $Y_r = cW_r\ (r = 1, 2, \cdots, k)$，其中，$c$ 为冲击损伤量 Y 与冲击强度 W 的相关系数，W_r 和 Y_r 分别表示系统第 r 次冲击时的冲击强度与冲击损伤量，k 为运行过程中遭受的冲击总次数。

本节以极值冲击模型描述系统的冲击过程，假设系统冲击来自外界的运行环境，并认为冲击过程的发生服从齐次 Poisson 过程，即

$$P\{N(t) = k\} = \frac{(\lambda t)^k}{k!} \mathrm{e}^{-\lambda t} \tag{3.18}$$

其中，λ 为冲击发生率。

假定退化失效过程的退化失效阈值 H 服从截断正态分布，即当 $H \geqslant 0$ 时，$H \sim N(\mu_h, \sigma_h^2)$。当系统的累积退化量 $X_s(t)$ 不超过退化失效阈值 H 时，不会发生

退化失效。用概率描述为

$$P\{X_s(t)<H\,|\,k\}=P\{X_s(t)-H<0\,|\,k\}=P\left\{X(t)+\sum_{r=1}^{k}Y_r-H<0\,|\,k\right\} \quad (3.19)$$

因 $W\sim N(\mu_W,\sigma_W^2)$，且 $Y_r=cW_r(r=1,2,\cdots,k)$，故 $\sum_{r=1}^{k}Y_r\sim N(kc\mu_W,kc^2\sigma_W^2)$。已知退化失效阈值 $H\sim N(\mu_h,\sigma_h^2)$，令 $U=\sum_{r=1}^{k}Y_r-H$，Y_r 与 H 相互独立，故可得 U 也服从正态分布，即 $U=\sum_{r=1}^{k}Y_r-H\sim N(kc\mu_W-\mu_h,kc^2{\sigma_W}^2+\sigma_h^2)$，因此式（3.19）转化为

$$P\left\{X(t)+\sum_{r=1}^{k}Y_r-H<0\,|\,k\right\}=\int_{-\infty}^{0}f(X(t),U\,|\,t,k)\,\mathrm{d}x \quad (3.20)$$

令 $z=X(t)+U$，由卷积公式可得

$$f(X(t),U|t,k)=\int_{-\infty}^{\infty}f_X(z-u)f_U(u)\,\mathrm{d}u=\int_{-\infty}^{\infty}f_X(z-u)\,\mathrm{d}F_U(u) \quad (3.21)$$

再令 $g=F_U(u)$，u 的范围为 $-\infty$ 到 ∞，则 g 的范围为 0 到 1。

$$f(X(t),U|t,k)=\int_{0}^{1}f_X(z-F_U^{-1}(g))\,\mathrm{d}g \quad (3.22)$$

由式（3.20）及式（3.22）可得

$$P\left\{X(t)+\sum_{r=1}^{k}Y_r-H<0\,|\,k\right\}=\int_{-\infty}^{0}\int_{0}^{1}f_X(z-F_U^{-1}(g))\,\mathrm{d}g\,\mathrm{d}z=\int_{0}^{1}F_X(-F_U^{-1}(g))\,\mathrm{d}g \quad (3.23)$$

在运行时间 t 内，假设发生了 k 次冲击，k 次冲击导致的系统损伤量和自然退化量小于随机失效阈值 H 的概率。因此，退化失效可靠性为

$$\begin{aligned}R_S(t)&=P\{X_s(t)<H\,|\,N(t)=k\}P\{N(t)=k\}\\&=P\{X_s(t)-H<0\,|\,N(t)=k\}P\{N(t)=k\}\\&=P\left\{X(t)+\sum_{r=1}^{k}Y_r-H<0\,|\,N(t)=k\right\}P\{N(t)=k\}\end{aligned} \quad (3.24)$$

1. 时间 t 内没有冲击发生，即 $N(t)=0$

由式（3.24）可以看出，当冲击次数为 0，即 $k=0$ 时，冲击损伤是不存在的，此时 $\sum_{r=1}^{k} Y_r = 0$，因此

$$R_S(t)=P\{X(t)-H<0 \mid N(t)=0\}P\{N(t)=0\} \tag{3.25}$$

由式（3.24）可知，此时随机变量 $U=-H$，式（3.24）转变为

$$P\{X(t)-H<0 \mid k=0\}=\int_{-\infty}^{0}\int_{0}^{1} f_X(z+F_H^{-1}(g))\,\mathrm{d}g\,\mathrm{d}z=\int_{0}^{1} F_X(F_H^{-1}(g))\,\mathrm{d}g \tag{3.26}$$

将 $k=0$ 代入式（3.26），可得

$$R_S(t)=\int_{0}^{1} F_X(F_H^{-1}(g))\,\mathrm{d}g\,\mathrm{e}^{-\lambda t} \tag{3.27}$$

采用数值积分法解式（3.27），可得

$$R_S(t)=\frac{1}{N_0}\sum_{j=1}^{N_0} F_X\left[F_H^{-1}\left(\frac{j}{N_0}\right);t\right]\mathrm{e}^{-\lambda t} \tag{3.28}$$

2. 时间 t 内有冲击发生，即 $N(t)\neq 0$

$$R_S(t)=\int_{0}^{1} F_X(-F_U^{-1}(g))\,\mathrm{d}g\,\frac{(\lambda t)^k\,\mathrm{e}^{-\lambda t}}{k!} \tag{3.29}$$

采用数值积分法解式（3.29），可得

$$R_S(t)=\frac{1}{N_0}\sum_{j=1}^{N_0} F_X\left[-F_U^{-1}\left(\frac{j}{N_0}\right);t\right]\frac{(\lambda t)^k\,\mathrm{e}^{-\lambda t}}{k!} \tag{3.30}$$

因此，退化失效可靠性为

$$R_S(t)=\sum_{k=1}^{\infty}\left\{\frac{1}{N_0}\sum_{j=1}^{N_0} F_X\left[-F_U^{-1}\left(\frac{j}{N_0}\right);t\right]\frac{(\lambda t)^k\,\mathrm{e}^{-\lambda t}}{k!}\right\}+\frac{1}{N_0}\sum_{j=1}^{N_0} F_X\left[F_H^{-1}\left(\frac{j}{N_0}\right);t\right]\mathrm{e}^{-\lambda t} \tag{3.31}$$

其中，N_0 为积分的分割数，通常以 $V=N_0^{-0.5}$ 表示近似精度，N_0 越大，精度也就越高。假设可接受的近似误差为 0.01，则取 N_0 为 10000。

3.3.2 基于随机失效阈值的冲击失效建模

由于每个随机冲击到达时存在独立性，第 r 个冲击 t_r 的到达时间可以表示为

$$
\begin{aligned}
f_{T_r}(t_r) &= \lim_{\Delta s\to 0}\frac{P\{s<t_r<s+\Delta s \mid N(t)=k\}}{\Delta s}\\
&= \lim_{\Delta s\to 0}\frac{P\left\{N(s)=r-1, N(s+\Delta s)-N(s)=1, N(t)-N(s+\Delta s)=k-r\right\}}{\Delta s P\left\{N(t)=k\right\}}\\
&= \lim_{\Delta s\to 0}\frac{\dfrac{(\lambda_0 s)^{r-1}}{(r-1)!}\mathrm{e}^{-\lambda_0 s}\dfrac{\lambda_0\Delta s}{1!}\mathrm{e}^{-\lambda_0\Delta s}\dfrac{[\lambda_0(t-s-\Delta s)]^{k-r}}{(k-r)!}\mathrm{e}^{-\lambda_0(t-s-\Delta s)}}{\Delta s\dfrac{(\lambda_0 t)^k}{k!}\mathrm{e}^{-\lambda_0 t}}\\
&= \frac{k!}{(r-1)!(k-r)!}\frac{t_r^{r-1}}{t^r}\left(1-\frac{t_r}{t}\right)^{k-r}
\end{aligned}
\tag{3.32}
$$

其中，t 为系统运行时间。

当考虑退化与冲击之间的依赖关系时，系统退化量随着运行时间而不断增加，间接使系统的内在抵抗能力逐渐减弱，因此冲击失效阈值随着系统累积退化量的增加而减少，在运行过程中，时间 t 不可逆地单调递增，随机冲击失效阈值可以表示为

$$
D(t_r)=\omega\{1-pE[X_s(t_r)]\} \tag{3.33}
$$

其中，$p>0$ 为累积退化量与冲击失效阈值之间的关系系数，即随着 $X_s(t_r)$ 的不断增加，$D(t_r)$ 减小；t_r 为第 r 次冲击时刻；$E[X_s(t_r)]$ 为第 r 次冲击时系统累积退化量的均值，可以反映此时累积退化量的水平。

由于 $X_s(t_r)=X(t_r)+\sum_{l=1}^{r}Y_l$，其中，$l$ 为冲击次数，$l=1,2,\cdots,r$，则

$$
D(t_r)=\omega\left\{1-pE[X(t_r)]-p\sum_{l=1}^{r}Y_l\right\} \tag{3.34}
$$

又因 $E[X(t_r)]=\dfrac{\alpha t_r}{\beta}$，$\sum_{l=1}^{r}Y_l\sim N(rc\mu_W, rc^2\sigma_W^2)$，故

$$
D(t_r)=\omega\left\{1-pE[X(t_r)]-pE\left(\sum_{l=1}^{r}Y_l\right)\right\}=\omega\left(1-\frac{p\alpha t_r}{\beta}-prc\mu_\omega\right) \tag{3.35}
$$

当第 r 次冲击强度不超过系统所能承受的失效阈值 $D(t_r)$ 时，不会发生冲击失效。用概率描述为

$$P\{W_r < D(t_r)\} = P\left\{W_r < \omega\left(1-\frac{p\alpha t_r}{\beta}-prc\mu_\omega\right)\right\}=P\left\{\frac{W_r}{1-\frac{p\alpha t_r}{\beta}-prc\mu_\omega}<\omega\right\} \quad (3.36)$$

令 $Q=\dfrac{W_r}{1-\frac{p\alpha t_r}{\beta}-prc\mu_\omega}$，由于 $W_r \sim N(\mu_W,\sigma_W^2)$，$1-\dfrac{p\alpha t_r}{\beta}-prc\mu_\omega$ 可看作常数，则 Q 也服从正态分布，即 $Q\sim N\left(\dfrac{\beta\mu_W}{\beta-p\alpha t_r-prc\beta\mu_W},\dfrac{\beta^2\sigma_W^2}{(\beta-p\alpha t_r-prc\beta\mu_W)^2}\right)$，因此在 $N(t)=k$ 的条件下，第 r 次随机冲击不发生失效的概率为

$$\begin{aligned}
P\{W_r < D(t_r)\} &= P\left\{\frac{W_r}{1-\frac{p\alpha t_r}{\beta}-prc\mu_\omega}<\omega\right\} \\
&=\int_0^t P\{Q<\omega\} f_{T_r}(t_r)\,\mathrm{d}t=\int_0^t F_Q(\omega) f_{T_r}(t_r)\,\mathrm{d}t \\
&=\int_0^t \Phi\left(\frac{\omega-\frac{\beta\mu_W}{\beta-p\alpha t_r-prc\beta\mu_W}}{\frac{\beta\sigma_W}{\beta-p\alpha t_r-prc\beta\mu_W}}\right) f_{T_r}(t_r)\,\mathrm{d}t \\
&=\int_0^t \Phi\left(\frac{\omega-\frac{\beta\mu_W}{\beta-p\alpha t_r-prc\beta\mu_W}}{\frac{\beta\sigma_W}{\beta-p\alpha t_r-prc\beta\mu_W}}\right) \frac{k!}{(r-1)!(k-r)!}\frac{t_r^{r-1}}{t^r}\left(1-\frac{t_r}{t}\right)^{k-r}\mathrm{d}t
\end{aligned} \quad (3.37)$$

一旦外界冲击强度超出系统冲击失效阈值，就会发生冲击失效，因此，冲击失效可靠性定义为系统可以承受所有冲击的概率。可靠性函数表示为

$$\begin{aligned}
R_H(t) &= P\{W_1<D(t_1),W_2<D(t_2),\cdots,W_k<D(t_k)\} \\
&=\sum_{k=0}^{\infty}\prod_{r=1}^{k}P\{W_r<D(t_r)\}P\{N(t)=k\} \\
&=\sum_{k=0}^{\infty}\prod_{r=1}^{k}P\left\{W_r<\omega\left[1-\frac{p\alpha t_r}{\beta}-prc\mu_\omega\right]\right\}P\{N(t)=k\}
\end{aligned} \quad (3.38)$$

（1）当时间 t 内没有冲击发生，$N(t)=0$ 时，有

$$R_H(t)=R_H(t\mid N(t)=0)P\{N(t)=0\}=1\times P\{N(t)=0\}=\mathrm{e}^{-\lambda t} \tag{3.39}$$

（2）当时间 t 内有冲击发生，$N(t)\neq 0$ 时，结合数值积分法，可得可靠性函数为

$$\begin{aligned}R_H(t)&=\sum_{k=1}^{\infty}\prod_{r=1}^{k}P\{W_r<D(t_r)\}P\{N(t)=k\}\\&=\sum_{k=1}^{\infty}\left\{\prod_{r=1}^{k}\frac{t}{N_2}\sum_{l=1}^{N_2}\left(\frac{k!}{(r-1)!(k-r)!t^r}\left(\frac{tl}{N_2}\right)^{r-1}\left(1-\frac{l}{N_2}\right)^{k-r}\right.\right.\\&\left.\left.\times\frac{1}{N_1}\sum_{i=1}^{N_1}\left(\Phi\left(\frac{F_{\omega}^{-1}\left(\dfrac{i}{N_1}\right)-\dfrac{\beta\mu_W}{\beta-p\alpha\dfrac{tl}{N_2}-prc\beta\mu_W}}{\dfrac{\beta\sigma_W}{\beta-p\alpha\dfrac{tl}{N_2}-prc\beta\mu_W}}\right)\right)\right)\right\}\frac{(\lambda t)^k\mathrm{e}^{-\lambda t}}{k!}\end{aligned} \tag{3.40}$$

因此冲击失效可靠性为

$$\begin{aligned}R_H(t)=&\sum_{k=1}^{\infty}\left\{\prod_{r=1}^{k}\frac{t}{N_2}\sum_{l=1}^{N_2}\frac{k!}{(r-1)!(k-r)!t^r}\left(\frac{tl}{N_2}\right)^{r-1}\left(1-\frac{l}{N_2}\right)^{k-r}\frac{1}{N_1}\right.\\&\left.\times\sum_{i=1}^{N_1}\left(\Phi\left(\frac{F_{\omega}^{-1}\left(\dfrac{i}{N_1}\right)-\dfrac{\beta\mu_W}{\beta-p\alpha\dfrac{tl}{N_2}-prc\beta\mu_W}}{\dfrac{\beta\sigma_W}{\beta-p\alpha\dfrac{tl}{N_2}-prc\beta\mu_W}}\right)\right)\right\}\frac{(\lambda t)^k\mathrm{e}^{-\lambda t}}{k!}+\mathrm{e}^{-\lambda t}\end{aligned} \tag{3.41}$$

其中，N_1 和 N_2 为积分的分割数，取 N_1 和 N_2 为 10000。

3.3.3 竞争失效可靠性

竞争失效模型是由退化失效和冲击失效相互作用导致的结果，其可靠性函数为

$$
\begin{aligned}
R(t) &= P\{W_1 < D(t_1), W_2 < D(t_2), \cdots, W_k < D(t_k), X_s(t) < H\} \\
&= \sum_{k=0}^{\infty} P\{W_1 < D(t_1), W_2 < D(t_2), \cdots, W_k < D(t_k), X_s(t) < H \big| N(t) = k\} P\{N(t) = k\} \\
&= \sum_{k=1}^{\infty} P\{W_1 < D(t_1), W_2 < D(t_2), \cdots, W_k < D(t_k), X_s(t) < H \mid N(t) = k\} P\{N(t) = k\} \\
&\quad + P\{X_s(t) < H \mid N(t) = 0\} P\{N(t) = 0\} \\
&= \sum_{k=1}^{\infty} \int_0^1 F_X(-F_U^{-1}(g)) \mathrm{d}g \prod_{r=1}^{k} \int_0^t \Phi\left(\frac{\omega - \dfrac{\beta\mu_W}{\beta - p\alpha t_r - prc\beta\mu_W}}{\dfrac{\beta\sigma_W}{\beta - p\alpha t_r - prc\beta\mu_W}} \right) \frac{k!}{(r-1)!(k-r)!} \frac{t_r^{r-1}}{t^r} \\
&\quad \times \left(1 - \frac{t_r}{t}\right)^{k-r} \mathrm{d}t \frac{(\lambda t)^k \mathrm{e}^{-\lambda t}}{k!} + \int_0^1 F_X(F_H^{-1}(g)) \mathrm{d}g \, \mathrm{e}^{-\lambda t}
\end{aligned}
\tag{3.42}
$$

3.4 案 例 分 析

以某微机电系统（micro-electro-mechanical systems，MEMS）为例来说明考虑随机失效阈值的竞争失效过程。微机电系统由与旋转齿轮机械连接的正交线性梳状驱动器组成。当齿轮与销钉接合处的摩擦面磨损达到一定程度时，系统发生退化失效；当外界冲击强度达到一定程度时，微型发动机模具表面会出现碎片，进而发生轮毂断裂，从而导致冲击失效。磨损退化量的积累使得系统承受外界冲击的材料强度逐渐减弱，因此微机电系统的两个竞争失效过程即磨损退化导致的退化失效及冲击引发的轮毂断裂的冲击失效。本节将通过微机电系统的数值算例验证本章所提模型，可靠性分析的相关参数及取值如表 3.2 所示，部分参数取自相关文献。

表 3.2　可靠性分析的相关参数及取值

参数	取值
μ_W/GPa	1.2
σ_W/GPa	0.2
c/（μm^3/GPa）	8.333×10^{-5}
μ_h/μm^3	0.00125

续表

参数	取值
$\sigma_h^2/\mu m^3$	0.0000001
α	1.9975×10^{2}
β	2.3549×10^{10}
p	200
λ/r^{-1}	5×10^{-5}

3.4.1 随机失效阈值分布确定

在进行可靠性分析之前，需要对随机失效阈值分布进行拟合。本节将针对随机冲击失效阈值分布进行分析，根据表 3.3 中材料强度的样本数据分别对三种常见分布（截断正态分布、对数正态分布及三参数 Weibull 分布）进行参数估计，估算强度阈值分布参数，再根据拟合优度检验筛选出最优的拟合分布。

表 3.3　材料强度的样本数据

样本序号	ω_i /GPa	样本序号	ω_i /GPa
1	1.5050	19	1.1893
2	1.9335	20	0.9452
3	2.5750	21	1.9468
4	0.9978	22	1.4909
5	1.2610	23	1.0169
6	1.1889	24	0.8849
7	0.9995	25	0.8453
8	1.2768	26	0.9374
9	1.3627	27	0.9188
10	1.1063	28	0.7823
11	1.5189	29	1.5025
12	1.2464	30	1.4000
13	1.8629	31	0.9761
14	1.3612	32	1.1364
15	1.7295	33	2.0075
16	1.0158	34	0.9718
17	1.6186	35	1.8492
18	0.8083	36	0.9177

续表

样本序号	ω_i/GPa	样本序号	ω_i/GPa
37	1.7494	44	1.0653
38	1.1519	45	1.9923
39	1.7796	46	1.3017
40	1.0687	47	1.6706
41	0.8324	48	0.8351
42	1.3537	49	1.4033
43	0.9326	50	0.7459

根据前面内容，可得截断正态分布参数 μ_ω 为 1.2994，σ_ω 为 0.4048，由此可得正态分布概率密度函数为

$$f(\omega)=\begin{cases}\dfrac{\dfrac{1}{\sqrt{2\pi}\times 0.4048}\exp\left[-\dfrac{(\omega-1.2994)^2}{0.3277}\right]}{1-\Phi\left(\dfrac{-1.2994}{0.4048}\right)}, & \omega\geqslant 0\\ 0, & \omega<0\end{cases}$$

可得对数正态分布参数 μ_ω 为 0.2164，σ_ω 为 0.3014，由此可得对数正态分布概率密度函数为

$$f(\omega)=\begin{cases}\dfrac{1}{\sqrt{2\pi}\omega\times 0.3014}\exp\left[-\dfrac{(\ln\omega-0.2164)^2}{0.1817}\right], & \omega\geqslant 0\\ 0, & \omega<0\end{cases}$$

根据三参数 Weibull 分布的算法求解步骤，可得位置参数 μ_ω 为 0.6851，尺度参数 η 为 0.6858，形状参数 m 为 1.5696，由此可得三参数 Weibull 分布概率密度函数为

$$f(\omega)=\begin{cases}2.2887\times\left(\dfrac{\omega-0.6851}{0.6858}\right)^{0.5696}\exp\left[-\left(\dfrac{\omega-0.6851}{0.6858}\right)^{1.5696}\right], & \omega\geqslant 0.6851\\ 0, & \omega<0.6851\end{cases}$$

得到三种常见的强度分布函数后，利用拟合优度检验方法（K-S 检验、CvM 检验、A-D 检验）计算检验统计量的值，如表 3.4 所示。从表 3.4 中计算的结果不难看出，无论是 K-S 检验统计量、CvM 检验统计量，还是 A-D 检验统计量，三参数 Weibull 分布的数值都是最小的，说明三参数 Weibull 分布与样本数据的分布

偏差最小，拟合的效果最好；对数正态分布的拟合效果次之；截断正态分布与样本分布的偏差最大，拟合效果最差。图 3.6 分别展示了样本概率分布与假设的三种强度分布的拟合曲线。从图 3.6 中也可以看出，三参数 Weibull 分布的曲线与样本分布曲线最为吻合。因此，本章选取三参数 Weibull 分布作为随机冲击失效阈值分布进行可靠性分析。

表 3.4　拟合优度分析

拟合分布	K-S 检验	CvM 检验	A-D 检验
截断正态分布	0.1160	0.1648	1.0843
对数正态分布	0.1061	0.0758	0.5033
三参数 Weibull 分布	0.0862	0.0415	0.2740

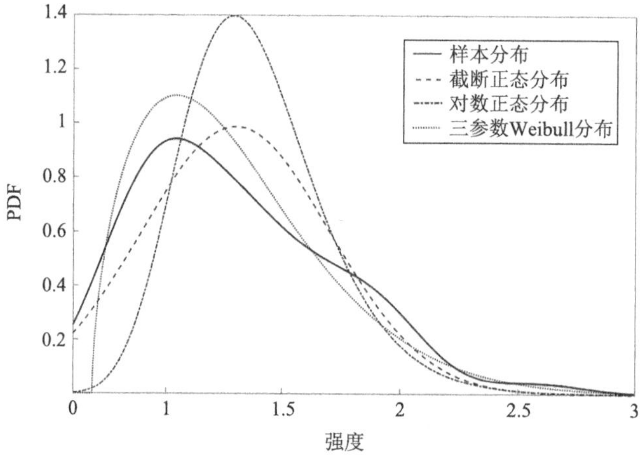

图 3.6　拟合优度检验结果

PDF 指概率密度函数（probability density function）

3.4.2　可靠性分析

在随机失效阈值分布的基础上，本节针对所提竞争失效模型进行可靠性分析。计算可得退化失效、冲击失效及竞争失效的可靠性曲线如图 3.7 所示，退化失效可靠性曲线位置是最高的，且前期退化失效可靠性接近 1，竞争失效是退化失效与冲击失效共同作用的结果，因此冲击失效可靠性曲线与竞争失效可靠性曲线在前期基本吻合，两者下降速度较快，这可能是因为冲击失效阈值的降低率大于退化过程失效阈值的增加率。在中后期，退化失效可靠性曲线逐渐下降，且速度开始加快，因此竞争失效可靠性逐渐低于冲击失效可靠性。

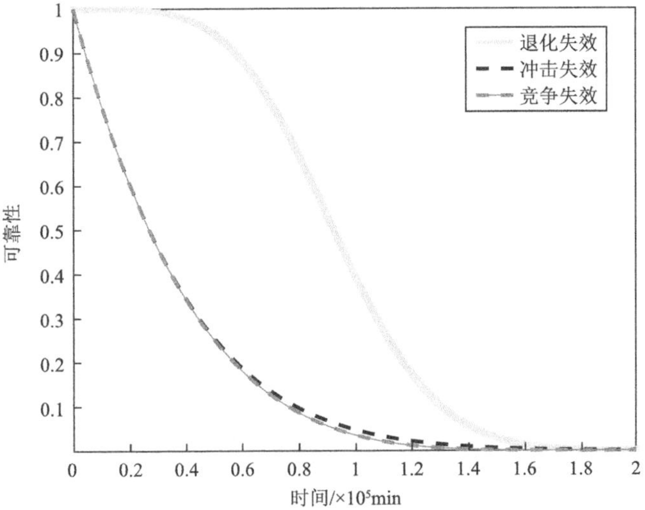

图 3.7　不同失效过程可靠性

退化失效可靠性的对比分析如图 3.8 所示，不考虑随机失效阈值的情况由期望均值进行计算，即 $H = \mu_h$。基于随机失效阈值的退化失效可靠性在前期更低，在后期更高，整体下降的速度更为平缓，这可能是因为正态分布失效阈值的影响。相比于固定的失效阈值，随机失效阈值的取值范围更广，前期随机失效阈值的取值小于均值的概率更大，因此可靠性更低，后期随机失效阈值的取值大于均值的概率更大，因此可靠性更高。冲击失效可靠性的对比分析如图 3.9 所示，其中，

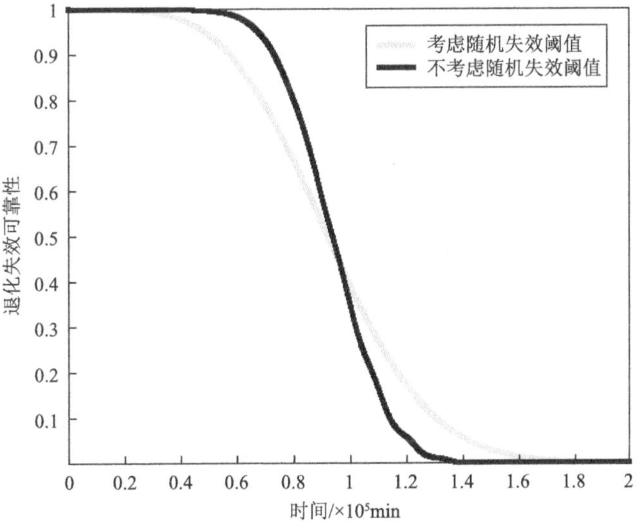

图 3.8　退化失效可靠性对比

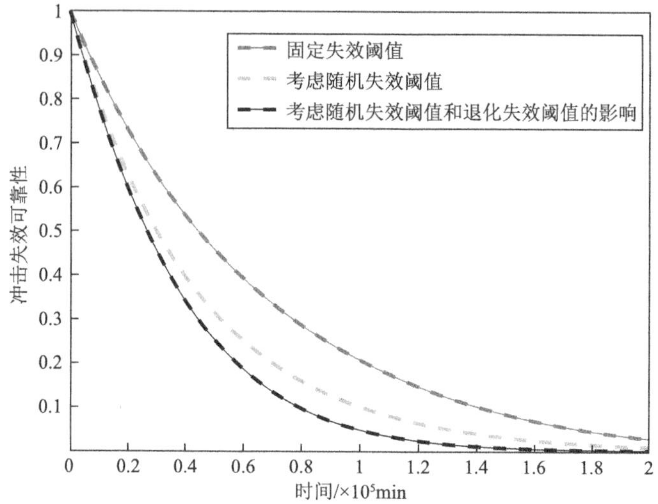

图 3.9 冲击失效可靠性对比

固定冲击失效阈值由样本强度数据的均值进行计算，即 $D=(\omega_1+\omega_2+\cdots+\omega_n)/n$ 。显然，考虑失效阈值随机性的可靠性曲线与不考虑失效阈值随机性的可靠性曲线差异较大，固定失效阈值的可靠性可能被严重高估；当同时考虑随机失效阈值与退化失效阈值的影响时，系统可靠性更低，这说明退化程度的加剧影响了系统承受外界环境冲击的能力，在阈值随机波动与退化累积的双重影响下，系统的可靠性下降得更为迅速。

图 3.10 探究了相关性影响的竞争失效可靠性变化情况。不考虑失效相关性的可靠性评估是在退化过程和随机冲击过程相互独立的情况下建立的。由于随机冲击过程会加剧系统累积退化的程度，退化过程同样使得冲击失效更容易发生，与独立的失效过程可靠性相比，考虑失效过程相关性的可靠性更低，下降的速度也更快。实际应用中若不考虑失效过程的竞争相关性，系统可靠性可能被高估。考虑随机失效阈值影响的竞争失效可靠性的对比分析如图 3.11 所示，当 $t\in[0,1.2\times10^5]$ min 时，考虑失效阈值随机性相较于固定失效阈值的可靠性更低，两条曲线相差较大；当 $t\in[1.2\times10^5,\infty]$ min 时，两条曲线基本重合。这说明失效阈值随机性在运行前期的影响更大。与冲击失效可靠性曲线类似，若不考虑失效阈值随机性，竞争失效可靠性可能被高估。

3.4.3 敏感性分析

本节对连续退化过程对冲击失效阈值的影响系数 p 进行敏感性分析。如图

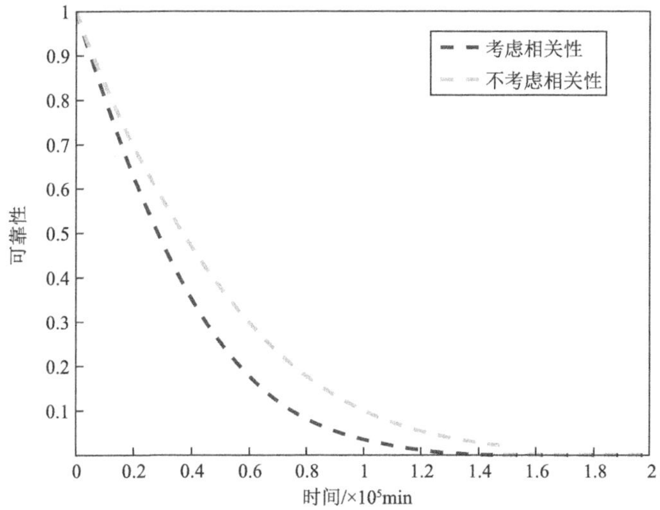

图 3.10　考虑相关性影响的可靠性对比

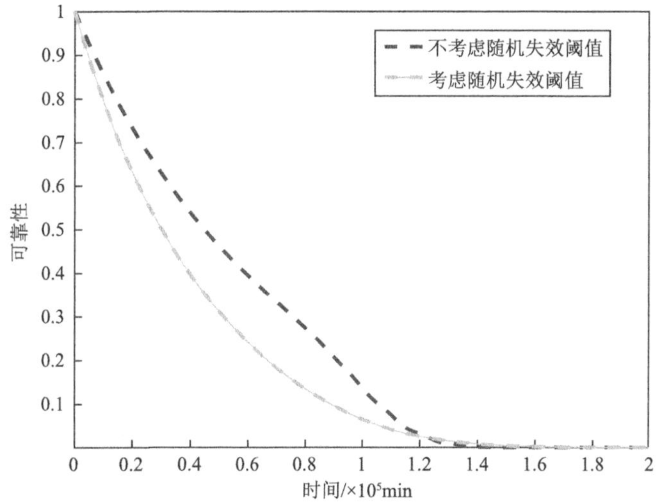

图 3.11　考虑随机失效阈值影响的竞争失效可靠性对比

3.12 所示，p 的取值与可靠性呈负相关，即 p 值越大，竞争失效可靠性就越低。这是因为 p 值越大，累积退化过程对冲击过程的影响就越大，在相同的情况下，系统的退化程度加剧，其内在的承受能力也就越低，因此，相同的运行时间下，可靠性越低。

为了探究随机冲击次数对竞争失效可靠性的影响，本节计算在不同的冲击次数下的竞争失效可靠性。如图 3.13 所示，随着冲击次数的增加，可靠性逐渐降低，这是由于冲击对退化的损伤随着次数的增加而不断累积，在相同的时间下，失效

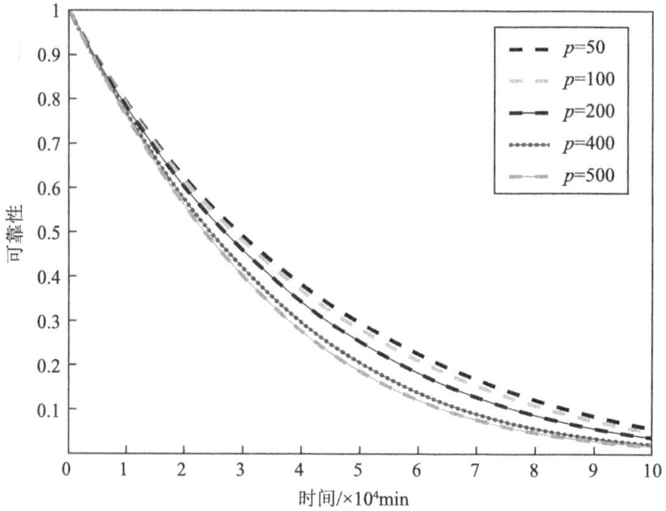

图 3.12　p 值敏感性分析

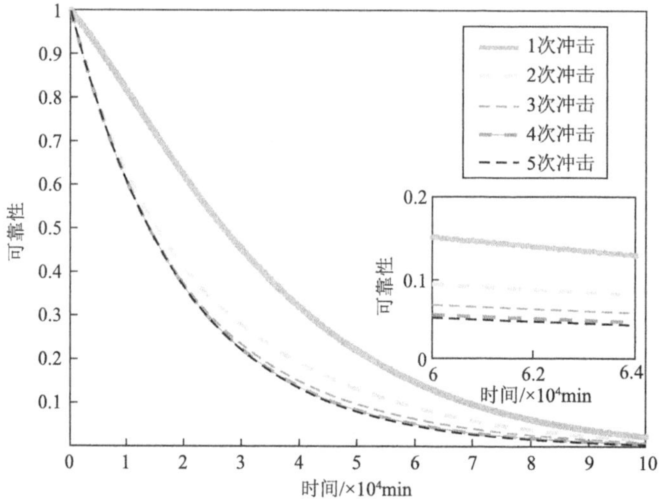

图 3.13　冲击次数敏感性分析

也就更容易发生，可靠性也就越低。此外，从图 3.13 中可以看出，冲击次数为 1 和 2 的可靠性相比于冲击次数为 3 和 4 的可靠性间隔是更大的，当冲击次数达到一定程度时，可靠性曲线的变化十分微弱，也就是说，冲击次数对可靠性变化的影响是逐渐减弱的。

考虑到不同阈值分布类型对可靠性评估结果可能产生不同的影响，本节针对不同的冲击失效阈值分布（三参数 Weibull 分布、截断正态分布及对数正态分布）进行分析。为了保证不同分布的可比性，假设三种分布的期望和方差是一致的，由表 3.1 中三参数 Weibull 分布参数计算可得期望为 1.2741，方差为 0.4011。如图 3.14 所示，在相同的期望、方差假设下，三参数 Weibull 分布与对数正态分布的可靠性曲线差异并不明显，而截断正态分布与其他两种分布的可靠性曲线差异较为明显，且同一时间下可靠性更低。由此可见，不同的阈值分布类型对可靠性评估的影响有明显的不同，在服从截断正态分布的随机失效阈值影响下，可靠性评估结果会更低，服从对数正态分布及三参数 Weibull 分布的随机失效阈值影响的可靠性评估结果更高。

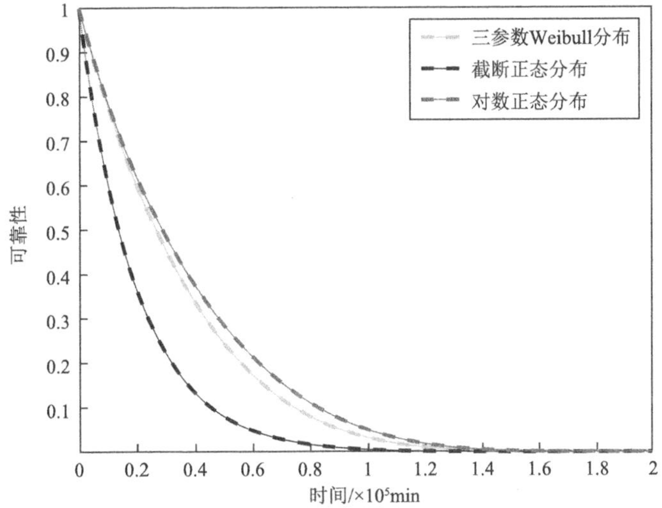

图 3.14　阈值分布类型的敏感性分析

此外，为了探究失效阈值的随机波动程度对可靠性评估的影响，本节分别针对退化失效阈值及冲击失效阈值的参数进行敏感性分析。如图 3.15 所示，在退化失效阈值分布期望参数相同的情况下，方差参数越大，即随机波动越大，相同运行时间下的可靠性越低。同样，在保证分布期望及形状参数相同的情况下，图 3.16 展示了冲击失效阈值参数对可靠性的影响，此时尺度参数反映了三参数 Weibull 分布横向波动的大小，尺度参数越大，可靠性越低。这说明冲击随机失效阈值的波动程度越大，可靠性就会越低。此外，随着尺度参数的逐渐增大，可靠性曲线的变化程度是逐渐减小的。例如，尺度参数 $\eta=0$ 和 $\eta=0.4$ 时可靠性曲线之间的差距较明显，而尺度参数 $\eta=0.8$ 和 $\eta=1.2$ 时可靠性曲线几乎重合，差异不明显。

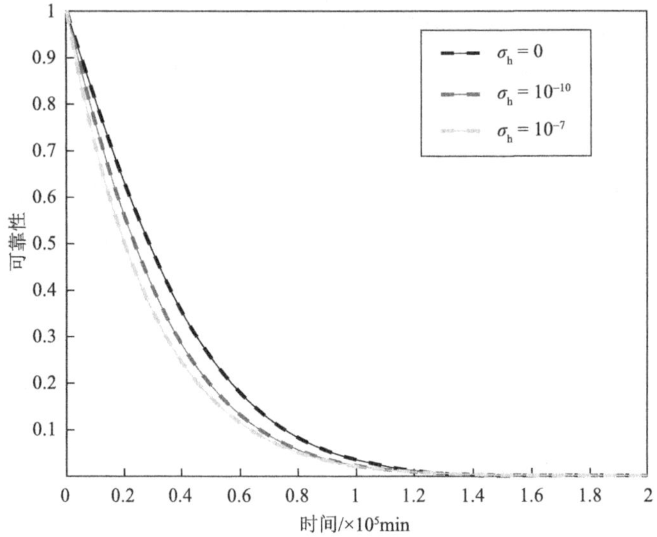

图 3.15　退化失效阈值参数的敏感性分析

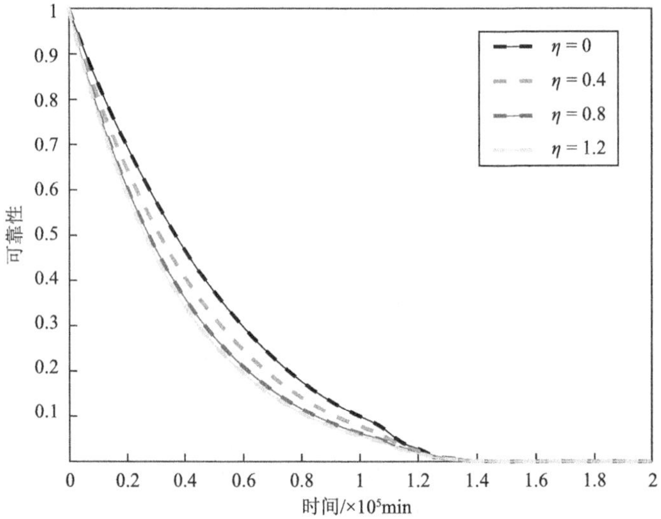

图 3.16　冲击失效阈值参数的敏感性分析

本 章 小 结

本章主要针对考虑失效阈值随机性影响的相关竞争失效系统可靠性进行了建模分析。相关性主要体现在两个方面：一方面，随机冲击过程会导致退化过程中退化量的突然增加；另一方面，累积退化过程的加剧引起冲击失效阈值的递减，从而影响冲击失效过程。首先，以 Gamma 过程描述自然连续退化过程，以截断正态分布表示退化失效阈值的随机性，在此基础上建立退化失效可靠性评估模型；其次，以 Poisson 过程描述随机冲击到达过程，冲击失效阈值随机性以系统所能承受的强度分布来表示，并由此建立了冲击失效模型，结合退化失效与冲击失效分析过程，建立竞争失效可靠性评估模型；最后，以微机电系统为例，对所提模型进行验证分析，并结合失效阈值分布的计算过程，对系统进行了可靠性分析及敏感性分析，体现了所提模型的合理性和有效性。

第4章　受多级失效相关性影响的连续退化系统的关键度分析

在现代工程系统中，随着设计功能的不断增加，系统失效相关性变得越发复杂，相关失效过程在工程实践里也广泛存在。多级失效相关性是极为关键且复杂的一种现象，它涉及多个层级之间失效情况的相互影响，简单来说，就如同一个层层嵌套的精密结构，底层组件的微小失效可能在特定条件下逐步蔓延，影响中层乃至高层的功能实现，进而引发系统故障。这意味着除系统整体的失效相关性之外，系统内部的组件也存在失效相关性。组件之间或组件内部的相关性可以描述为某些组件的退化过程可能受到其他组件的影响，诱发这种相关的因素一般是结构特征和功能相关性的共同作用，这种相关性可以进一步分为负相关性、级联相关性和共因失效。

本章为连续退化系统的多级失效相关性建立明确模型，构建一个全面的关键度分析框架，该框架可对所有失效诱发因素的贡献进行排序，包括组件和遭受的多级失效相关性。通过本章所提方法，可以分别明确由组件带来的影响、组件之间和组件内部的失效相关性。通过引入滑阀案例，验证本章所提方法的有效性。

4.1　问题描述与基本假设

在现代工程系统的研究范畴内，多级失效相关性所引发的连锁反应具有重要的研究价值。以飞机机翼为例，机翼同时受到外部相关性与内部相关性的作用。就外部相关性而言，机翼在使用过程中的磨损情况会改变其周边气流状况，而这一改变极有可能破坏尾翼的稳定性与可操作性，进而影响整个飞机的飞行性能。从机翼内部来看，存在着两种典型的失效过程，即退化失效与冲击失效，两者相互依存且相互竞争，最终导致机翼损坏。冲击失效由恶劣的外界环境条件引发，如暴风雨、骤降气温及闪电等随机冲击，这些因素均有可能对机翼造成突发性破坏；退化失效则源于机翼自身固有的磨损过程，该过程会逐渐削弱机翼的运行效率，直至其丧失正常工作的能力。

现有的研究方法无法探索与上述多级失效相关性类似的多层次失效诱发因素如何影响系统可靠性问题。为了克服上述缺点，本章旨在开发有效的方法来准确评估系统可靠性，并对不同层次的失效诱发因素带来的影响进行排序。本章所提出的受多级失效相关性影响的连续退化系统的关键度分析建模参数与说明如表 4.1 所示，需提出下列假设。

表 4.1　受多级失效相关性影响的连续退化系统的关键度分析建模参数与说明

参数	说明
$X_i(t)$	在时刻 t 的累积退化量
δ	Gamma 分布的形状参数
η	Gamma 分布的尺度参数
H_D^i	与组件 i 退化导致失效相对应的阈值
μ	潜在冲击载荷的均值
σ	潜在冲击载荷的标准差
W_r	冲击 r 的强度
H_A^i	组件 i 所能承受的最大冲击载荷
$f_{W_r}(w_r)$	W_r 的概率密度函数
ϕ	标准正态分布的概率密度函数
Φ	标准正态分布的累积分布函数
t_r	冲击 r 到达的时刻
T_W	整个冲击过程的时间长度
m	到达的冲击总次数
$N_r(t)$	时间 t 内到达的冲击总次数
λ	单位时间内到达的冲击平均次数
$F_{T_r}(t_r)$	t_r 的累积分布函数
$R_D^i(t)$	与持续退化导致的失效相对应的组件 i 的可靠性
$R_H^i(t)$	与随机冲击导致的失效相对应的组件 i 的可靠性
$H_D^i(t)$	组件 i 在时刻 t 引发退化失效的阈值
$\Delta H_D^{i\leftarrow r}$	冲击 r 引起的 H_D^i 的突变量
α	随机冲击与固有退化之间的相关强度

续表

参数	说明
$N_f^i(t)$	组件 i 在时刻 t 前经历的随机冲击的总次数
$X_{j\to i}(t)$	触发组件 j 在时刻 t 的退化量
n_i	潜在加速组件 i 退化的触发组件总数
$\beta_{j\to i}$	触发组件 j 与组件 i 之间的相关强度
$R(t)$	系统可靠性函数（系统“生存”函数）
$\Delta R_{S\to i}(t)$	组件 i 在时刻 t 时造成的预期系统退化
D_i	包括组件 i 在内的特定部件组
$S \setminus D_i$	不在 D_i 中的组件集
$\Delta R_{S\leftarrow D_i}(t)$	在时刻 t 前，由部件组 D_i 引起的预期系统退化
$\mathrm{FP}(i)$	只有 i 个组件降低系统可靠性事件的发生概率
$N(D_i)$	包括组件 i 在内的所有可能的部件组类型总数
D_i^ρ	D_i 的某一特定类型
$\mathrm{FP}(D_i^\rho)$	D_i^ρ 的形成概率
$\mathrm{FP}(i)\Delta R_{S\to i}(t)$	组件 i 对系统退化的预期边际贡献
$\Delta R_{i\leftarrow \mathrm{tri}-j}(t)$	在组件 i 仅通过触发组件 j 加速发生的退化
$\mathrm{Cr}_i(t)$	组件 i 在时刻 t 的关键度
$\mathrm{Cr}_i^{\mathrm{tri}-j}(t)$	时刻 t 时，触发组件 j 对组件 i 性能下降的关键度
$\mathrm{Cr}_{\mathrm{inh}}^i(t)$	组件 i 在时刻 t 的固有连续退化的关键度
$\mathrm{Cr}_{\mathrm{ext}}^i(t)$	组件 i 在时刻 t 发生冲击诱发失效的关键度

（1）所考虑的系统由 n 个部件组成，这些组件都会受到固有的持续退化和外界随机冲击的影响。

（2）内部相关性是指随机冲击会使组件更容易受到内部退化的影响。

（3）固有退化过程是单调的。

（4）外部相关性的具体表现是某一特定组件的退化可能被其他组件加速。

4.2　多级失效相关关系的可靠性建模

本节以组件 $i(i=1,2,\cdots,n)$ 为例模拟其失效过程。首先，基于相关竞争失效过程对组件进行可靠性建模；其次，分析失效相关性对单个组件内部退化失效阈值的影响，得到组件 i 在受到随机冲击时的退化失效阈值表达式；最后，进一步分析组件之间的相关性，即外部相关性，将一组部件分为触发组件和受影响组件，得出两者的相关关系。

4.2.1　组件可靠性建模

1. 连续退化过程建模

本节选择 Gamma 过程来描述固有退化过程，组件 i 在时刻 t 的累积退化量表示为 $X_i(t)$。与组件 i 相对应的 Gamma 过程可表示为 $X_i(t)\sim \mathrm{Gamma}(\delta_i(t),\eta_i)$，其中，$\delta_i(t)$ 和 η_i 分别为形状参数和尺度参数。在每个组件的内部，不同时间间隔内的退化增量之间存在 Markov 特性，其可靠性函数可表示为

$$R_D^i(t)=P\left\{X_i(t)<H_D^i\right\}=1-\int_{H_D^i}^{\infty}\frac{\eta_i^{\delta_i(t)}}{\Gamma[\delta_i(t)]}s^{\delta_i(t)-1}\mathrm{e}^{-\eta_i s}\,\mathrm{d}s=1-\frac{\Gamma[\delta_i(t),\eta_i H_D^i]}{\Gamma[\delta_i(t)]} \tag{4.1}$$

其中，H_D^i 是组件 i 引发退化失效的阈值；$\Gamma[\delta_i(t),\eta_i H_D^i]$、$\Gamma[\delta_i(t)]$ 分别是不完全 Gamma 函数和完全 Gamma 函数。

2. 随机冲击失效建模

与退化过程不同，随机冲击可能使组件突然失效。每一次随机冲击都可能对组件造成一些损坏，但组件抵抗这些损坏的内在能力可能各不相同。一旦冲击载荷超过特定组件的阈值，该组件就会突然失效。

引入截断正态分布 $N(\mu,\sigma^2,0,\infty)$ 来描述冲击载荷的特征，其中，μ 和 σ 分别为潜在冲击载荷的均值和标准差，$(0,\infty)$ 表示冲击载荷只能取正值。以冲击载荷 r 为例，其导致组件 i 失效的概率可表示为

$$\mathrm{FH}_r^i=P\{W_r>H_A^i\}=\int_{H_A^i}^{\infty}f_{W_r}(w_r)\,\mathrm{d}w_r \tag{4.2}$$

其中，W_r 是冲击 r 的强度；H_A^i 是组件 i 能承受的最大冲击载荷；$f_{W_r}(w_r)$ 是 W_r 的

概率密度函数，可以进一步表示为

$$f_{W_r}(w_r)=\frac{\phi[(w_r-\mu)/\sigma]}{\sigma[1+\Phi(\mu/\sigma)]}$$

其中，ϕ 和 Φ 分别为标准正态分布的概率密度函数和累积分布函数。考虑随时间变化的特性，冲击 r 在时刻 t 使组件 i 失效的概率可表示为

$$\mathrm{FH}_r^i(t)=P\left\{W_r>H_A^i\mid t\right\}=\int_0^t\frac{\Phi\left[(H_A^i-\mu)/\sigma\right]}{\sigma\left[1+\Phi(\mu/\sigma)\right]}\mathrm{d}F_{T_r}(t_r) \tag{4.3}$$

其中，t_r 是冲击 r 到达的时刻。根据现有研究结果，冲击到达过程遵循复合 Poisson 过程，则 $F_{T_r}(t_r)$ 可推导为

$$F_{T_r}(t_r)=\frac{m!}{(r-1)!T_w^m}\sum_{j=0}^{m-r}\frac{(-1)^j T_w^{m-r-j}t_r^{r+j}}{(m-r-j)!\,j!(r+j)} \tag{4.4}$$

其中，T_w 是整个冲击过程的时间长度；m 是到达的冲击总次数。

考虑所有到达的冲击，如果不存在载荷超过阈值 H_A^i 的冲击，则组件 i 可以承受冲击失效。因此，与冲击失效相对应的组件 i 的可靠性函数可表示为

$$\begin{aligned}R_H^i(t)&=P\left\{W_1<H_A^i,W_2<H_A^i,\cdots,W_m<H_A^i\mid N_r(t)=m\right\}\\&=P\left\{N_r(t)=m\right\}\prod_{r=1}^{m}P\left\{W_r\leqslant H_A^i\mid t\right\}\\&=\frac{(\lambda t)^m}{m!}\exp(-\lambda t)\prod_{r=1}^{m}P\left\{W_r\leqslant H_A^i\mid t\right\}\end{aligned} \tag{4.5}$$

其中，$N_r(t)$ 是时间 t 内到达的冲击总次数；λ 是单位时间内到达的冲击平均次数。

4.2.2 内部相关性建模

每个组件所遭受的失效过程之间的相关关系可以从两个方面来描述：一方面，非致命的随机冲击可能削弱组件抵抗暴露应力的内在能力，使组件更容易受到内在退化过程的影响；另一方面，随机冲击过程和退化过程在导致组件失效方面相互竞争。当这两种失效过程中的至少一种发生时，组件就会失效。

为了明确描述上述相关关系，如图 4.1 所示，考虑退化失效阈值。即使某些

冲击不会直接导致组件失效，但它们会降低退化失效阈值 H_D^i，使得组件更容易发生退化失效。

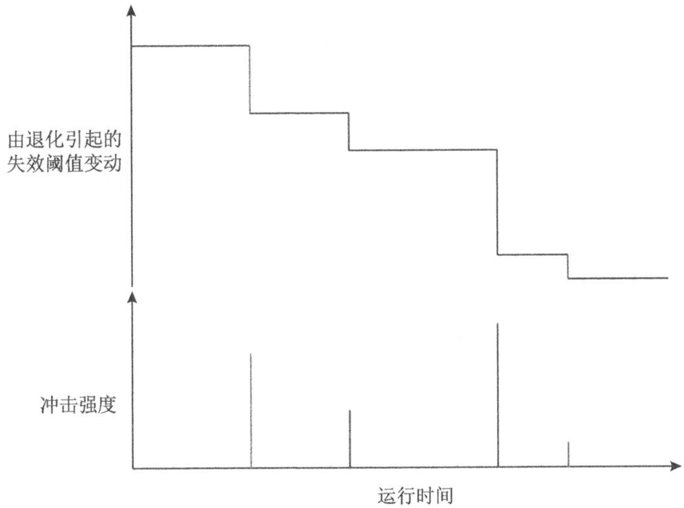

图 4.1　退化与随机冲击之间的相关关系

同时，以组件 i 为例，具体描述组件内部的相关关系。特定的冲击 r 可能带来两种排他性的影响：一种是冲击 r 直接导致组件 i 失效；另一种是组件 i 在冲击 r 中幸存下来，但其退化失效阈值降低。这种潜在变化可表示为

$$\Delta H_D^{i\leftarrow r} = \alpha W_r \tag{4.6}$$

其中，$\Delta H_D^{i\leftarrow r}$ 是冲击 r 引起的 H_D^i 的突变量；α 是随机冲击和固有退化之间的相关强度。

考虑其他随机冲击，随时间变化的退化失效阈值可表示为

$$H_D^i(t) = H_D^i(0) - \sum_{r=1}^{N_f^i(t)} \Delta H_D^{i\leftarrow r} \tag{4.7}$$

其中，$H_D^i(t)$ 是组件 i 在时刻 t 引发退化失效的阈值；$H_D^i(0)$ 是 H_D^i 的初始值；$N_f^i(t)$ 是组件 i 在时刻 t 前经历的随机冲击的总次数。

4.2.3　外部相关性建模

本节重点讨论连续退化组件之间存在的相关关系。这种相关关系在工程实践

中很常见，例如，在一些机电一体化系统中，电子组件在运行过程中可能产生热量，这可能增加与之结构相邻的组件的热负荷。为了准确地描述上述相关关系，将整套组件分为两类，即触发组件和受影响组件，触发组件是指可能加速其他组件退化过程的组件，受影响组件是指退化过程被其他组件加速的组件。如图 4.2 所示，受影响组件的退化率可以通过触发组件得到改善。

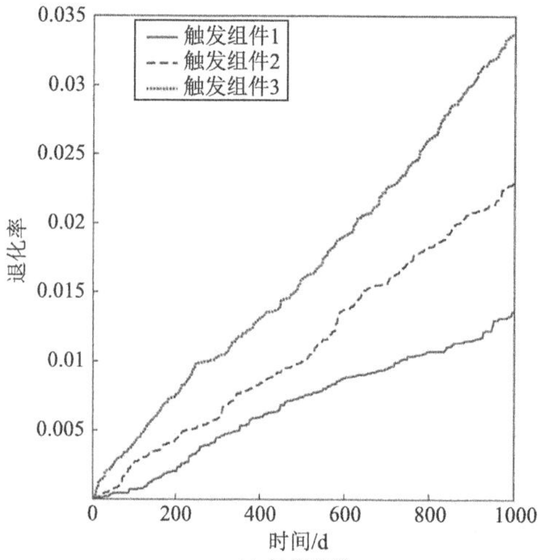

(a) 触发组件

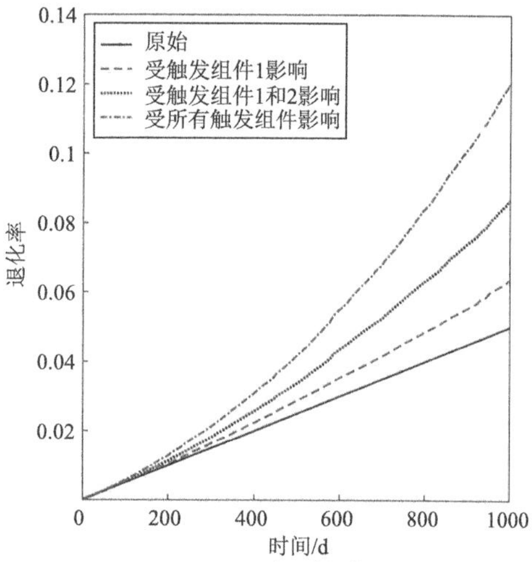

(b) 受影响组件

图 4.2　各组件之间的相关关系

在 Gamma 过程中，退化量 $X_i(t)$ 的期望值可表示为

$$E[X_i(t)] = \frac{\delta_i(t)}{\eta_i}$$

由于尺度参数 η_i 是固定的，决定退化率的是形状参数 $\delta_i(t)$ 。任何形式的右连续、非递减和实值函数均可用于表达 $\delta_i(t)$ 。本节选择以下表达式来表述形状参数：

$$\delta_i(t) = c_i t^b \tag{4.8}$$

其中，c_i 和 b 是特征参数。

由此，各组件之间的相关关系表达式为

$$\frac{\partial \delta_i(t)}{\partial t} = b c_i t^{b-1} + \sum_{j=1}^{n_i} \beta_{j \to i} X_{j \to i}(t) \tag{4.9}$$

其中，$X_{j\to i}(t)$是触发组件j在时刻t的退化量；n_i是潜在加速组件i退化的触发组件总数；$\beta_{j\to i}$是触发组件j与组件i之间的相关强度。

由式（4.9）可知，考虑组件的外部相关性，受影响组件对应的形状参数的增长率将会与时间相关，使其退化的速度更快。

4.3　受多级失效相关性影响的连续退化过程的关键度分析

4.3.1　多级失效相关性下连续退化系统的可靠性评估

在多级失效相关性中，组件级的可靠性可综合表述为

$$R_i(t)=P\left\{X_i(t)<H_D^i(t);W_1<H_A^i,\cdots,W_m<H_A^i\mid N_r(t)=m,X_{1\to i}(t),\cdots,X_{n_i\to i}(t)\right\} \tag{4.10}$$

多级失效相关性带来的不利影响分别通过失效阈值$H_D^i(t)$和退化量$X_i(t)$进行描述。与退化失效阈值的固定形式不同，失效阈值$H_D^i(t)$在式（4.10）中是随时间变化的，以此来及时反映随机冲击带来的不利影响。在不同的运行阶段，退化量$X_i(t)$的增长率遵循不同的机制，与时间相关的退化量增长率是组件之间相关性的综合体现。然而，随机冲击和触发组件都会以随机的方式影响特定受影响组件的退化，本节将引入 Monte Carlo 模拟，以深入了解连续退化的演变过程。

在系统级可靠性评估中，可采用结构函数、路径集和切割集等典型模型来表述所有组件的拓扑结构。例如，当组件串联时，系统可靠性可表示为

$$R_S(t)=\prod_{i=1}^{n}R_i(t)$$

当组件并联时，系统可靠性可表示为

$$R_S(t)=1-\prod_{i=1}^{n}[1-R_i(t)]$$

4.3.2 多级失效相关性背景下的关键度分析

由于存在多层级的失效相关性，所考虑的系统及其组件可能因遭受失效过程和潜在相关关系等多种因素而退化。本节提出一个全面的关键度分析框架，以衡量不同层次的失效诱发因素如何导致系统及其组件的退化。

关键度分析将从三个方面进行：一是系统层面，通过计算组件对系统退化的贡献来对组件关键度进行排序；二是组件之间层面，评估触发组件对受影响组件退化的预期贡献，从而衡量组件相关度；三是单个组件层面，对所遭受的失效过程的关键度进行分析，以对其影响进行排序。

1. 系统层面的关键度分析

在系统层面，引入关键度分析是为了明确各组件对系统可靠性下降的预期贡献。以组件 i 为例，系统可靠性可能由组件 i 本身或由包括组件 i 在内的一组组件而降低。

在系统可靠性仅由组件 i 降低的条件下，要计算组件 i 的贡献，需要将部件组成的整体划分为组件 i 和其他组件的集合 $S\setminus i$，系统可靠性由这两部分共同决定。例如，给定一个时刻 j，系统可靠性可表示为

$$R_S[R_i(j), R_{S\setminus i}(j)]$$

其中，$R_i(j)$ 和 $R_{S\setminus i}(j)$ 分别是组件 i 和所有其他组件 $S\setminus i$ 的可靠性。当组件 i 从 $R_i(0)$ 退化到 $R_i(t)$ 时，系统可靠性的预期变化可表示为

$$\Delta R_{S\leftarrow i}(t) = \frac{\sum_{j=1}^{T_w}\left\{R_S[R_i(0), R_{S\setminus i}(j)] - R_S[R_i(t), R_{S\setminus i}(j)]\right\}}{T_w} \tag{4.11}$$

其中，$R_S[R_i(0), R_{S\setminus i}(j)]$ 是组件 i 处于初始可靠性，其他组件处于时刻 j 条件下的系统可靠性；$R_S[R_i(t), R_{S\setminus i}(j)]$ 是组件 i 退化到 $R_i(t)$，但其他组件保持在 $R_{S\setminus i}(j)$ 条件下的系统可靠性；$\left\{R_S[R_i(0), R_{S\setminus i}(j)] - R_S[R_i(t), R_{S\setminus i}(j)]\right\}$ 是在 $R_{S\setminus i}(j)$ 的条件下，组件 i 从 $R_i(0)$ 退化到 $R_i(t)$ 时导致的系统退化量。由于其他组件 $S\setminus i$ 的可靠性是随机的，应考虑所有可能的值，再在式（4.11）中进行平均运算，就能评估组件 i 引起的系统可靠性的预期变化。

在系统可靠性因包括组件 i 在内的一组组件而降低的条件下，由某一部件组引起的系统可靠性的预期变化可表示为

$$\Delta R_{S\leftarrow D_i}(t)=\frac{\sum_{j=1}^{T_w}\left\{R_S[R_{D_i}(0),R_{S\setminus D_i}(j)]-R_S[R_{D_i}(t),R_{S\setminus D_i}(j)]\right\}}{T_w} \tag{4.12}$$

其中，D_i 是包括组件 i 在内的特定部件组；$S\setminus D_i$ 是不在 D_i 中的组件集。与式（4.11）类似，应考虑不在 D_i 中的组件的所有可能的可靠性值。

综上，在上述两种条件下，通过平均组件 i 对系统退化的边际贡献，可以全面衡量组件 i 的关键度，组件 i 的关键度可以表示为

$$\mathrm{Cr}_i(t)=\mathrm{FP}(i)\Delta R_{S\leftarrow i}(t)+\sum_{\rho=1}^{N(D_i)}\mathrm{FP}(D_i^\rho)[\Delta R_{S\leftarrow D_i^\rho}(t)-\Delta R_{S\leftarrow(D_i^\rho\setminus i)}(t)] \tag{4.13}$$

其中，$\mathrm{FP}(i)$ 是只有 i 个组件降低系统可靠性事件的发生概率；$N(D_i)$ 是包括组件 i 在内的所有可能的部件组类型总数；D_i^ρ 是 D_i 的某一特定类型；$(D_i^\rho\setminus i)$ 是从 D_i^ρ 去除组件 i 后的组件集；$\mathrm{FP}(D_i^\rho)$ 是 D_i^ρ 的形成概率，在仅组件 i 使系统退化的条件下，$\mathrm{FP}(i)\Delta R_{S\leftarrow i}(t)$ 可看作组件 i 对系统退化的期望边际贡献；$\sum_{\rho=1}^{N(D_i)}\mathrm{FP}(D_i^\rho)[\Delta R_{S\leftarrow D_i^\rho}(t)-\Delta R_{S\leftarrow(D_i^\rho\setminus i)}(t)]$ 可看作当多个组件与组件 i 共同降低系统可靠性时组件 i 对系统退化的期望边际贡献。

为了确定式（4.13）中的 $\mathrm{FP}(i)$ 和 $\mathrm{FP}(D_i^\rho)$，此处将介绍排列和组合的相关理论。假设某一特定组件单独或与其他组件一起降低系统可靠性是随机的，则所有相关组件的总变异类型可计算为 $n!$，当仅由组件 i 本身降低系统可靠性时，所有其他组件的总变异类型可计算为 $(n-1)!$，因此，有

$$\mathrm{FP}(i)=\frac{(n-1)!}{n!}=\frac{1}{n}$$

在系统可靠性由于包含组件 i 的特定组 D_i^ρ 而降低的条件下，整个部件集可划分为组件 i、从 D_i^ρ 移除组件 i 后剩余的其他组件 $(D_i^\rho\setminus i)$，以及 D_i^ρ 之外的所有组件 $(S\setminus D_i^\rho)$。上述三部分的总排列组合类型数分别为 $1!$、$\left(\left|D_i^\rho\right|-1\right)!$ 和 $\left(n-\left|D_i^\rho\right|\right)!$，其中，$\left|D_i^\rho\right|$ 是在 D_i^ρ 集合中的组件总数，因此，有

$$\mathrm{FP}(D_i^\rho)=\frac{\left[\left(|D_i^\rho|-1\right)!\right]\left[\left(n-|D_i^\rho|\right)!\right]}{n!}$$

2. 组件之间的关键度分析

这部分将对组件之间的关键度进行分析，以明确触发组件对受影响组件退化的贡献。以触发组件 j 为例，触发组件 j 可单独或与其他触发组件一起降低组件 i 的可靠性。与式（4.13）类似，触发组件 j 对组件 i 性能下降的关键度可以表示为

$$\begin{aligned}\mathrm{Cr}_i^{\mathrm{tr}i-j}(t)&=\mathrm{FP}(\mathrm{tr}i-j)\Delta R_{i\leftarrow \mathrm{tr}i-j}(t)\\&+\sum_{\rho=1}^{N(D_{\mathrm{tr}i-j})}\mathrm{FP}(D_{\mathrm{tr}i-j}^{\rho})\left[\Delta R_{i\leftarrow D_{\mathrm{tr}i-j}^{\rho}}(t)-\Delta R_{i\leftarrow\left\{D_{\mathrm{tr}i-j}^{\rho}\setminus \mathrm{tr}i-j\right\}}(t)\right]\end{aligned}\tag{4.14}$$

其中，$\Delta R_{i\leftarrow \mathrm{tr}i-j}(t)$是在组件 i 仅由触发组件 j 加速退化的情况下的可靠性变化量；$D_{\mathrm{tr}i-j}^{\rho}$是包括组件 j 的触发组件集；$N(D_{\mathrm{tr}i-j})$是 $D_{\mathrm{tr}i-j}$ 的所有类型数；$D_{\mathrm{tr}i-j}^{\rho}$ 是一种特定的 $D_{\mathrm{tr}i-j}$；$\mathrm{FP}(D_{\mathrm{tr}i-j}^{\rho})$是 $D_{\mathrm{tr}i-j}^{\rho}$ 的形成概率；$\Delta R_{i\leftarrow D_{\mathrm{tr}i-j}^{\rho}}(t)$是 $D_{\mathrm{tr}i-j}^{\rho}$ 中所有元素引起的组件 i 的可靠性变化量。同样地，有

$$\mathrm{FP}(\mathrm{tr}i-j)=\frac{1}{n_i}$$

$$\mathrm{FP}(D_{\mathrm{tr}i-j}^{\rho})=\frac{\left[\left(\left|D_{\mathrm{tr}i-j}^{\rho}\right|-1\right)!\right]\left[\left(n_i-\left|D_{\mathrm{tr}i-j}^{\rho}\right|\right)!\right]}{n_i\,!}$$

3. 组件层面的关键度分析

对于一个特定的组件，内在退化和外界随机冲击都可能使其失效，对组件进行临界分析有助于明确每个失效过程的预期贡献。组件所遭受的两种失效过程的关键度分别表示为

$$\mathrm{Cr}_{\mathrm{inh}}^{i}(t)=\mathrm{FP}_{\mathrm{inh}}^{i}[\Delta R_{i\leftarrow \mathrm{inh}}(t)]+\mathrm{FP}_{\mathrm{inh+ext}}^{i}[\Delta R_{i\leftarrow \mathrm{inh+ext}}(t)-\Delta R_{i\leftarrow \mathrm{ext}}(t)]\tag{4.15}$$

$$\mathrm{Cr}_{\mathrm{ext}}^{i}(t)=\mathrm{FP}_{\mathrm{ext}}^{i}[\Delta R_{i\leftarrow \mathrm{ext}}(t)]+\mathrm{FP}_{\mathrm{inh+ext}}^{i}[\Delta R_{i\leftarrow \mathrm{inh+ext}}(t)-\Delta R_{i\leftarrow \mathrm{inh}}(t)]\tag{4.16}$$

由于只存在退化失效和冲击失效两种失效过程，$\mathrm{FP}_{\mathrm{inh}}^{i}=\mathrm{FP}_{\mathrm{ext}}^{i}=\Delta R_{i\leftarrow \mathrm{inh+ext}}=\frac{1}{2}$。完整的计算流程如图 4.3 所示。

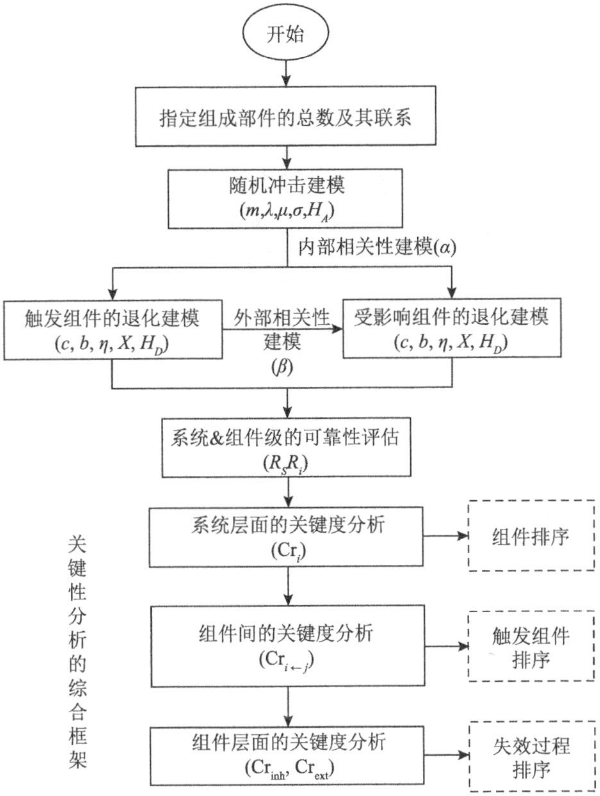

图 4.3　完整计算过程流程

4.4　案 例 分 析

4.4.1　案例描述

图 4.4 为某液压系统中的滑阀部件，它是液压伺服阀的一个重要子系统，用于调节液压油的流量和压力。滑阀由四个串联的部件组成，阀芯和套筒之间的磨损过程会同时降低它们的性能，因此本节分别采用这两个组件的磨损程度来模拟退化过程，压缩位移和裂缝尺寸分别用于测量弹簧和阀芯杆的退化程度。液压组件的突然失效源于液压油的污染，当油液中的颗粒足够大时，组件可能被卡住而无法工作，因此随机冲击被视为液压油中颗粒的突然出现。液压油还可能被阀芯和轴套磨损过程中产生的碎屑污染，阀芯的退化程度越高，碎屑就越多。此外，由于摩擦力的增加，套筒的磨损也会加剧。

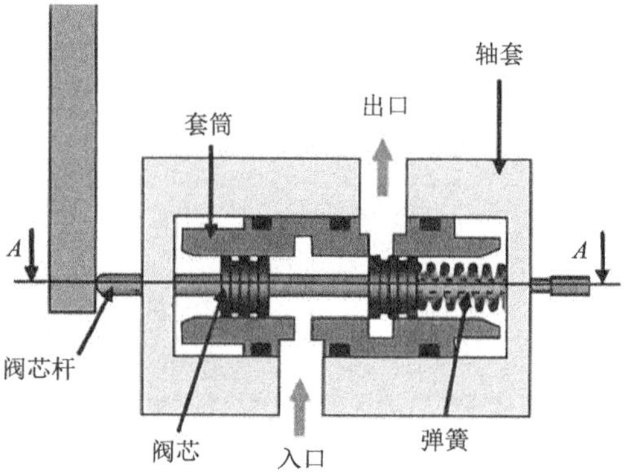

图 4.4　案例中的滑阀工作原理

表 4.2 列出了滑阀涉及的特征参数值。在考虑多级失效相关性的情况下，得出了滑阀及其四个组件的可靠性函数，如图 4.5 所示。由于所有组件都是串联的，整个系统的可靠性最低。

表 4.2　涉及的特征参数值

参数	阀芯	套筒	弹簧	阀芯杆
$H_D^i(0)$/mm	5	6	4	4.5
H_A^i/mm	7.5	7	5	5.5
c_i	0.2	0.3	0.3	0.2
η_i	0.5	0.5	0.5	0.5
b_i	0.72	0.64	0.2	0.25
λ	2.5×10^{-5}	μ	4.05	
σ	1.1	m	10	
α		0.001		
$\beta_{1\to2}$		0.005		

对所有组件的临界水平进行测量，可以明确它们对所考虑的系统退化所起的作用。如图 4.6 所示，组件关键度的排序与可靠性的排序相反。这是因为组件越可靠，其对系统可靠性下降的影响就越小。

由图 4.7 可知，当关注每个组件内的失效时，它们对其可靠性退化的影响就会显示出来。由于失效机理不同，退化过程的阈值单调增加，而随机冲击对组件可靠性下降的影响几乎保持不变。对于所有组件，固有退化对可靠性下降的影响更大。因此，对于所有组件，在规划维修策略时应更多地考虑固有退化过程。

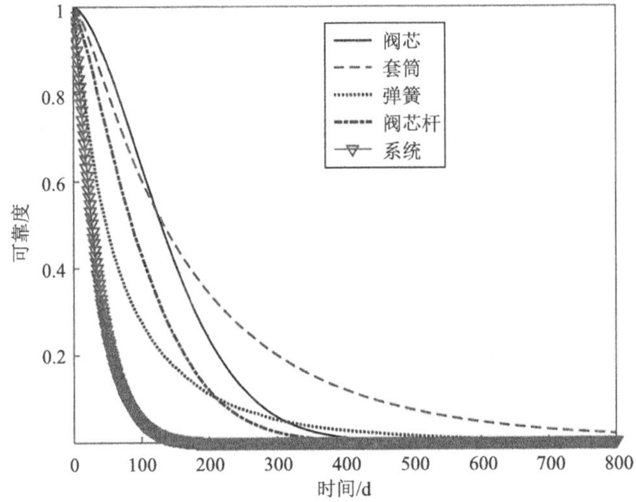

图 4.5　滑阀及其组件的可靠性

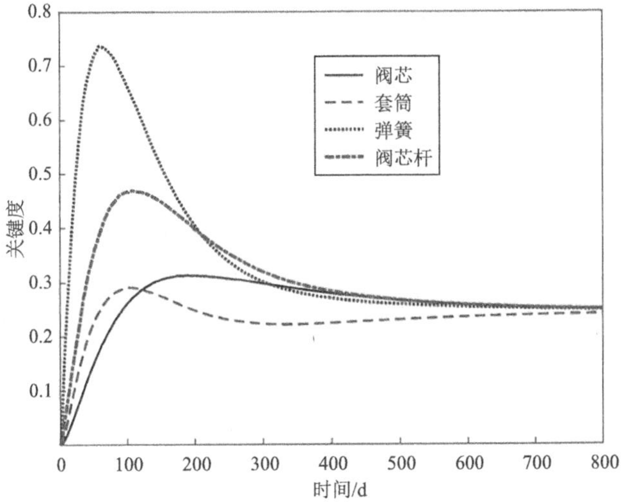

图 4.6　所有组件的关键度

4.4.2　对比分析

本节分为两部分，即与现有方法的比较和与未考虑多级失效相关性模型的比较。图 4.8 显示了内部相关性对组件关键度的影响。在不考虑内部相关性的情况下，不同组件的退化失效阈值都会降低。当退化不受随机冲击影响时，所有组件的可靠性都会提高。因此，内在退化的贡献会减少，从而降低对所有组件关键度的影响。

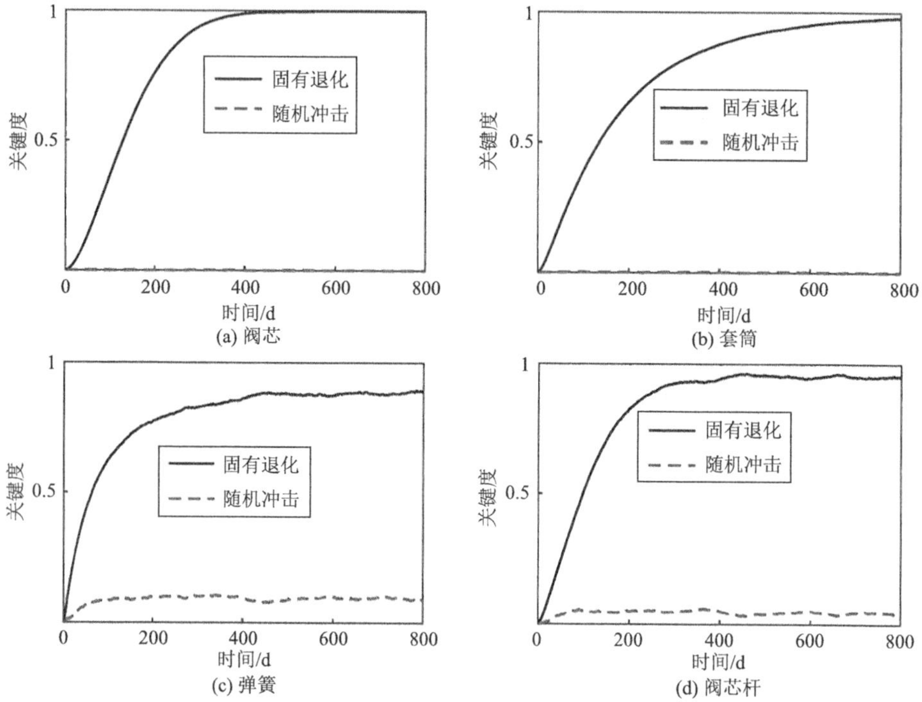

图 4.7　各组件内遭受失效过程的关键度

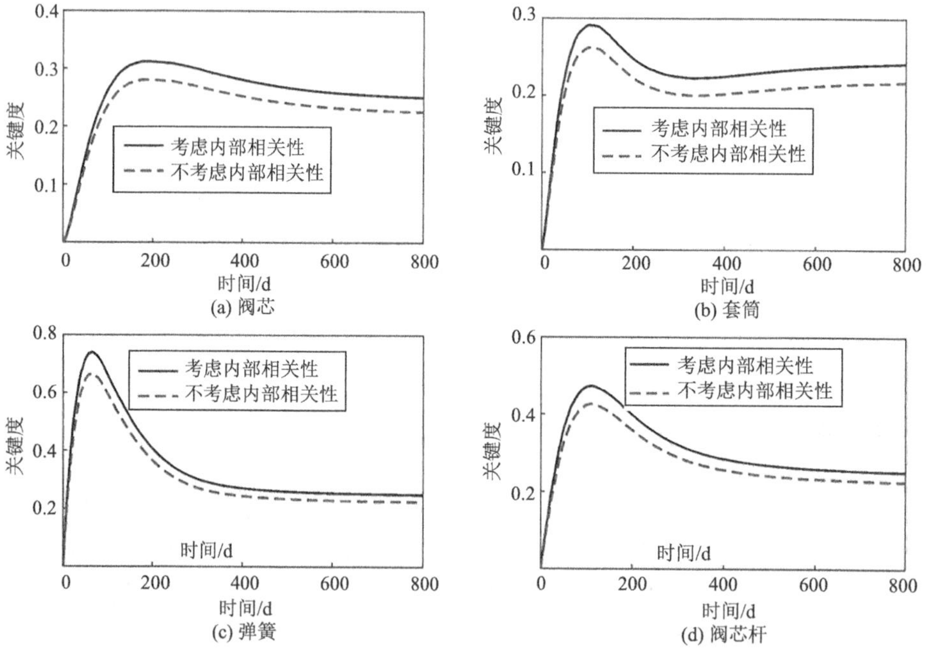

图 4.8　内部相关性对关键度的对比分析

外部相关性对组件关键度的影响如图 4.9 所示。当不考虑外部相关性时，套筒的退化过程不会被阀芯加速，因此与套筒相对应的可靠性有所提高。其他三个组件因为没有组件对其产生影响，所以其可靠性保持不变。至于外部相关性对关键度的影响，当不考虑外部相关性时，套筒的关键度会降低。尽管其他三个组件的可靠性保持不变，但由于套筒对系统可靠性下降的影响较小，因此它们的关键度相应都有所提高。

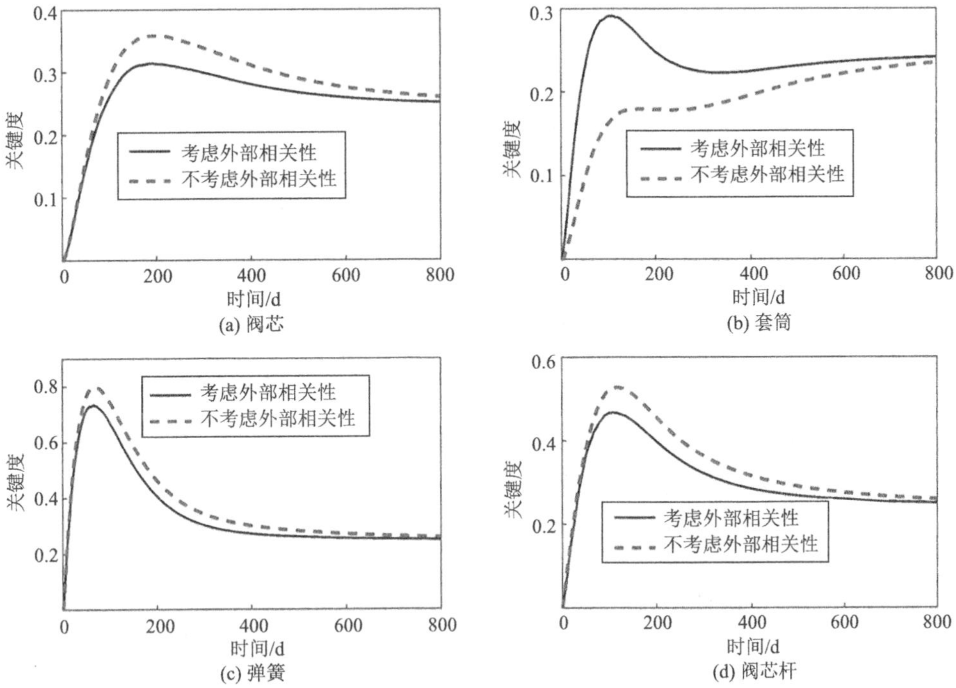

图 4.9　外部相关性对关键度的对比分析

表 4.3 汇总了在考虑内部相关性或外部相关性时，组件可靠性和关键度的平均相对偏差。以第二列第四行的值（1.36%）为例，其计算公式为

$$\frac{1}{800}\sum_{t=1}^{800}\frac{[R_2^{'}(t)-R_2(t)]}{R_2(t)}$$

其中，$R_2(t)$ 是在时刻 t 多级失效情况下套筒的可靠性；$R_2^{'}(t)$ 是在忽略内部相关性的条件下套筒的可靠性。

表 4.3 对比分析结果

组件	内部相关性		外部相关性	
	可靠性	关键度	可靠性	关键度
阀芯	1.22%	−17.84%	0	3.95%
套筒	1.36%	−3.33%	7.69%	−8.84%
弹簧	1.39%	−3.35%	0	7.69%
阀芯杆	1.24%	−10.31%	0	3.01%

从表 4.3 中可以看出，组件在可靠性方面的内部相关性的敏感性排序为弹簧 > 套筒 > 阀芯杆 > 阀芯；组件在关键度方面的内部相关性的敏感性排序为阀芯 > 阀芯杆 > 弹簧 > 套筒；组件在关键度方面的外部相关性的敏感性排序为套筒 > 弹簧 > 阀芯 > 阀芯杆。

4.4.3 稳健性分析

本节旨在说明当相关性特征参数的值在一定范围内变化时，组件关键度的排序发生的变化。作为衡量随机冲击如何改善固有退化敏感性的参数，α 的变化范围为 0.5α～1.25α。如图 4.10 所示，尽管组件关键度随着 α 的增大而增大，但其排序几乎保持不变，这一现象可以解释为 α 越大，退化失效阈值就会受到越不利的影响，从而使所有组件更容易发生失效。

β 用于衡量组件之间的相关强度。如图 4.11 所示，当 β 变大时，套筒的关键度上升，其他三个组件的关键度下降。此外，随着 β 的变化，组件关键度的排序略有变化。

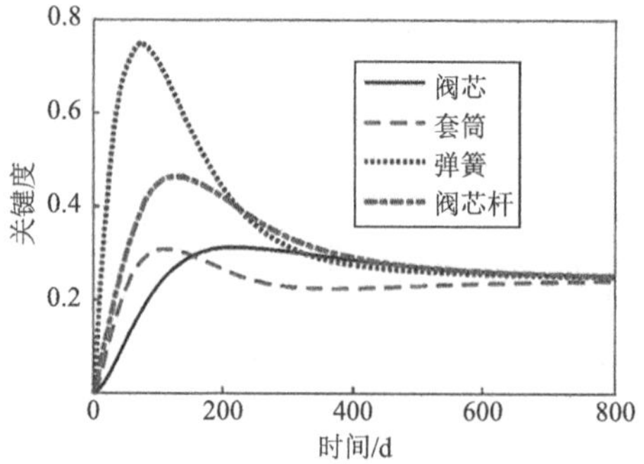

(a) $\alpha'=1.25\alpha$

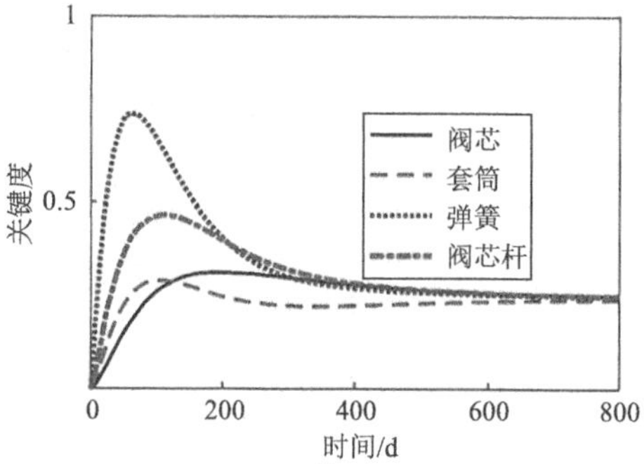

(b) $\alpha'=\alpha$

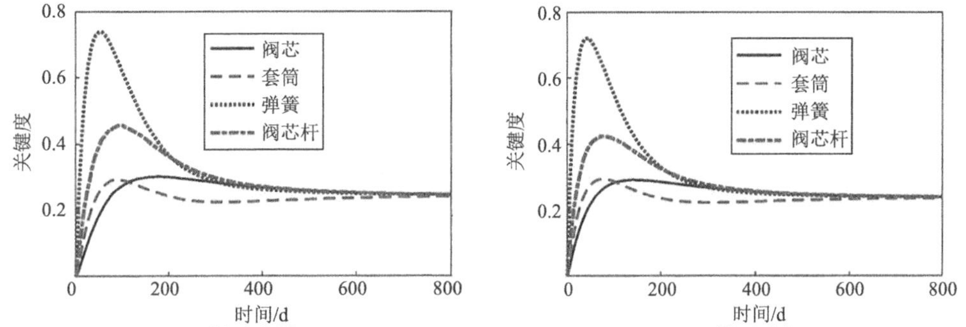

(c) $\alpha'=0.75\alpha$　　(d) $\alpha'=0.5\alpha$

图 4.10　参数 α 的敏感性分析

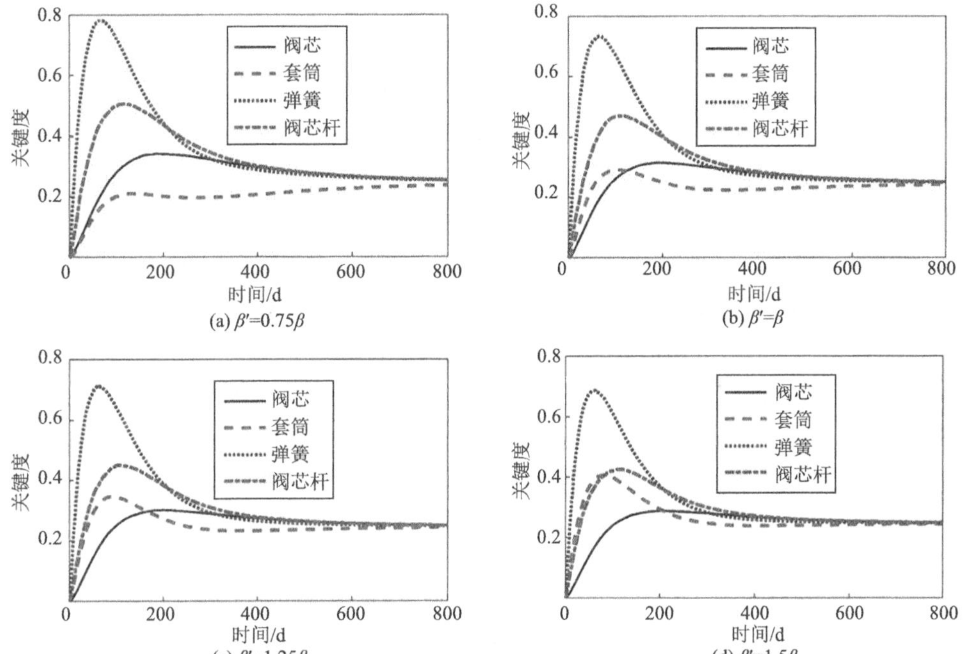

(c) $\beta'=1.25\beta$　　(d) $\beta'=1.5\beta$

图 4.11　参数 β 的敏感性分析

当 α 或 β 发生变化时，组件关键度的平均相对偏差汇总如表 4.4 所示。以第二列为例，其计算公式为

$$\frac{1}{800}\sum_{t=1}^{800}\frac{\max\left[\mathrm{Cr}_{\mathrm{spool}}(t)\right]-\min\left[\mathrm{Cr}_{\mathrm{spool}}(t)\right]}{\max\left[\mathrm{Cr}_{\mathrm{spool}}(t)\right]}$$

其中，$\max\left[\mathrm{Cr}_{\mathrm{spool}}(t)\right]$ 和 $\min\left[\mathrm{Cr}_{\mathrm{spool}}(t)\right]$ 分别是当 α 从 0.5α 变化到 1.25α 时阀芯阈值

的最大值和最小值。从表 4.4 中可以看出，套筒阈值在 α 变化时最稳定，而弹簧阈值在 β 变化时最稳定。

表 4.4　鲁棒性分析结果

组件	由 α 引起	由 β 引起
阀芯	2.16%	1.72%
套筒	2.04%	2.31%
弹簧	3.63%	1.53%
阀芯杆	4.42%	3.18%

本 章 小 结

本章提出了一个用于分析多组件和连续退化系统中存在的多级相关关系的关键度分析综合模型。在系统层面，计算了组件对系统退化的时变贡献；针对组件之间的相关关系，对相关强度进行了排序；在组件层面，描述了组件在受到两种失效过程的情况下如何影响组件整体退化程度。此外，还提出了一种新的关键度分析方法，以获得组件对系统可靠性潜在影响的排序，还可利用所提模型确定组件内部的关键失效过程。通过引入滑阀案例来验证分析，得出组件关键度排序与可靠性相反等结论，通过对比分析得到内部和外部相关性对组件可靠性和关键度的影响，并进行稳健性分析，说明了相关参数变化时组件关键度排序情况。

第5章　考虑老化效应的相关竞争失效系统可靠性建模

本章引入退化过程和冲击过程的老化效应，探讨产品抵抗暴露故障过程的内在能力如何随着运行而退化。退化过程由连续的 Gamma 过程进行描述，为了能够准确地描述产品性能随时间的下降特性，假定增加速率由老化强度决定；为了凸显老化效应对冲击破坏的影响，假设失效阈值随运行时间而降低。退化过程与随机冲击之间的相关程度是通过冲击强度和累积老化概率来表示的。在考虑老化效应的情况下，本章分别计算退化过程、冲击过程和竞争失效过程的可靠性指标，为评估产品在不同故障模式下的可靠性提供参考。为了将理论应用于实际工程问题，本章选取发动机系统中的气缸作为案例，通过敏感性分析揭示关键参数对系统可靠性的具体影响。

5.1　问题描述与基本假设

许多复杂的工程系统会受到多种失效模式的影响，这些失效模式通常可以由冲击失效和退化失效表示。强度过大或到达间隔时间过短的冲击通常会导致冲击失效，当磨损、腐蚀、疲劳和断裂等机制引起的累积退化超过失效阈值时，就会发生退化失效。工业实际过程中，系统强度会随着运行时间逐渐降低，对失效过程的抵抗能力也会越来越弱，本章将这一现象定义为系统的老化效应。本章所提出的考虑老化效应的连续退化和随机冲击系统可靠性评估模型参数与说明如表 5.1 所示。

表 5.1　考虑老化效应的连续退化和随机冲击系统可靠性评估模型参数与说明

参数	说明
$N(t)$	$[0, t]$内外界冲击的到达次数
$X(t)$	由退化过程导致的某一特定水平
$X_S(t)$	系统在 t 时刻的整体退化水平

续表

参数	说明
μ_W	冲击强度的均值
σ_W	冲击强度的标准差
α	Gamma 分布的形状参数
β	Gamma 分布的尺度参数
p_1	影响参数，$p_1 > 0$
P_2	影响参数，$p_2 < 0$
p_3	退化过程的影响参数
W_i	第 i 次到达的冲击强度
Φ	标准正态分布的累计分布函数
$D(t)$	在时刻 t 时的冲击失效阈值
$D(0)$	冲击失效阈值的初始值
Y_i	第 i 次到达的冲击对退化程度造成的损伤量
m	在时刻 t 到达的冲击总次数
λ	随机冲击发生率
t_i	第 i 次到达的时间
t_L	总运行时长
$R_S(t)$	t 时刻退化失效的可靠性函数
$R_H(t)$	t 时刻冲击失效的可靠性函数
$\boldsymbol{J}$	雅可比矩阵
$R(t)$	系统可靠性函数（系统“生存”函数），即 $R(t) = P\{X > t\}$

5.2 老化过程及其影响

5.2.1 老化过程建模

在运行早期，系统可以抵抗那些暴露的冲击应力。但是，系统强度随着运行时间而降低，其抵抗外界应力的内在能力也逐渐降低，系统就会越来越容易在运行过程中发生故障。本章将上述事实定义为老化效应。例如，在工程实际的集成电路中，一旦集成电路投入使用，其异常状态（如过流、过热和过载）的频率急剧增加，故障发生的概率就会显著提高。

定义随机变量 T_A 为系统强度下降的时间，相应的累积分布函数 $F_A(t)$ 表示累积退化的概率，可以由强度测试获得，概率密度函数 $f_A(t)$ 表示单位时间内的退化概率。假设有 n 个测试样品在整个操作过程中进行了多次强度测试，且强度的初始值为 L_0。时刻 t 的第 $s(s=1,2,\cdots,n_{\text{test}})$ 个样本的强度值表示为 $L_s(t)$。那么，时刻 $(t+1)$ 的累积退化概率可以计算为

$$F_A(t+1)=\frac{n_A(t+1)}{n_{\text{test}}} \tag{5.1}$$

其中，$n_A(t+1)$ 是时刻 $(t+1)$ 与时刻 t 相比强度降低的样本总数。为了表征累积退化概率分布函数的增加特性，假设 $L_s(t+1)<L_s(t)$。

根据典型工程系统的退化特性，可能存在三种潜在的强度函数，即单调增加的强度函数、V 形强度函数和浴缸形强度函数，如图 5.1 所示。

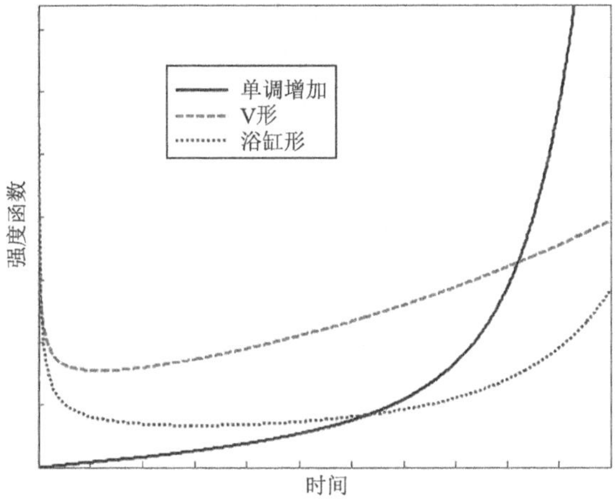

图 5.1　三种典型的强度函数

5.2.2　考虑老化效应的退化过程建模

Gamma 过程由于在描述退化过程的非负增量和 Markov 增量方面具有先天优势，在现有文献和工程实践中得到了广泛应用。本章考虑的退化过程（如磨损、腐蚀、裂纹、侵蚀和疲劳）是随着时间的推移累积的，因此选择 Gamma 过程来描述系统退化过程。假设系统退化过程可用形状参数为 α、尺度参数为 β 的连续 Gamma 过程来进行表示，则

（1）$X(0)=0$；

（2）$X(t)$具有独立和非负增量；

（3）对于$t > s \geqslant 0$，$X(t)-X(s) \sim \mathrm{Gamma}(\alpha(t-s),\beta)$。

当用 Gamma 过程描述系统退化过程时，系统可靠性函数可以表示为

$$R(t)=P\{X(t)<H\}=1-\int_H^{\infty}\frac{\beta^{\alpha(t)}}{\Gamma(\alpha(t))}x^{\alpha(t)-1}\mathrm{e}^{-\beta x}\,\mathrm{d}x=1-\frac{\Gamma(\alpha(t),\beta H)}{\Gamma(\alpha(t))} \quad (5.2)$$

其中，$\Gamma(\alpha(t))$和$\Gamma(\alpha(t),\beta H)$分别是完全 Gamma 函数和不完全 Gamma 函数；H是失效阈值。退化过程在时刻t的期望值可以表示为$E[X(t)]=\alpha(t)\beta^{-1}$，也可以以此定义退化率。

为了量化这些参数，实证研究表明，在幂律的背景下，形状参数α遵循以下规则：

$$\alpha(t)=k_1 t^{k_2} \quad (5.3)$$

其中，k_1、k_2是基于物理的常数，通常由专家判断来评估。事实上，只要$\alpha(t)$是一个非递减、右连续的函数，就可以用来刻画系统退化特性。由于退化水平是不断累积的，本章假设形状参数$\alpha(t)$随时间单调增加。假设$\alpha(t)$的增加率与累积退化概率的强度函数成正比，即

$$\frac{\partial \alpha(t)}{\partial t}=p_1 I_A(t) \quad (5.4)$$

其中，$\partial\alpha(t)/\partial t$是形状参数的增加率；$p_1$是影响参数，$p_1>0$表示$\alpha(t)$增加。

利用积分规则，可以得到

$$\begin{aligned}\alpha(t)-\alpha(0)&=\int_0^t\frac{\partial\alpha(t)}{\partial t}\mathrm{d}t=\int_0^t p_1 I_A(t)\,\mathrm{d}t\\&=p_1\int_0^t\frac{-1}{1-F_A(t)}\mathrm{d}[1-F_A(t)]=p_1\{\ln[1-F_A(0)]-\ln[1-F_A(t)]\}\end{aligned} \quad (5.5)$$

由于$F_A(0)=0$，式（5.5）可以表示为

$$\alpha(t)=\alpha(0)-p_1\ln[1-F_A(t)] \quad (5.6)$$

其中，$\alpha(0)$是形状参数的初始值。

上述 Gamma 过程的概率密度函数可以表示为

$$f_X(x;t)=\frac{\beta^{\alpha(t)}}{\Gamma[\alpha(t)]}x^{\alpha(t)-1}\mathrm{e}^{-\beta x}I_{(0,+\infty)}(x) \quad (5.7)$$

其中，当 $x \geqslant 0$ 时，$I\{x \geqslant 0\}=1$，否则，$I\{x \geqslant 0\}=0$。

老化强度、退化水平和可靠性之间的关系如图 5.2 所示。

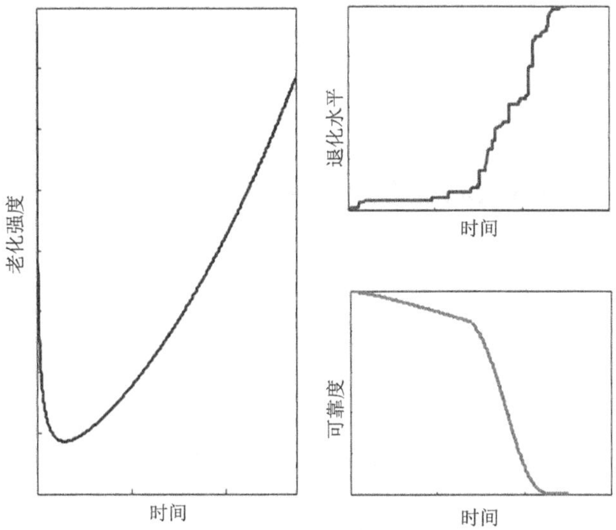

图 5.2　老化强度、退化水平和可靠性之间的关系

5.2.3　考虑老化效应影响的冲击失效分析

假设一旦冲击强度超过临界水平（阈值），系统就会发生冲击失效。通常采用 Poisson 过程来描述随机冲击的到达过程，本节假设冲击来自外界操作环境（如温度、湿度和电压），并且它们的发生由齐次 Poisson 过程描述为

$$P\{N(t)=m\}=\frac{(\lambda t)^m}{m!}\mathrm{e}^{-\lambda t} \tag{5.8}$$

其中，m 是在时刻 t 到达的冲击总次数；λ 是随机冲击发生率。为避免可能的负冲击强度，假设冲击强度服从截尾正态分布，即 $W_l \sim N(\mu_W,\sigma_W^2,0,\infty)$，其中，$\mu_W$ 和 σ_W 表示冲击强度 W_i 的均值和标准差。

系统在冲击 i 中“存活”下来的概率由冲击失效阈值 $D(t)$确定，根据正态分布的特性，可以得到

$$F_{W_i}(t)=\Phi\left[\frac{D(t)-\mu_W}{\sigma_W}\right] \tag{5.9}$$

作为反映抵抗这些随机冲击能力的内在指标，冲击失效阈值 $D(t)$也受到系统

强度的影响。随着累积退化概率的上升，$D(t)$不断降低，且下降率由退化过程的强度函数决定，可以表示为

$$\frac{\partial D(t)}{\partial t}=p_2 I_A(t) \tag{5.10}$$

其中，$\partial D(t)/\partial t$是$D(t)$的降低率；p_2是影响参数，由于$D(t)$不断降低，$p_2<0$。

$$\begin{aligned} D(t)-D(0)&=\int_0^t \frac{\partial D(t)}{\partial t}\mathrm{d}t=\int_0^t p_2 I_A(t)\mathrm{d}t \\ &=p_2\int_0^t \frac{-1}{1-F_A(t)}\mathrm{d}[1-F_A(t)] \\ &=p_2\{\ln[1-F_A(0)]-\ln[1-F_A(t)]\} \end{aligned} \tag{5.11}$$

由于$F_A(0)=0$，式（5.11）可以表示为

$$D(t)=D(0)-p_2\ln[1-F_A(t)] \tag{5.12}$$

其中，$D(0)$是冲击失效阈值的初始值。

老化强度、冲击失效阈值和可靠性之间的关系如图 5.3 所示。

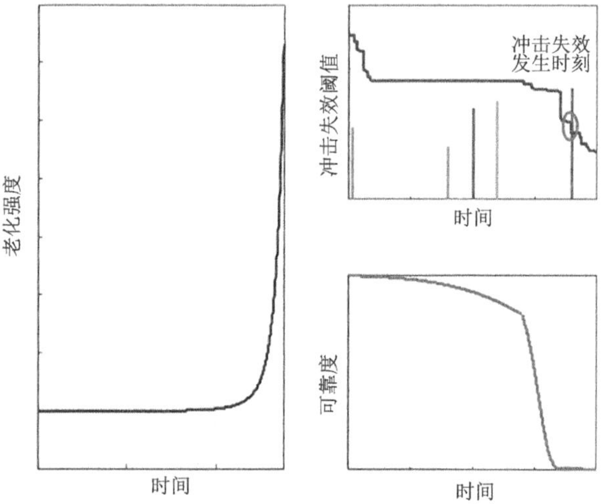

图 5.3　老化强度、冲击失效阈值和可靠性之间的关系

5.2.4　老化效应对失效过程之间相关关系的影响

根据退化过程和随机冲击之间耦合强度的常规假设，到达的冲击将直接增加

退化速率或导致累积退化水平的增加。通常假设由冲击引起的损伤大小遵循特定的正态分布，且该分布与冲击强度无关。本章将现有的冲击根据其强度分为三个区域，即安全区、损伤区和致命区，只有那些落入损伤区和致命区的冲击才会给系统造成损害。作为退化失效过程的最重要影响因素之一，冲击损伤大小不仅取决于冲击强度，还应取决于系统退化程度。以冲击强度的三个区域为例，一方面，在系统运行后期，系统退化程度可能下降到系统强度不足以抵抗某些安全冲击（即落在安全区的冲击）；另一方面，在系统运行初期，系统退化程度降低的值可能微不足道，以至于它有能力承受被归类为致命区的冲击（即落在致命区的冲击）。因此，冲击损伤大小应由冲击强度和系统退化程度共同决定，而且本章假设每次冲击都会导致累积退化水平的增加，如图 5.4 所示。

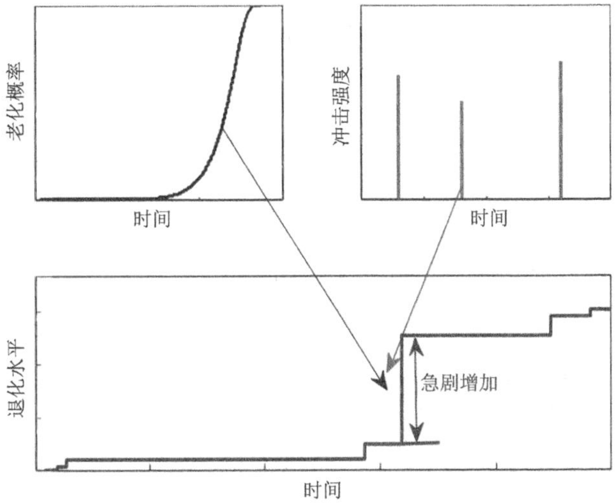

图 5.4　老化效应对失效过程相关性的影响

冲击 i 对系统退化量引起的损伤大小可以表示为

$$Y_i = p_3 W_i F_A(t_i) \tag{5.13}$$

其中，W_i 和 t_i 分别是第 i 次到达的冲击强度和时间；p_3 是退化过程的影响参数。

由于每次随机冲击都是独立到达的，有

$$\begin{aligned} f_{T_i}(t_i) &= \lim_{\Delta s \to 0} \frac{P\{s < t_i \leqslant s + \Delta s \mid N(t) = m\}}{\Delta s} = \lim_{\Delta s \to 0} \frac{P\{s < t_i \leqslant s + \Delta s, N(t) = m\}}{\Delta s P\{N(t) = m\}} \\ &= \lim_{\Delta s \to 0} \frac{P\{N(s) = i-1, N(s+\Delta s) - N(s) = 1, N(t) - N(s+\Delta s) = m-i\}}{\Delta s P\{N(t) = m\}} \end{aligned}$$

$$= \lim_{\Delta s \to 0} \frac{\left[\frac{(\lambda s)^{i-1}}{(i-1)!} e^{-\lambda s}\right]\left[\frac{(\lambda \Delta s)^1}{1!} e^{-\lambda \Delta s}\right]\left\{\frac{[\lambda(t_L - s - \Delta s)]^{i-1}}{(m-i)!} e^{-\lambda(t_L - s - \Delta s)}\right\}}{\Delta s\left[\frac{(\lambda t_L)^m}{m!} e^{-\lambda t_L}\right]}$$

$$= \frac{m!}{(l-1)!(m-i)!} \frac{t_l^{i-1}}{t_L^i}\left(1 - \frac{t_l}{t_L^i}\right)^{m-i} \tag{5.14}$$

其中，t_L是总运行时长。

那么，t_i的累积分布函数可以计算为

$$F_{T_l}(t_l) = \frac{m!}{(i-1)!t_L^m} \sum_{j=0}^{m-l} \frac{(-1)^j t_L^{m-i-j} t_l^{i+j}}{(m-i-j)!j!(i+j)} \tag{5.15}$$

5.3 基于老化效应的相关竞争失效过程的可靠性分析

5.3.1 退化失效建模

一旦系统总的退化量超过退化失效阈值 H，系统就会发生退化失效。假设在时间 t 内到达了 m 次冲击且每次冲击都会导致退化水平的增加，则系统总的退化量可表示为

$$X_s(t) = X(t) + \sum_{i=1}^{m} Y_i \tag{5.16}$$

其中，$X(t)$ 是系统退化过程引起的退化量，由具有单调增加形状参数的 Gamma 过程进行描述；Y_i 是由冲击 i 引起的退化水平的增加量，因此，可以得到系统退化失效过程的可靠性函数为

$$R_S(t) = \sum_{m=0}^{\infty} P\left\{X_s(t) < H \mid N(t) = m\right\} P\{N(t) = m\} \tag{5.17}$$

其中，$P\{N(t) = m\}$ 是在时间 t 内到达了 m 次冲击的概率。

定义 $X_s(t)$ 的概率密度函数为 $f_{X_s}(x_s \mid t, m)$，则系统退化失效过程的可靠性函数可表示为

$$R_S(t)=\sum_{m=0}^{\infty}\int_0^H f_{X_s}(x_s|\ t,m)\,\mathrm{d}\,x\,\frac{\mathrm{e}^{-\lambda t}(\lambda t)^m}{m!} \tag{5.18}$$

由于 $X(t)$ 和 W_i 分布已知，则 $f_{X_s}(x_s|\ t,m)$ 可进一步表示为 $X(t)$ 和 W_i 的函数，即 $f_{X_s}(x_s\,|\,t,m)=f_{X_s}(x,y_1,\cdots,y_m\,|\,t,m)$ 。

由于随机变量 $X(t)$ 和 Y_i 的分布是独立的， $X_s(t)$ 的联合分布可以表示为

$$\begin{aligned} f_{X_s}(x,y_1,\cdots,y_m)&=f_{X(t),Y_1,\cdots,Y_m}(x_s-y_1-\cdots-y_m,y_1,\cdots,y_m)\\ &=|\boldsymbol{J}|\,f_{X(t)}[x_s-p_3w_1F_A(t_1)-\cdots-p_3w_mF_A(t_m)]\prod_{i=1}^{m}f_{Y_i}(w_i) \end{aligned} \tag{5.19}$$

其中，$|\boldsymbol{J}|$ 是这些变量中雅可比矩阵的行列式。

根据前述方程，可以得到

$$\begin{cases} X(t)=X_s-\sum\limits_{i=1}^{m}p_3W_iF_A(t_i)\\ W_1=Y_1/[p_3F_A(t_1)]\\ \quad\vdots\\ W_m=Y_m/[p_3F_A(t_m)] \end{cases} \tag{5.20}$$

因此，雅可比矩阵的行列式为

$$|\boldsymbol{J}|=\begin{vmatrix} \dfrac{\partial X(t)}{\partial X_s} & \dfrac{\partial X(t)}{\partial Y_1} & \cdots & \dfrac{\partial X(t)}{\partial Y_n}\\ \dfrac{\partial W_1}{\partial X_s} & \dfrac{\partial W_1}{\partial Y_1} & \cdots & \dfrac{\partial W_1}{\partial Y_n}\\ \vdots & \vdots & & \vdots\\ \dfrac{\partial W_m}{\partial X_s} & \dfrac{\partial W_m}{\partial Y_1} & \cdots & \dfrac{\partial W_m}{\partial Y_n} \end{vmatrix}=\begin{vmatrix} 1 & -1 & \cdots & -1\\ 0 & \dfrac{1}{[p_3F_A(t_1)]} & \cdots & 0\\ \vdots & \vdots & & \vdots\\ 0 & 0 & \cdots & \dfrac{1}{[p_3F_A(t_m)]} \end{vmatrix} \tag{5.21}$$

则

$$|\boldsymbol{J}|=\left(\frac{1}{p_3}\right)^m\prod_{i=1}^{m}\frac{1}{[F_A(t_i)]}$$

由此可以得到 $f_{X_s}(x_s|\ t,m)$ 的积分表达式为

$$\int_0^H f_{X_s}(x_s \mid t,m)\mathrm{d}x_s = \mid \boldsymbol{J} \mid \int_0^H f_{X(0)}(x_s - y_1 - \cdots - y_m)\mathrm{d}x \prod_{i=1}^{m} \int_0^{p_3 W_{\max} F_A(t_l)} f_{Y_l}(w_l)\mathrm{d}y_l$$
$$= \left(\frac{1}{p_3}\right)^m \prod_{i=1}^{m} \frac{1}{[F_A(t_i)]} \int_0^H f_{X(t)}\left[x_s - p_3 w_1 F_A(t_1) - \cdots - p_3 w_m F_A(t_m)\right]\mathrm{d}x \tag{5.22}$$

由于冲击是随机到达的，$f_{X(t)}\left[x_s - p_3 w_1 F_A(t_1) - \cdots - p_3 w_m F_A(t_m)\right]$的精确解析解几乎无法获得，下面采用 Monte Carlo 模拟技术来计算退化失效的可靠性函数。具体步骤如下。

（1）初始化寿命时间 T、冲击总次数 m 和模拟次数 N。

（2）对于每个模拟次数 $j(j=1:1:N)$，每次冲击 $i(i=1:1:m)$ 和每次 $t(t=1:1:T)$，根据式（5.14）生成一个三维数组 $B(t_i,i,j)$，其中包含第 j 个模拟次数中第 i 次冲击的累积概率。

（3）生成一个矩阵 $\boldsymbol{R}(N,1)$，其元素遵循标准的均匀分布。给定第 j 个模拟次数，第 i 次冲击的到达时间是通过比较值 $B(t_i,i,j)$ 和 $R(j,1)$ 获得的。具体来说，第 j 个模拟次数中第 i 次冲击的到达时间 t_{ji} 是最接近 $R(j,1)$ 的值的位置，即

$$t_{ji} = [\sim, B(\mathrm{abs}[B(t_i,i,j) - R(j,1)], i, j)]$$

其中，~表示此处空缺。

（4）计算随机冲击对系统退化量的影响。对于每个模拟次数 $j(j=1:1:N)$ 和每次冲击 $i(i=1:1:m)$，根据式（5.13）可得到 Y_{ji}。

（5）模拟退化率。对于每个模拟次数 $j(j=1:1:N)$ 和每次冲击 $i(i=1:1:m)$，可得到退化率函数为 $\alpha(t_j) = \alpha(0) - p_1 \ln[1 - F_A(t_j)]$。

（6）计算系统可靠性。受退化失效影响的可靠性函数可以表示为

$$R_S = \int_0 \hat{f}_{X_s}(x_s \mid t,m)\mathrm{d}x_s \frac{\mathrm{e}^{-\lambda t}(\lambda t)^m}{m!}$$
$$= \frac{\mathrm{e}^{-\lambda t}(\lambda t)^m}{m!} \int_0^H \frac{1}{N} \sum_{j=1}^{N} \mid \boldsymbol{J} \mid f_{X(t)}[x_s - p_3 w_{j1} F_A(t_{j1}) - \cdots - p_3 w_{jm} F_A(t_{jm})]\mathrm{d}x_s$$
$$= \frac{\mathrm{e}^{-\lambda t}(\lambda t)^m}{m!} \frac{1}{N} \sum_{j=1}^{N} \int_0^H \mid \boldsymbol{J} \mid f_{X(t)}[x_s - p_3 w_{j1} F_A(t_{j1}) - \cdots - p_3 w_{jm} F_A(t_{jm})]\mathrm{d}x_s$$
$$= \frac{\mathrm{e}^{-\lambda t}(\lambda t)^m}{m!} \frac{1}{N} \sum_{j=1}^{N} \int_{-p_3 w_{j1} F_A(t_{j1}) - \cdots - p_3 w_{jm} F_A(t_{jm})}^{H - p_3 w_{j1} F_A(t_{j1}) - \cdots - p_3 w_{jm} F_A(t_{jm})} f_{X(t)}\mathrm{d}x$$

$$
\begin{aligned}
&=\frac{e^{-\lambda t}(\lambda t)^m}{m!}\frac{1}{N}\sum_{j=1}^{N}\int_0^{H-p_3w_{j1}F_A(t_{j1})-\cdots-p_3w_{jm}F_A(t_{jm})} f_{X(t)}\,\mathrm{d}x \\
&=\frac{e^{-\lambda t}(\lambda t)^m}{m!}\frac{1}{N}\sum_{j=1}^{N}\left(1-\frac{\Gamma\{\alpha(tj),[H-p_3w_{j1}F_A(t_{j1})-\cdots-p_3w_{jm}F_A(t_{jm})]\beta\}}{\Gamma[\alpha(tj)]}\right)
\end{aligned}
\tag{5.23}
$$

5.3.2　冲击失效建模

某个冲击的强度超过失效阈值的概率不仅取决于冲击损伤量，还取决于冲击到达时的系统失效阈值。根据式（5.9）、式（5.12）和式（5.14），第 i 次冲击时不发生失效的概率可以表示为

$$
\begin{aligned}
P\{W_i<D(t_i)\}&=\int_0^{t_L}\Phi\left\{\frac{D(s)-\mu_W}{\sigma_W}\right\}f_{T_i}(h)\,\mathrm{d}h \\
&=\int_0^{t_L}\Phi\left\{\frac{D(0)-p_2\ln[1-F_A(h)]-\mu_W}{\sigma_W}\right\}f_{T_i}(h)\,\mathrm{d}h
\end{aligned}
\tag{5.24}
$$

其中，$D(t_i)$ 是第 i 次冲击到达时的系统失效阈值，可以通过 $D(t_i)=D(0)-p_2\ln[1-F_A(t_i)]$ 计算得到。

一旦存在冲击的强度超过相应的失效阈值，就会发生冲击失效。因此，冲击失效的可靠性函数是系统在所有到达的冲击中“生存”下来的概率，可表示为

$$
\begin{aligned}
R_H(t)&=P\{W_1<D(t_1),W_2<D(t_2),\cdots,W_m<D(t_m)\} \\
&=\sum_{m=0}^{\infty}\prod_{i=1}^{N(l)}[W_i<D(t_i)]=\sum_{m=0}^{\infty}\prod_{i=1}^{m}\int_0^{t}\Phi\left\{\frac{D(0)-p_2\ln[1-F_A(h)]}{\sigma_W}\right\}f_R(h)\,\mathrm{d}h
\end{aligned}
\tag{5.25}
$$

同样，冲击失效的可靠性函数可以按照以下步骤进行模拟。

步骤（1）～步骤（3）与退化失效仿真模拟步骤相同。

（4）模拟冲击失效阈值。对于每个模拟次数 $j(j=1:1:N)$ 和每次冲击 $i(i=1:1:m)$，可以得到失效阈值为 $D(tj)=D(0)-p_2\ln[1-F_A(tj)]$。

（5）对于每个模拟次数 $j(j-1:1:N)$，系统不发生冲击失效的概率可以表示为 $t_{ji}\leqslant t_{jt}<t_{j(i+1)}$ 时，$R_H(t_j)=\prod_{l=1}^{l}\left(\frac{D(t_{jl})-\mu_W}{\sigma_W}\right)$。

（6）将每次不发生冲击失效的概率进行平均，得到 $R_H(t)=\dfrac{1}{N}\sum_{j=1}^{N}R_H(t_j)$。

5.3.3　相关竞争失效过程的可靠性分析

由于系统同时遭受退化失效和冲击失效，系统失效是它们相互竞争的结果。系统可靠性函数可表示为

$$
\begin{aligned}
R(t) &= P\{W_1 < D(t_1), W_2 < D(t_2), \cdots, W_m < D(t_m), X_s(t) < H\} \\
&= \sum_{m=0}^{\infty} P\{W_1 < D(t_1), W_2 < D(t_2), \cdots, W_m < D(t_m), X_s(t) < H, N(t) = m\} \\
&= \sum_{m=0}^{\infty} \int_0^H f_{X_s}(X_s | t, m)\,\mathrm{d}x \prod_{i=1}^{m} \int_0^t \varPhi\left\{\frac{D(0) - p_2 \ln[1 - F_A(h)]}{\sigma_W}\right\} f_{T_i}(h)\,\mathrm{d}h \frac{\mathrm{e}^{-\lambda t}}{m!}(\lambda t)^m
\end{aligned}
\tag{5.26}
$$

5.4　案 例 分 析

5.4.1　案例描述

本节选取发动机系统的气缸为案例进行理论验证，气缸的失效包括退化失效和冲击失效两类，其中，退化失效来源于气缸内部内膜和烟尘之间的磨损，以及硫酸、氮气和水引起的腐蚀；冲击失效来源于冷却液引起的气缸工作温度的急剧变化。

为了验证本章所提方法的合理性，需要评估两类参数，即退化过程相关的参数及其影响因素的参数。在运行时间服从三参数 Weibull 分布的情况下，可以采用测试样本的期望、方差和偏度来估计它们，步骤如下。

（1）收集测试样本，计算期望、方差和样本退化过程的累积分布函数分别为

$$
\hat{\mu} = \frac{1}{n_{\text{test}}} \sum_{i=1}^{n_{\text{test}}} T_{A-\text{test}}(i)
$$

$$
\hat{\sigma}^2 = \frac{1}{n_{\text{test}} - 1} \sum_{i=1}^{n_{\text{test}}} \left[T_{S-\text{test}}(i) - \hat{\mu}\right]^2
$$

$$\hat{\text{Ske}} = \frac{1}{n_{\text{test}}}\sum_{i=1}^{n_{\text{test}}}\left[\frac{T_{S-\text{test}}(i)-\hat{\mu}}{\hat{\sigma}}\right]^3$$

（2）上述三个参数的解析表达式为

$$\mu = E(X) = \int_0^{\infty} xf(x,a,b,c)\,\mathrm{d}x$$

$$\sigma^2 = E(X^2)-[E(X)]^2 = \int_0^{\infty} x^2 f(x,a,b,c)\,\mathrm{d}x - \left[\int_0^{\infty} xf(x,a,b,c)\,\mathrm{d}x\right]^2$$

$$\text{Ske} = \frac{E(X-\mu)^3}{\sigma^3} = \frac{\int_0^{\infty}(x-u)^3 f(x,a,b,c)\,\mathrm{d}x}{\left\{\int_0^{\infty} x^2 f(x,a,b,c)\,\mathrm{d}x - \left[\int_0^{\infty} xf(x,a,b,c)\,\mathrm{d}x\right]^2\right\}^{3/2}}$$

（3）将以上公式进行结合，则可估计出相应的参数，即

$$\begin{cases}\mu = \hat{\mu}\\ \sigma^2 = \hat{\sigma}^2\\ \text{Ske}=\hat{\text{Ske}}\end{cases}$$

退化过程的累积分布函数为

$$F_A(t) = \{1-\exp[1-\exp(0.018^4 t^4)]\}^{0.1}$$

要获得影响参数 p_1，应收集退化过程相关的数据。通过测量两个连续时刻之间的退化变动量，可以得到退化增长率为 $\partial X(t)/\partial t$ 。根据强度函数，p_1 的值可以计算为

$$p_1 = \partial X(t)/[I_A(t)\partial t]$$

为了评估影响参数 p_2，应进行必要的测试以测量不同时刻的冲击失效阈值。对于每个时刻，冲击失效阈值可以记录为导致冲击失效发生的冲击强度。根据强度函数，p_2 的值可以计算为

$$p_2 - \partial D(t)/[I_A(t)\partial t]$$

对于影响参数 p_3，应使用由冲击引起的退化水平的增量 $Y_i\,(i=1,2,\cdots,n_{\text{test}})$ 进行估计。一旦给定冲击强度 W_i 和冲击到达时间 t_i，p_3 的值可以计算为

$$p_3 = \frac{1}{n_{\text{test}}} \sum_{i=1}^{n_{\text{test}}} Y_i / [W_i F_A(t_i)]$$

其他涉及的参数值如表 5.2 所示。

表 5.2　本案例涉及的部分参数值

参数名称	数值	参数名称	数值
λ/r^{-1}	0.05	p_1	0.7
m	6	p_2	−0.75
μ_W/GPa	1.2	p_3	0.18
σ_W/GPa	0.2	β	8
$D(0)$/GPa	2	H/μm	10
α	1.2		

5.4.2　可靠性分析

根据式（5.18）、式（5.25）和式（5.26），可以得到退化失效、冲击失效和竞争失效过程的气缸可靠性曲线，如图 5.5 所示。其中，竞争失效过程的气缸可靠性曲线最低，因为它是综合考虑退化失效和冲击失效来进行计算的。与退化失效的可靠性相比，冲击失效的可靠性下降得更快，这可能是由于冲击失效阈值的降低率大于用于描述退化过程的 Gamma 过程中形状参数的增长率。在 $0 < t \leqslant 30$ d 的

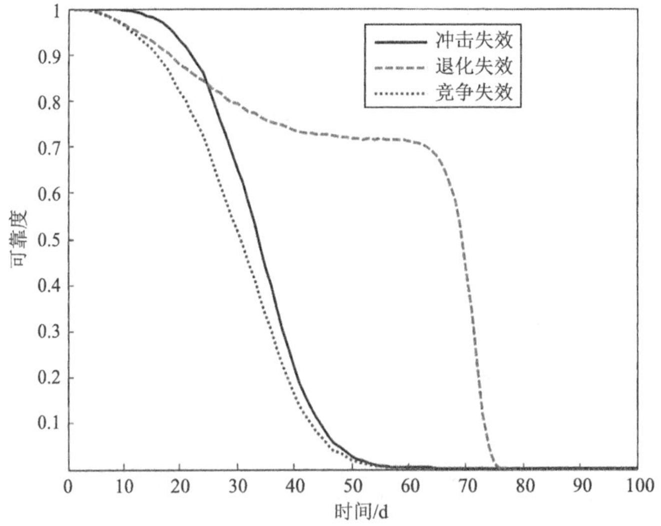

图 5.5　不同失效过程的可靠性曲线

时间间隔内，由于冲击失效的发生概率相对较低，系统整体的可靠性较高；在 $t=30$ d 后冲击失效的可靠性会快速下降，因此可能需要提出相应的维护策略来应对外界随机冲击。

现有模型是在相关失效过程和竞争失效过程的背景下获得可靠性函数的，为了将本章所提方法与现有模型进行比较，本节还计算了没有考虑老化效应的现有相关竞争失效过程的可靠性函数，如图 5.6 所示。从图 5.6 中可以看出，如果不考虑老化效应，系统可靠性可能被高估，在系统运行较长时间后，失效概率可能维持在一个恒定的水平，这可能违背许多工程实践。

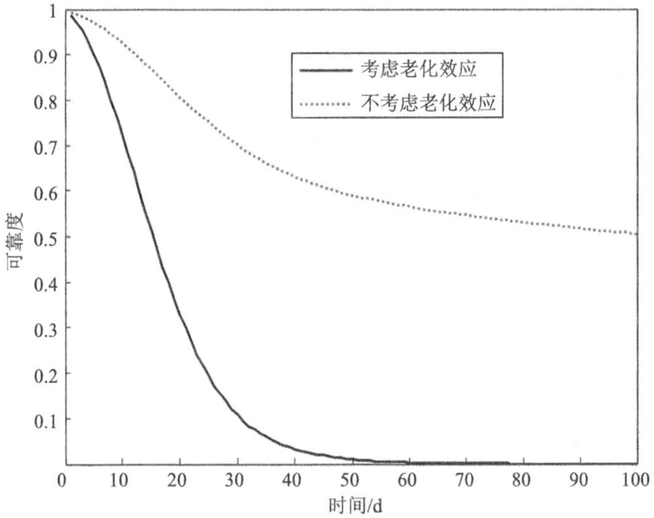

图 5.6　老化效果对比分析

5.4.3　敏感性分析

为了探究随机冲击的总次数如何影响系统可靠性，本节还计算了在假设气缸经历不同随机冲击次数情况下的系统可靠性。如图 5.7 所示，系统可靠性随着冲击次数的增加而降低，原因在于随机冲击造成的损伤是累积的。因此，较少的冲击次数对应较高的系统可靠性。

此外，本节对所涉及的影响参数进行敏感性分析，以判断它们如何影响系统可靠性。由于影响参数 p_1 直接影响退化速率，它对系统可靠性的影响如图 5.8 所示。由于 p_1 直接影响系统退化速率，p_1 越大，系统可靠性就越低。

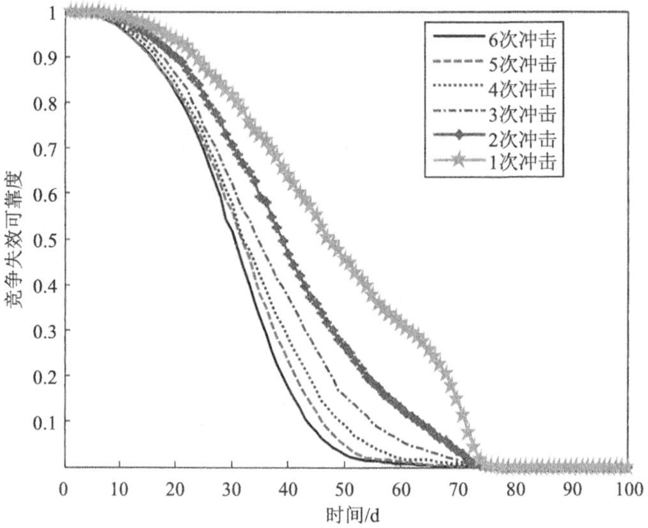

图 5.7 冲击次数的敏感性分析

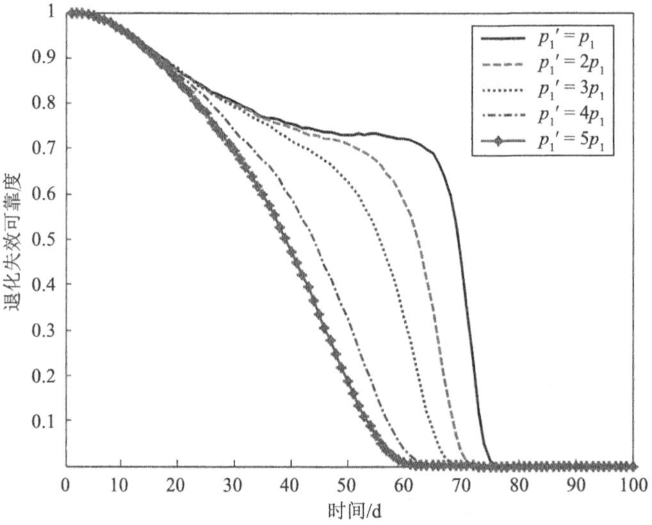

图 5.8 p_1的敏感性分析

影响参数 p_2 对系统可靠性的影响如图 5.9 所示。从图 5.9 中可以看出，在冲击失效的情况下，p_2 越大，失效阈值下降得越快，系统可靠性就越低。

影响参数 p_3 对系统可靠性的影响如图 5.10 所示。从图 5.10 中可以看出，p_3 越大，冲击损伤强度越大，系统可靠性也就越低。

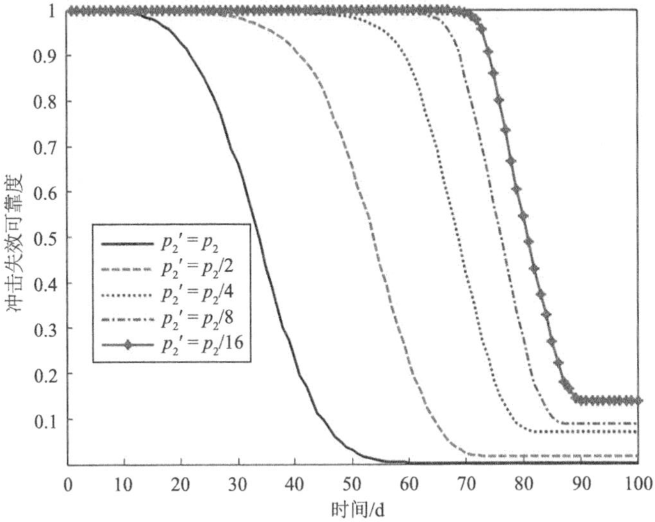

图 5.9　p_2 的敏感性分析

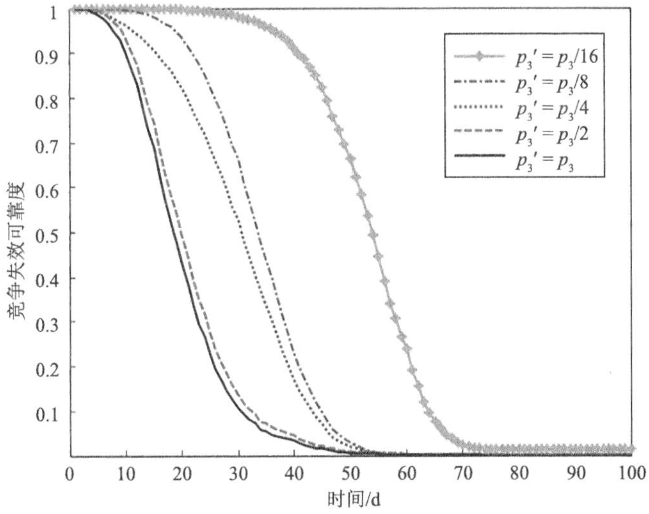

图 5.10　p_3 的敏感性分析

本 章 小 结

本章定义了退化过程和冲击过程的老化效应，探讨了产品抵抗暴露故障过程的内在能力随着运行而退化的机理。为了能够准确地描述产品性能随时间的下降特性，假定增加速率由老化强度决定，且退化过程可由连续的 Gamma 过程进行描述；为了凸显老化效应对冲击破坏的影响，假设失效阈值随运行时间而降低。退化过程与随机冲击之间的相关程度同时受冲击强度和累积老化概率的影响。在考虑老化效应的情况下，本章分别计算了退化过程、冲击过程和竞争失效过程的可靠性指标，为评估产品在不同故障模式下的可靠性提供了参考。为了将理论应用于实际工程问题，本章选取了发动机系统中的气缸作为案例，通过敏感性分析揭示了关键影响参数对系统可靠性的具体影响。

第6章　考虑退化与冲击双重相关的系统可靠性建模及双变量维修策略

产品失效一般可以分成退化失效和冲击失效两类，其中，退化失效是指产品功能或性能随时间缓慢劣化并最终无法满足规定要求，冲击失效是指产品功能在工作过程中由于环境影响或外界冲击而突然丧失。例如，某型金属化膜电容器电容值下降的原因可能有两种：一种是介质的自然耗损导致的缓慢退化，并且自然耗损总是在发生；另一种是外界应力冲击、电容元件端部喷金层的连接松散或剥落、有机薄膜击穿导致大面积的自愈等诱导的介质突发耗损，是随机发生的。如果一个产品同时具有这两种失效模式，即产品在性能缓慢退化过程中可能发生冲击失效，则产品的最终失效往往是不同失效模式竞争的结果。同时，产品的退化失效和冲击失效往往不是独立的，而是存在某种相关关系。例如，脉冲氙灯失效一般包括由电极材料熔化蒸发导致的退化失效和炸灯等导致的冲击失效，而炸灯的概率随产品退化程度的增加而减小。

传统系统可靠性评估模型常常将外界冲击过程和内部退化过程描述为单向相关关系，只考虑外界环境对系统随机退化的冲击损伤效应，基于退化建模理论和累积冲击损伤模型，建立含有单个部件的相关竞争失效系统的可靠性评估模型，并从系统长期运行维修成本率最小的角度优化最优检修周期。近年来，对退化过程和冲击过程的双重相关关系的描述正逐渐成为研究重点。

本章既考虑来自外界环境的冲击过程对内部退化过程的影响，也考虑系统性能退化和外界冲击的相关关系，构建考虑系统退化与冲击双重相关的可靠性评估模型。在可靠性评估基础上，提出同时包含离散随机变量 N 和连续随机变量 T 的双变量预防维修策略，并根据更新理论将维修策略分成两种特殊情形分别进行优化。本章将理论模型应用到某液压控制系统滑阀的可靠性分析和维修策略制定中，所得结论可为可靠性工程人员提供参考和技术支撑。

6.1　问题描述与基本假设

用 $N(t)$ 表示从 0 到 t 外界冲击发生的次数，则冲击过程可用 $\{N(t),t\geqslant 0\}$ 表示。

进一步地，根据冲击对系统造成的效果，将其分为轻微冲击过程 $\{N_1(t),t\geqslant 0\}$ 和严重冲击过程 $\{N_2(t),t\geqslant 0\}$ 两类。系统发生轻微冲击的概率为常数 $p\,(0<p<1)$，发生严重冲击的概率为常数 q，且 $p+q\equiv 1$。假设冲击过程 $\{N(t),t\geqslant 0\}$ 为到达强度为 $\lambda(t)$ 的非齐次 Poisson 过程，则 $\{N_1(t),t\geqslant 0\}$ 和 $\{N_2(t),t\geqslant 0\}$ 为两个强度分别为 $p\lambda(t)$ 和 $q\lambda(t)$ 的非齐次 Poisson 过程。系统每次发生轻微冲击时可以由最小维修完全进行修复，每次严重冲击则会造成冲击损伤且损伤量为 $W_1,W_2,\cdots$。用 $X(t)$ 表示直到时刻 t 系统的退化特征量，则退化过程 $\{X(t),t\geqslant 0\}$ 和冲击过程 $\{N(t),t\geqslant 0\}$（包含轻微冲击过程 $\{N_1(t),t\geqslant 0\}$ 和严重冲击过程 $\{N_2(t),t\geqslant 0\}$）的双重相关关系描述如图 6.1 所示。

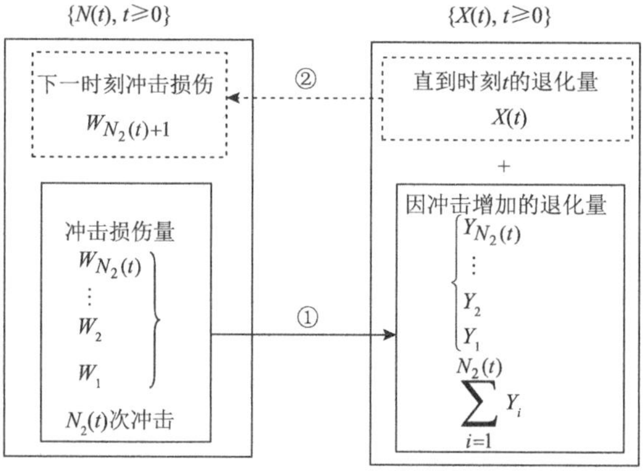

图 6.1 退化过程 $\{X(t),t\geqslant 0\}$ 和冲击过程 $\{N(t),t\geqslant 0\}$ 的双重相关关系描述

由图 6.1 可以看出，退化过程 $\{X(t),t\geqslant 0\}$ 和冲击过程 $\{N(t),t\geqslant 0\}$ 是相互影响的。具体地说，实线箭头①表示严重冲击过程 $\{N_2(t),t\geqslant 0\}$ 对系统当前退化量的影响，因冲击导致的退化增量为 $Y_1,Y_2,\cdots$ 且它们可以累加到当前退化量 $X(t)$ 上；虚线箭头②表示退化过程 $\{X(t),t\geqslant 0\}$ 对冲击过程的影响。假设冲击强度 $\lambda(t)$ 与当前退化量 $X(t)$ 线性相关，即 $\lambda(t)=\lambda_0+\alpha X(t)$，其中，$\alpha\,(\alpha\geqslant 0)$ 称为退化-冲击影响系数，λ_0 为初始冲击强度。本章所提出的考虑退化与冲击双重相关的系统可靠性及维修策略建模参数与说明如表 6.1 所示，需提出下列假设。

表 6.1 考虑退化与冲击双重相关的系统可靠性及维修策略建模参数与说明

参数	说明
$N(t)$	$[0, t]$内外界冲击发生的次数
$N_1(t)$	$[0, t]$内系统发生轻微冲击的次数
$N_2(t)$	$[0, t]$内系统发生严重冲击的次数

续表

参数	说明
$\Lambda_1(t)$	$[0, t]$内系统发生轻微冲击的平均次数，即 $\Lambda_1(t)=E[N_1(t)]$
$\Lambda_2(t)$	$[0, t]$内系统发生严重冲击的平均次数，即 $\Lambda_2(t)=E[N_2(t)]$
p	系统发生轻微冲击的概率
q	系统发生严重冲击的概率
$X(t)$	直到时刻 t 系统的退化特征量
$\lambda(t)$	冲击到达强度
λ_0	初始冲击强度
$\alpha\ (\alpha > 0)$	退化-冲击影响系数
$X(t;\boldsymbol{\Theta})$	一般退化路径模型的具体表达形式
$\boldsymbol{\Theta}$	退化模型中含有不确定性的参数向量
$f_{\boldsymbol{\Theta}}(\boldsymbol{\theta})$	退化模型中参数向量 $\boldsymbol{\Theta}$ 的联合概率密度函数
β	退化模型中单元之间的差异，为随机变量
$F_\beta(x)$	随机变量 β 的分布函数，即 $F_\beta(x)= P\{\beta < x\}$
μ_β	随机变量 β 的期望，即 $\mu_\beta = \int_\beta x\,\mathrm{d}F_\beta(x)$
φ	初始退化量，一般取 0
$W_1, W_2, \cdots$	每次严重冲击对系统造成的损伤量，假设为独立同分布
$F_W(w)$	冲击损伤量 $W_1, W_2, \cdots$ 的分布函数，即 $F_W(w) = P\{W_i < w\}$
$Y_1, Y_2, \cdots$	每次严重冲击导致的退化增量，假设为独立同分布
$F_Y(y)$	退化增量 $Y_1, Y_2, \cdots$ 的分布函数，即 $F_Y(y) = P\{Y_i < y\}$
$S(t)$	系统总的退化量，包含退化特征量 $X(t)$ 和退化增量 $Y_1, Y_2, \cdots$
D	退化失效阈值
H	冲击失效阈值
X	系统寿命，即随机失效时间
$R(t)$	系统可靠性函数（系统“生存”函数），即 $R(t) = P\{X > t\}$
$\gamma(t)$	系统失效率函数
T_i	第 $i\ (i = 1,2,\cdots,N)$ 次轻微冲击到达的时刻，其中，N 为最大的可允许轻微冲击次数
$\overline{F}_{T_i}(t)$	T_i 的可靠性函数（“生存”函数），即 $\overline{F}_{T_i}(t) = P\{T_i > t\}$
$P_K(t)$	$[0, t]$内发生 K 次轻微冲击的概率
$K_1, K_2, \cdots$	系统更新周期
$C(t)$	直到时刻 t 系统的总维修成本
T	系统的预防更换周期

续表

参数	说明
c_M	每次对轻微冲击进行最小维修的成本
c_N	最小维修次数达到 N 时的预防更换成本
c_T	系统运行时间达到 T 时的预防更换成本
c_F	系统失效后的更换成本
$C(N,T)$	系统的维修成本率
$C_T(N)$	策略 T 时系统的维修成本率，即 $C_T(N)=\lim\limits_{N\to\infty} C(N,T)$
$C_T(N)$	策略 N 时系统的维修成本率，即 $C_T(N)=\lim\limits_{T\to\infty} C(N,T)$

（1）退化过程 $\{X(t),t\geqslant 0\}$ 用一般退化路径模型 $X(t;\boldsymbol{\Theta})$ 来进行描述，其中，$\boldsymbol{\Theta}$ 为包含一系列不确定性的参数向量。具体地，一般退化路径模型为

$$X(t;\boldsymbol{\Theta})=\beta\eta(t;\boldsymbol{\Theta})+\varphi \tag{6.1}$$

其中，β 表示退化模型中单元之间的差异，为随机变量且分布函数为 $F_\beta(x)=P\{\beta\leqslant x\}$；$\eta(\cdot)$ 为退化路径函数；φ 为初始退化量。

（2）假设 $\Lambda_1(t)$ 和 $\Lambda_2(t)$ 分别表示系统发生轻微冲击 $\{N_1(t),t\geqslant 0\}$ 和严重冲击 $\{N_2(t),t\geqslant 0\}$ 的平均次数，根据非齐次 Poisson 过程的性质，可以得到

$$\begin{aligned}\Lambda_1(t)=E[N_1(t)]&=\int_0^t p\lambda(u)\,\mathrm{d}u=p\left[\int_0^t(\lambda_0+\alpha X(u;\boldsymbol{\Theta}))\,\mathrm{d}u\right]\\&=p\left[\lambda_0 t+\alpha\int_{\boldsymbol{\Theta}}\int_0^t X(u;\boldsymbol{\Theta})f_{\boldsymbol{\Theta}}(\boldsymbol{\theta})\,\mathrm{d}u\,\mathrm{d}\boldsymbol{\theta}\right]\end{aligned} \tag{6.2}$$

和

$$\Lambda_2(t)=E[N_2(t)]=q\left[\lambda_0 t+\alpha\int_{\boldsymbol{\Theta}}\int_0^t X(u;\boldsymbol{\Theta})f_{\boldsymbol{\Theta}}(\boldsymbol{\theta})\,\mathrm{d}u\,\mathrm{d}\boldsymbol{\theta}\right] \tag{6.3}$$

其中，$f_{\boldsymbol{\Theta}}(\boldsymbol{\theta})$ 为 $\boldsymbol{\Theta}=\boldsymbol{\theta}$ 时的联合概率密度函数。

（3）每次严重冲击带来的冲击损伤量 $W_1,W_2,\cdots$ 独立同分布，且分布函数为 $F_W(w)=P\{W_i\leqslant w\}\ (i=1,2,\cdots,N_2(t))$。因冲击导致的退化增量为 $Y_1,Y_2,\cdots$，它们也独立同分布，且分布函数为 $F_Y(y)=P\{Y_i\leqslant y\}$。$Y_1,Y_2,\cdots$ 可以标准累加到当前退化量 $X(t)$ 上，则系统总的退化量为

$$S(t)=\begin{cases}X(t;\boldsymbol{\Theta}), & N_2(t)=0\\ X(t;\boldsymbol{\Theta})+\sum_{i=1}^{N_2(t)}Y_i, & N_2(t)>0\end{cases} \tag{6.4}$$

（4）每次轻微冲击可以由最小维修进行修复，且最小维修成本为 c_M。当最小维修次数达到 $N\ (N=1,2,\cdots)$ 或系统运行时间达到 $T\ (0<T\leqslant\infty)$ 时，对部件进行预防性更换，预防更换成本分别为 c_N 和 c_T。在预防维修行为发生前，当系统发生退化失效或冲击失效时，进行修复性更换且更换成本为 c_F。由于失效对系统造成的影响更为严重，假设 $c_F>c_N$ 和 $c_F>c_T$。此外，不考虑各种维修行为的准备时间且假设维修效果是完全的。

6.2　考虑退化过程与冲击过程双重相关的系统可靠性建模

相关竞争失效系统可靠性建模的基础是莱曼（Lehmann）提出的 DTS 理论，即系统失效发生在累积退化量 $S(t)$ 首次超过退化失效阈值 D 的时间，或者冲击损伤量 W_i 首次超过冲击失效阈值 H 的时间。前者一般称为退化失效，后者常常称为冲击失效。本节首先分析系统不发生退化失效和冲击失效的概率，其次对系统“生存”函数（可靠性函数）进行建模。

6.2.1　系统不发生退化失效和冲击失效的概率

系统总的退化量 $S(t)$ 包括系统退化特征量 $X(t)$ 和由冲击造成的退化增量 $\sum_{i=1}^{N_2(t)}Y_i$。因此，系统直到时刻 t 不发生退化失效的概率为

$$\begin{aligned}P\{S(t)<D\}&=P\{X(t;\boldsymbol{\Theta})<D\}P\{N_2(t)=0\}\\&\quad+\sum_{k=1}^{\infty}P\left\{X(t;\boldsymbol{\Theta})+\sum_{i=1}^{N_2(t)}Y_i<D\,\middle|\,N_2(t)=k\right\}P\{N_2(t)=k\}\\&=P\{X(t;\boldsymbol{\Theta})<D\}\exp[-\Lambda_2(t)]\\&\quad+\sum_{k=1}^{\infty}P\left\{X(t;\boldsymbol{\Theta})+\sum_{i=1}^{N_2(t)}Y_i<D\,\middle|\,N_2(t)=k\right\}\frac{[\Lambda_2(t)]^k}{k!}\exp[-\Lambda_2(t)]\end{aligned} \tag{6.5}$$

基于应力-强度模型，可得到系统第 i 次冲击损伤 W_i 不超过其冲击失效阈值 H 的概率为

$$P\{W_i \leqslant H\} = F_W(H), i = 1,2,\cdots,N_2(t) \tag{6.6}$$

因此，在时间[0,t]内系统不发生冲击失效的概率为

$$\begin{aligned} &P\{W_1 < H, W_2 < H, \cdots, W_{N_2(t)} < H\} \\ &= \sum_{k=1}^{\infty} P\left\{W_1 < H, W_2 < H, \cdots, W_{N_2(t)} < H \middle| N_2(t) = k\right\} P\left\{N_2(t) = k\right\} \\ &= \sum_{k=1}^{\infty} \prod_{i=1}^{k} P\left\{W_i < H\right\} P\left\{N_2(t) = k\right\} \\ &= \sum_{k=1}^{\infty} \left[F_W(H)\right]^k \frac{\left[\Lambda_2(t)\right]^k}{k!} \exp\left[-\Lambda_2(t)\right] \end{aligned} \tag{6.7}$$

6.2.2 系统可靠性模型

根据 DTS 理论，系统直到时刻 t 既不发生退化失效又不发生冲击失效的概率为

$$\begin{aligned} R(t) &= P\{W_1 < H, W_2 < H, \cdots, W_{N_2(t)} < H, S(t) < D\} \\ &= \sum_{k=0}^{\infty} P\left\{W_1 < H, W_2 < H, \cdots, W_{N_2(t)} < H, X(t;\boldsymbol{\Theta}) + \sum_{i=1}^{N_2(t)} Y_i < D \middle| N_2(t) = k\right\} \\ &\quad \times P\left\{N_2(t) = k\right\} \end{aligned} \tag{6.8}$$

用 E_1 表示事件 $W_1 < H, W_2 < H, \cdots, W_{N_2(t)} < H$，$E_2$ 表示事件 $X(t;\boldsymbol{\Theta}) + \sum_{i=1}^{N_2(t)} Y_i < D$。基于系统冲击过程和退化过程的相关关系，事件 E_1 和 E_2 之间也是相关的。但是，当给定 $\boldsymbol{\Theta} = \boldsymbol{\theta}$，$Y_i = y_i$ 和 $N_2(t) = k$ 时，E_1 和 E_2 彼此独立。因此，式（6.8）可以表示为

$$\begin{aligned} R(t) = &\sum_{k=0}^{\infty} \int_{\boldsymbol{\Theta}} \int_{Y_1} \cdots \int_{Y_k} P\left\{E_1, E_2 \middle| \boldsymbol{\Theta} = \boldsymbol{\theta}, Y_1 = y_1, \cdots, Y_k = y_k, N_2(t) = k\right\} \\ &\times P\left\{N_2(t) = k \middle| \boldsymbol{\Theta} = \boldsymbol{\theta}, Y_1 = y_1, \cdots, Y_k = y_k\right\} f_{\boldsymbol{\Theta}}(\boldsymbol{\theta}) f_Y(y_1) \cdots f_Y(y_k) \mathrm{d}\boldsymbol{\theta} \mathrm{d}y_1 \cdots \mathrm{d}y_k \end{aligned} \tag{6.9}$$

用 $f_Y^{(k)}(y)$ 表示 k 个独立同分布随机变量 $Y_1,Y_2,\cdots,Y_k$ 之和 $\sum_{i=1}^{k}Y_i$ 的联合概率密度函数，即 $\int_0^y f_Y^{(k)}(u)\mathrm{d}u = P\left\{\sum_{i=1}^{k}Y_i \leqslant y\right\}$，则式（6.9）可进一步表示为

$$
\begin{aligned}
R(t) &= \sum_{k=0}^{\infty}\int_{\boldsymbol{\Theta}}\int_{Y} P\left\{E_1,E_2\left|\boldsymbol{\Theta}=\boldsymbol{\theta},\sum_{i=1}^{N_2(t)}Y_i=y,N_2(t)=k\right.\right\} \\
&\quad \times P\left\{N_2(t)=k\left|\boldsymbol{\Theta}=\boldsymbol{\theta},\sum_{i=1}^{N_2(t)}Y_i=y\right.\right\} f_{\boldsymbol{\Theta}}(\boldsymbol{\theta})f_Y^{(k)}(y)\mathrm{d}\boldsymbol{\theta}\,\mathrm{d}y \\
&= \sum_{k=0}^{\infty}\int_{\boldsymbol{\Theta}}\int_{Y} P\left\{E_1\left|\boldsymbol{\Theta}=\boldsymbol{\theta},\sum_{i=1}^{N_2(t)}Y_i=y,N_2(t)=k\right.\right\} P\left\{E_2\left|\boldsymbol{\Theta}=\boldsymbol{\theta},\sum_{i=1}^{N_2(t)}Y_i=y,N_2(t)=k\right.\right\} \\
&\quad \times P\left\{N_2(t)=k\left|\boldsymbol{\Theta}=\boldsymbol{\theta},\sum_{i=1}^{N_2(t)}Y_i=y\right.\right\} f_{\boldsymbol{\Theta}}(\boldsymbol{\theta})f_Y^{(k)}(y)\mathrm{d}\boldsymbol{\theta}\,\mathrm{d}y
\end{aligned}
\tag{6.10}
$$

其中，$P\left\{E_1\left|\boldsymbol{\Theta}=\boldsymbol{\theta},\sum_{i=1}^{N_2(t)}Y_i=y,N_2(t)=k\right.\right\}$ 为给定 $\boldsymbol{\Theta}=\boldsymbol{\theta}$，$\sum_{i=1}^{N_2(t)}Y_i=y$ 和 $N_2(t)=k$ 时系统不发生冲击失效的概率。结合式（6.7），可表示为

$$
\begin{aligned}
P\left\{E_1\left|\boldsymbol{\Theta}=\boldsymbol{\theta},\sum_{i=1}^{N_2(t)}Y_i=y,N_2(t)=k\right.\right\} &= P\left\{W_1<H,W_2<H,\cdots,W_{N_2(t)}<H\,\middle|\,N_2(t)=k\right\} \\
&= \prod_{i=1}^{k}P\{W_i<H\} \\
&= \left[F_W(H)\right]^k
\end{aligned}
\tag{6.11}
$$

$P\left\{E_2\left|\boldsymbol{\Theta}=\boldsymbol{\theta},\sum_{i=1}^{N_2(t)}Y_i=y,N_2(t)=k\right.\right\}$ 为给定 $\boldsymbol{\Theta}=\boldsymbol{\theta}$，$\sum_{i=1}^{N_2(t)}Y_i=y$ 和 $N_2(t)=k$ 时系统不发生退化失效的概率。结合式（6.5），可表示为

$$
\begin{aligned}
P\left\{E_2 \middle| \boldsymbol{\Theta}=\boldsymbol{\theta}, \sum_{i=1}^{N_2(t)} Y_i = y, N_2(t)=k\right\} &= P\{\beta\eta(t;\boldsymbol{\theta})+\varphi+y<D\} \\
&= P\left\{\beta < \frac{D-\varphi-y}{\eta(t;\boldsymbol{\theta})}\right\} \\
&= F_\beta\left[\frac{D-\varphi-y}{\eta(t;\boldsymbol{\theta})}\right]
\end{aligned} \tag{6.12}
$$

$P\left\{N_2(t)=k \middle| \boldsymbol{\Theta}=\boldsymbol{\theta}, \sum_{i=1}^{N_2(t)} Y_i = y\right\}$ 为给定 $\boldsymbol{\Theta}=\boldsymbol{\theta}$ 和 $\sum_{i=1}^{N_2(t)} Y_i = y$ 时严重冲击次数 $N_2(t)=k$ 的概率，可表示为

$$
\begin{aligned}
&P\left\{N_2(t)=k \middle| \boldsymbol{\Theta}=\boldsymbol{\theta}, \sum_{i=1}^{N_2(t)} Y_i = y\right\} \\
&= \frac{\left\{q\left[\int_\beta\int_u (\lambda_0+\alpha\varphi+\alpha x\eta(u;\boldsymbol{\theta}))\,\mathrm{d}u\,\mathrm{d}F_\beta(x)\right]\right\}^k}{k!} \\
&\quad \times\exp\left\{-q\left[\int_\beta\int_u (\lambda_0+\alpha\varphi+\alpha x\eta(u;\boldsymbol{\theta}))\,\mathrm{d}u\,\mathrm{d}F_\beta(x)\right]\right\} \\
&= \frac{\left\{q\left[\int_0^t (\lambda_0+\alpha\varphi+\alpha\mu_\beta\eta(u;\boldsymbol{\theta}))\,\mathrm{d}u\right]\right\}^k}{k!} \\
&\quad \times\exp\left\{-q\left[\int_\beta\int_u (\lambda_0+\alpha\varphi+\alpha x\eta(u;\boldsymbol{\theta}))\,\mathrm{d}u\,\mathrm{d}F_\beta(x)\right]\right\}
\end{aligned} \tag{6.13}
$$

其中，$\mu_\beta=\int_\beta x\,\mathrm{d}F_\beta(x)$ 为随机变量 β 的期望。因此，系统可靠性函数为

$$
\begin{aligned}
&R(t)=P\{X>t\} \\
&= \sum_{k=0}^{\infty}\int_{\boldsymbol{\Theta}}\int_Y [F_W(H)]^k F_\beta\left(\frac{D-\varphi-y}{\eta(t;\boldsymbol{\theta})}\right)\frac{\left\{q\left[\int_0^t (\lambda_0+\alpha\varphi+\alpha\mu_\beta\eta(u;\boldsymbol{\theta}))\,\mathrm{d}u\right]\right\}^k}{k!} \\
&\quad \times\exp\left\{-q\left[\int_\beta\int_u (\lambda_0+\alpha\varphi+\alpha x\eta(u;\boldsymbol{\theta}))\,\mathrm{d}u\,\mathrm{d}F_\beta(x)\right]\right\} f_{\boldsymbol{\Theta}}(\boldsymbol{\theta}) f_Y^{(k)}(y)\,\mathrm{d}\boldsymbol{\theta}\,\mathrm{d}y
\end{aligned} \tag{6.14}
$$

其中，随机变量 X 为系统寿命。

6.3　双变量预防维修策略

用 T_i 表示第 i $(i=1,2,\cdots,N)$ 次轻微冲击到达的时刻，即第 i 次最小维修完成的时间，则 T_i 的可靠性函数为

$$\overline{F}_{T_i}(t)=P\{T_i>t\}=\sum_{K=0}^{i-1}P_K(t)=\sum_{K=0}^{i-1}\frac{\left[\Lambda_1(t)\right]^K}{K!}\exp\left[-\Lambda_1(t)\right] \tag{6.15}$$

其中，$P_K(t)$ 为$[0,t]$内发生 K $(K=0,1,\cdots)$ 次轻微冲击的概率，可表示为

$$P_K(t)=\overline{F}_{T_{K+1}}(t)-\overline{F}_{T_K}(t) \tag{6.16}$$

系统运行过程及维修行为的示意图如图 6.2 所示，其中，$W(t)$ 为冲击过程，$K_1,K_2,\cdots$ 为系统更新周期。假设 $C(t)$ 为直到时刻 t 系统的总维修成本，$E[K_1]$ 为第一个更新周期 K_1 的平均长度，$E[C(K_1)]$ 为第一个更新周期 K_1 内的期望维修成本。根据更新报酬定理，有

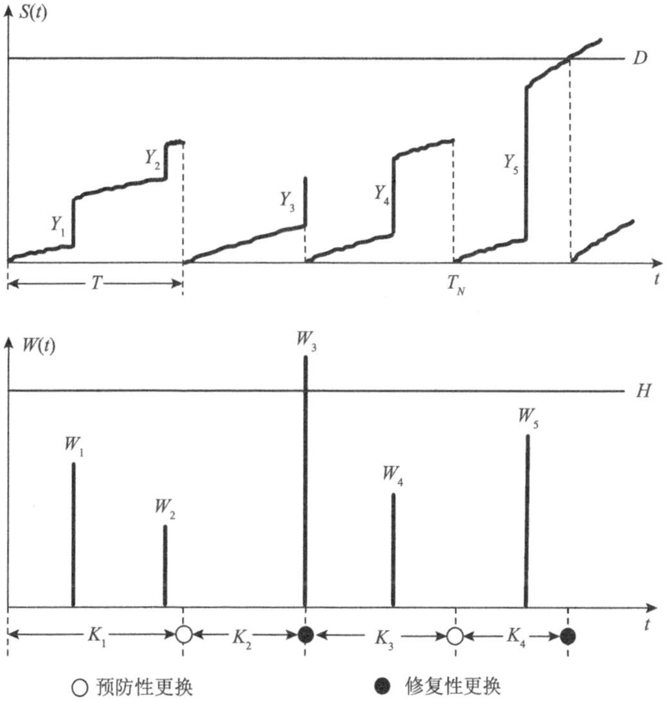

图 6.2　系统运行过程及维修行为示意图

$$C_{\infty}=\lim_{t\to\infty}\frac{C(t)}{t}=\frac{E[C(K_1)]}{E[K_1]} \tag{6.17}$$

本节中，$\bar{\phi}(t)$ 表示 $1-\phi(t)$，即 $\phi(t)+\bar{\phi}(t)\equiv 1$，则系统在时间 T 进行预防性更换的概率为

$$P\{T<T_N,T<X\}=(1-F_{T_N}(T))(1-F(T))=\overline{F}_{T_N}(T)\overline{F}(T) \tag{6.18}$$

其中，$F(t)$ 是系统失效分布函数，即 $F(t)=P\{X\leqslant t\}\equiv 1-R(t)$，$R(t)$ 的表示形式见式（6.14）。系统在第 N 次最小维修后进行预防性更换的概率为

$$P\{T_N\leqslant T,T_N<X\}=\int_0^T\overline{F}(t)\,\mathrm{d}F_{T_N}(t) \tag{6.19}$$

系统在失效时立即进行修复性更换的概率为

$$P\{X\leqslant T,X\leqslant T_N\}=\int_0^T\overline{F}_{T_N}(t)\,\mathrm{d}F(t) \tag{6.20}$$

其中，$P\{T<T_N,T<X\}+P\{T_N\leqslant T,T_N<X\}+P\{X\leqslant T,X\leqslant T_N\}=1$。

第一个更新周期 K_1 的平均长度为

$$\begin{aligned}E[K_1]&=T\overline{F}_{T_N}(T)\overline{F}(T)+\int_0^T t\overline{F}(t)\,\mathrm{d}F_{T_N}(t)+\int_0^T t\overline{F}_{T_N}(t)\,\mathrm{d}F(t)\\&=\int_0^T\overline{F}(t)\overline{F}_{T_N}(t)\,\mathrm{d}t\end{aligned} \tag{6.21}$$

第一个更新周期 K_1 内最小维修的平均次数为

$$\begin{aligned}E[N_M]&=\Lambda_1(T)\overline{F}_{T_N}(T)\overline{F}(T)+\int_0^T p\lambda(t)\overline{F}(t)\,\mathrm{d}F_{T_N}(t)+\int_0^T p\lambda(t)\overline{F}_{T_N}(t)\,\mathrm{d}F(t)\\&=\int_0^T p\lambda(t)\overline{F}(t)\overline{F}_{T_N}(t)\,\mathrm{d}t\end{aligned} \tag{6.22}$$

因此，式（6.17）所示的维修成本率为

$$\begin{aligned}C(N,T)&=\frac{E[C(K_1)]}{E[K_1]}\\&=\frac{c_TP\{T<T_N,T<X\}+c_NP\{T_N\leqslant T,T_N<X\}+c_FP\{X\leqslant T,X\leqslant T_N\}}{E[K_1]}\\&\quad+\frac{c_ME[N_M]}{E[K_1]}\end{aligned}$$

$$
= \frac{c_T + (c_N - c_T)\int_0^T \overline{F}(t)\,\mathrm{d}F_{T_N}(t) + (c_F - c_T)\int_0^T \overline{F}_{T_N}(t)\,\mathrm{d}F(t)}{\int_0^T \overline{F}(t)\overline{F}_{T_N}(t)\,\mathrm{d}t} + \frac{c_M p\int_0^T \lambda(t)\overline{F}(t)\overline{F}_{T_N}(t)\,\mathrm{d}t}{\int_0^T \overline{F}(t)\overline{F}_{T_N}(t)\,\mathrm{d}t} \tag{6.23}
$$

其中，维修优化模型 $C(N,T)$ 包含两个变量 $N\ (N=1,2,\cdots)$ 和 $T\ (0<T\leqslant\infty)$。如果 $C(N,T)$ 在 (N^*,T^*) 处是凸函数，则令 $C(N,T)$ 最小的最优解为 (N^*,T^*)。下面分别令 $N\to\infty$ 和 $T\to\infty$ 来对维修成本率进行优化。

6.3.1　策略 *T*

当 $N\to\infty$ 时，称维修优化模型 $C(N,T)$ 为策略 T，即系统只在时间 T 进行预防性更换，或者在失效时进行修复性更换。此时，维修优化变量为连续时间 $T\ (0<T\leqslant\infty)$，且维修成本率为

$$
\begin{aligned}
C_N(T) &= \lim_{N\to\infty} C(N,T) \\
&= \frac{c_T + (c_F - c_T)F(T) + c_M p\int_0^T \lambda(t)\overline{F}(t)\,\mathrm{d}t}{\int_0^T \overline{F}(t)\,\mathrm{d}t}
\end{aligned} \tag{6.24}
$$

目标变为求得最优的 T^* 使得 $C_N(T)$ 最小。对 $C_N(T)$ 求导并令导函数等于 0，可得

$$
(c_F - c_T)\left[\gamma(T)\int_0^T \overline{F}(t)\,\mathrm{d}t - F(T)\right] + c_M p\int_0^T \left[\lambda(T)-\lambda(t)\right]\overline{F}(t)\,\mathrm{d}t = c_T \tag{6.25}
$$

其中，$\gamma(t)$ 为系统失效率函数，即 $\gamma(t)=\dfrac{\mathrm{d}F(t)/\mathrm{d}t}{\overline{F}(t)}$。尽管很难从解析上判断 $\gamma(t)$ 的单调性，但给定系统在时刻 t 运行良好的前提，由于其累积损伤量越来越多，且越来越接近失效阈值，系统在时间 $[t,t+\Delta t]$ 内失效的概率会越来越大。令式（6.25）左侧为 $g(T)$，对 $g(T)$ 求导可得

$$\frac{\mathrm{d}g(T)}{\mathrm{d}T}=\left[(c_F-c_T)\frac{\mathrm{d}\gamma(T)}{\mathrm{d}T}+c_M p\frac{\mathrm{d}\lambda(T)}{\mathrm{d}T}\right]\int_0^T\overline{F}(t)\mathrm{d}t \tag{6.26}$$

当冲击到达强度 $\lambda(t)$ 随时间 t 单调递增时，判断得到 $\mathrm{d}g(T)/\mathrm{d}T>0$，即 $g(T)$ 随 T 单调递增。根据式（6.25），策略 T 可被执行的条件如下。

（1）如果 $g(\infty)=\lim\limits_{T\to\infty}g(T)>c_T$，则存在最优的 T^* $(0<T^*<\infty)$ 使得 $C_N(T)$ 最小，即策略 T 可以被执行。系统在时间 T 进行预防性更换，此时最优的维修成本率为

$$C_N(T^*)=(c_F-c_T)\gamma(T^*)+c_M p\lambda(T^*) \tag{6.27}$$

（2）如果 $g(\infty)=\lim\limits_{T\to\infty}g(T)\leqslant c_T$，则 $T^*=\infty$，即策略 T 不会被执行，系统只在失效时进行修复性更换，此时最优的维修成本率为

$$C_N(\infty)=\lim_{T\to\infty}C_N(T)=\frac{1}{\mu_E}\left[c_F+c_M p\int_0^\infty\lambda(t)\overline{F}(t)\mathrm{d}t\right] \tag{6.28}$$

其中，μ_E 为系统的平均寿命，即 $\mu_E=\int_0^\infty t\,\mathrm{d}P\{X\leqslant t\}=\int_0^\infty R(t)\mathrm{d}t$。

6.3.2 策略 N

当 $T\to\infty$ 时，称维修优化模型 $C(N,T)$ 为策略 N，即系统只在最小维修次数达到 N 时进行预防性更换，或者在失效时进行修复性更换。此时，维修优化变量为离散变量 N $(N=1,2,\cdots)$，且维修成本率为

$$\begin{aligned}C_T(N)&=\lim_{T\to\infty}C(N,T)\\&=\frac{c_N+(c_F-c_N)\int_0^\infty\overline{F}_{T_N}(t)\mathrm{d}F(t)+c_M p\int_0^\infty\lambda(t)\overline{F}(t)\overline{F}_{T_N}(t)\mathrm{d}t}{\int_0^\infty\overline{F}(t)\overline{F}_{T_N}(t)\mathrm{d}t}\end{aligned} \tag{6.29}$$

目标变为求得最优的 N^* 使得 $C_T(N)$ 最小。根据不等式 $C_T(N+1)\geqslant C_T(N)$，N^* 满足

$$
\begin{aligned}
&(c_F - c_N)\left[\frac{\int_0^\infty P_N(t)\mathrm{d}F(t)}{\int_0^\infty \overline{F}(t)P_N(t)\mathrm{d}t}\int_0^\infty \overline{F}(t)\overline{F}_{T_N}(t)\mathrm{d}t - \int_0^\infty \overline{F}_{T_N}(t)\mathrm{d}F(t)\right] \\
&+c_M p\left[\frac{\int_0^\infty \lambda(t)\overline{F}(t)P_N(t)\mathrm{d}t}{\int_0^\infty \overline{F}(t)P_N(t)\mathrm{d}t}\int_0^\infty \overline{F}(t)\overline{F}_{T_N}(t)\mathrm{d}t - \int_0^\infty \lambda(t)\overline{F}(t)\overline{F}_{T_N}(t)\mathrm{d}t\right] \geqslant c_N
\end{aligned} \tag{6.30}
$$

令式（6.30）的左侧为 $L_T(N)$ ，则

$$
\begin{aligned}
&L_T(N+1) - L_T(N) \\
&= (c_F - c_N)\int_0^\infty \overline{F}(t)\overline{F}_{T_{N+1}}(t)\mathrm{d}t\left[\frac{\int_0^\infty P_{N+1}(t)\mathrm{d}F(t)}{\int_0^\infty \overline{F}(t)P_{N+1}(t)\mathrm{d}t} - \frac{\int_0^\infty P_N(t)\mathrm{d}F(t)}{\int_0^\infty \overline{F}(t)P_N(t)\mathrm{d}t}\right] \\
&\quad + c_M p\int_0^\infty \overline{F}(t)\overline{F}_{T_{N+1}}(t)\mathrm{d}t\left[\frac{\int_0^\infty \lambda(t)\overline{F}(t)P_{N+1}(t)\mathrm{d}t}{\int_0^\infty \overline{F}(t)P_{N+1}(t)\mathrm{d}t} - \frac{\int_0^\infty \lambda(t)\overline{F}(t)P_N(t)\mathrm{d}t}{\int_0^\infty \overline{F}(t)P_N(t)\mathrm{d}t}\right]
\end{aligned} \tag{6.31}
$$

当 $\dfrac{\int_0^\infty P_N(t)\mathrm{d}F(t)}{\int_0^\infty \overline{F}(t)P_N(t)\mathrm{d}t}$ 和 $\dfrac{\int_0^\infty \lambda(t)\overline{F}(t)P_N(t)\mathrm{d}t}{\int_0^\infty \overline{F}(t)P_N(t)\mathrm{d}t}$ 随 N 单调递增时，$L_T(N+1) \geqslant L_T(N)$ ，即 $L_T(N)$ 也随 N 单调递增。因此，策略 N 可被执行的条件如下。

（1）如果 $L_T(\infty) = \lim\limits_{N\to\infty} L_T(N) > c_N$ ，则存在最优的 N^* $(1 \leqslant N^* < \infty)$ 使得 $C_T(N)$ 最小，即策略 N 可以被执行，最优的 N^* $(1 \leqslant N^* < \infty)$ 满足式（6.30），此时最优的维修成本率为

$$
C_T(N^*) = \frac{c_N + (c_F - c_N)\sum_{K=0}^{N^*-1}\int_0^\infty P_K(t)\mathrm{d}F(t) + c_M p\sum_{K=0}^{N^*-1}\int_0^\infty \lambda(t)\overline{F}(t)P_K(t)\mathrm{d}t}{\sum_{K=0}^{N^*-1}\int_0^\infty \overline{F}(t)P_K(t)\mathrm{d}t} \tag{6.32}
$$

（2）如果 $L_T(\infty) = \lim\limits_{N\to\infty} L_T(N) \leqslant c_N$ ，则 $N^* = \infty$ ，即策略 N 不会被执行，此时最优的维修成本率如式（6.28）所示。

6.4 案 例 分 析

滑阀作为一种重要的节流型液压放大元件，被广泛应用于航空、航天、航海、冶金、电力、化工、建筑、工程、汽车、轻纺、印刷、塑料加工、石油炼化、机械制造、地质勘探等各种领域。滑阀的基本结构包括阀芯、凸肩、阀套和油口，阀芯和阀套采取间隙密封。图 6.3 为某型号电液伺服阀中普通滑阀的简单结构图。本节将本章所建理论模型应用到此滑阀的可靠性分析中，为其维修策略的制定提供重要参考。

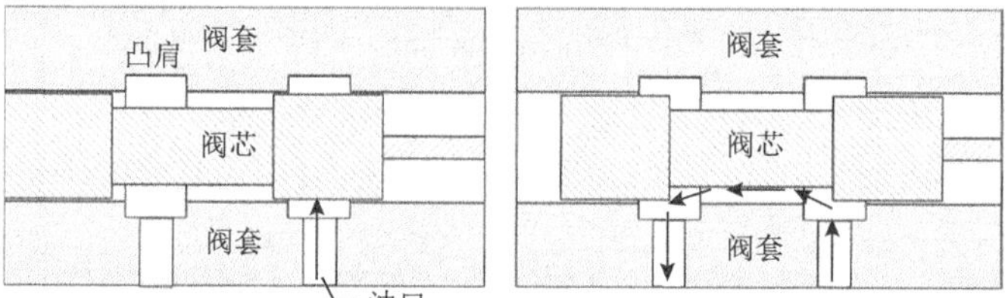

图 6.3 某普通滑阀的简单结构图

6.4.1 普通滑阀失效模式分析

如图 6.3 所示，滑阀的工作原理是，当阀芯处于中间位置时，液压介质由进油口流入控制口，进而流出回油口，介质可用航空液压油、合成液压油、抗磨液压油、燃油、煤油等填充。滑阀故障大致可以分为滑阀本体故障和滑阀运行故障两类。其中，滑阀本体故障是指由滑阀自身导致的功能性缺陷和安全性故障，如阀道内耐磨衬里松脱、阀体内紧固件松脱和阀芯杆密封泄漏等；滑阀运行故障主要是指滑阀在生产运行过程中的控制部分故障，如介质污染颗粒导致的卡阻等。本节考虑两种滑阀失效模式：一种为阀套和阀芯之间的性能退化，它经常是缓慢发生的；另一种是由液压介质中所含颗粒导致的卡阻，当介质中污染物体积较大时，滑阀发生卡阻失效。同时，液压介质中的污染物颗粒会增加阀套和阀芯之间的退化量，从而加速滑阀本体故障。因此，由滑阀性能退化导致的退化失效和由介质颗粒导致的冲击失效是相关的。

假设阀套和阀芯之间的性能退化用模型 $X(t;\varphi,\beta)=\varphi+\beta t$ 表示，其中，φ 为初始退化量，β 为退化模型中单元之间的差异且服从正态分布 $N(10^{-4},10^{-5})$。污染物的冲击假设服从强度为 $\lambda(t)$ 的非齐次 Poisson 过程且初始冲击强度

$\lambda_0 = 2.5\times10^{-5}\mathrm{s}^{-1}$，$\lambda(t)$ 随时间 t 单调递增。某普通滑阀建模过程的基本参数设置如表 6.2 所示。

表 6.2 某普通滑阀基本参数设置

参数	基本描述	值
φ /mm	初始退化量	0
D/mm	退化失效阈值	5
H/N	冲击失效阈值	40
Y_i	冲击导致的退化增量	$N(0.5, 0.1^2)$
W_i	冲击损伤量	$N(30, 5^2)$
$c_F/\times10^3$ 美元	系统失效后的更换成本	2000
$c_N/\times10^3$ 美元	最小维修次数达到 N 时的预防更换成本	1500
$c_T/\times10^3$ 美元	系统运行时间达到 T 时的预防更换成本	1200

6.4.2 滑阀可靠性建模及预防维修策略

首先固定退化-冲击影响系数 $\alpha=10^{-5}$，研究不同的严重冲击发生概率 q 下的系统可靠性。根据式（6.14），系统可靠性函数 $R(t)$ 随 q 变化的示意图如图 6.4 所示。进一步地，图 6.5 为给定 $\alpha=10^{-5}$ 时系统失效概率密度函数随 q 变化的示意图。为了简便，仅列出了 q 在[0, 1]中的四个值。

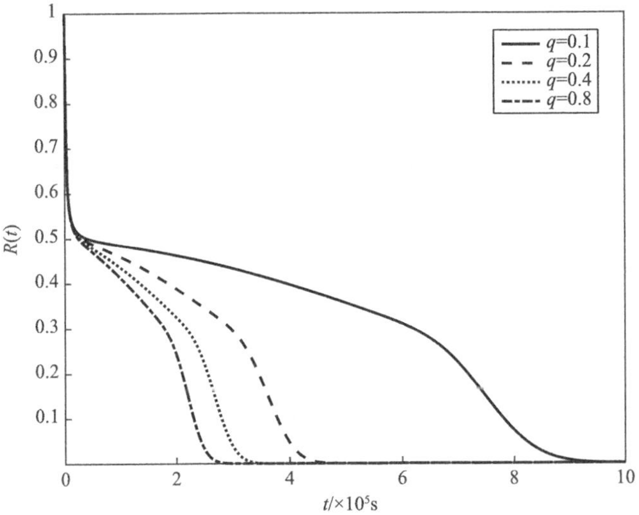

图 6.4 不同 q 下系统可靠性函数（$\alpha=10^{-5}$）

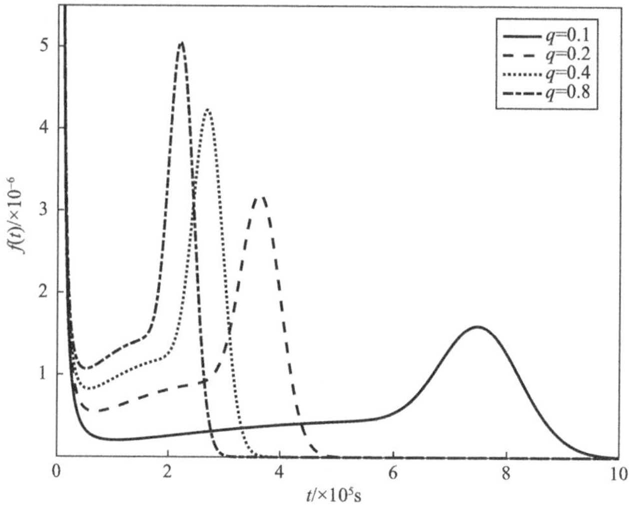

图 6.5　不同 q 下系统失效概率密度函数（$\alpha=10^{-5}$）

由图 6.4 所示，对于不同的 q，系统可靠性函数 $R(t)$ 在约运行的前 4×10^4s 内迅速下降，然后下降得越来越缓慢。同时，随着 q 的增大，同一时刻的 $R(t)$ 越来越小，说明严重冲击发生概率变大后，系统可靠性迅速降低。

由于 6.3 节中的策略 N 在实际中不用实时监测系统运行时间，仅以最小维修的次数来进行维修更换决策，更具有实用性，此处仅分析策略 N 对此滑阀的维修决策影响。引入系统最小维修成本 $c_M=200\times10^3$ 美元，固定退化-冲击影响系数 $\alpha=10^{-5}$，严重冲击发生概率 $q=0.4$ 时，容易验证 $\dfrac{\int_0^{\infty}P_N(t)\,\mathrm{d}F(t)}{\int_0^{\infty}\overline{F}(t)P_N(t)\,\mathrm{d}t}$ 和 $\dfrac{\int_0^{\infty}\lambda(t)\overline{F}(t)P_N(t)\,\mathrm{d}t}{\int_0^{\infty}\overline{F}(t)P_N(t)\,\mathrm{d}t}$ 随 N 单调递增，即 $L_T(N)$ 也随 N 单调递增。此外，由于 $L_T(\infty)=\lim\limits_{N\to\infty}L_T(N)>c_N$，存在唯一的 N^* $(1\leqslant N^*<\infty)$ 使得 $C_T(N)$ 最小，策略 N 可以被执行。

图 6.6 为系统在退化-冲击影响系数 $\alpha=10^{-5}$、严重冲击发生概率 $q=0.4$ 时维修成本率 $C_T(N)$ 随最小维修次数 N 变动的示意图。

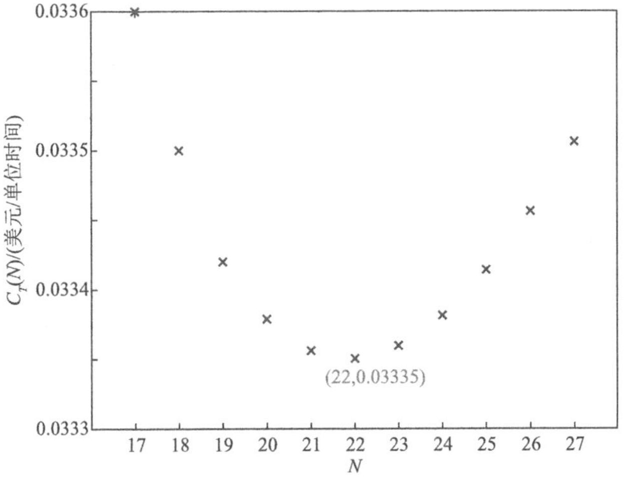

图 6.6　系统维修成本率随 N 变动的示意图（$\alpha=10^{-5}$，$q=0.4$，$c_M=200\times10^3$ 美元）

从图 6.6 中可以看出，当最小维修次数 $N=22$ 时，系统维修成本率 $C_T(N)$ 最低，即当系统最小维修次数达到 22 时进行预防性更换，可使系统的维修成本率保持最低，达到最经济的状态，此时最优维修成本率 $C_T(N^*)=0.03335$ 美元/单位时间。变动严重冲击的发生概率 $q\ (0<q<1)$，图 6.7 为不同 q 下系统最小维修次数 N^* 和最优维修成本率 $C_T(N^*)$ 变化的示意图。

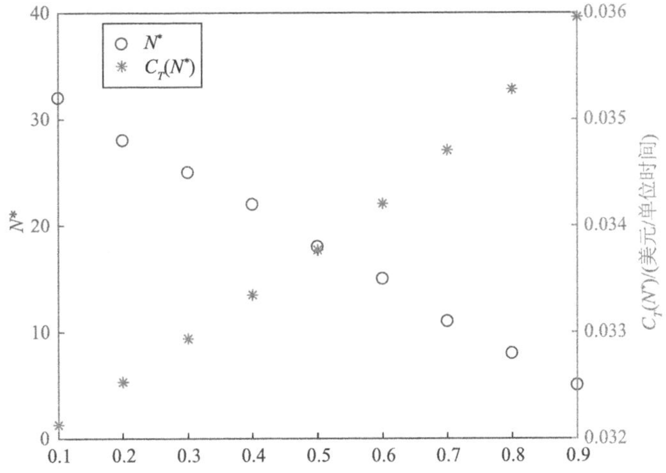

图 6.7　不同 q 下 N^*和 $C_T(N^*)$变动的示意图（$\alpha=10^{-5}$，$c_M=200\times10^3$ 美元）

从图 6.7 中可以看出，对于策略 N，随严重冲击发生概率 q 的增大，最优最小维修次数 N^*逐渐变小，而对应的最优维修成本率 $C_T(N^*)$逐渐变大。这说明随着严重冲击发生概率的增加，系统应在尽量小的最小维修次数时就进行预防性更换，尽管此时的维修成本率比较高。

6.4.3　敏感性分析

敏感性分析有助于考察不确定性因素对最优策略的影响，本节考虑退化-冲击影响系数 α 对系统可靠性的影响，并分析不同的最小维修成本 c_M 下系统最优预防维修策略。首先假设严重冲击的发生概率 $q = 0.4$，图 6.8 为不同 α 下系统可靠性函数，图 6.9 为不同 α 下系统失效概率密度函数。

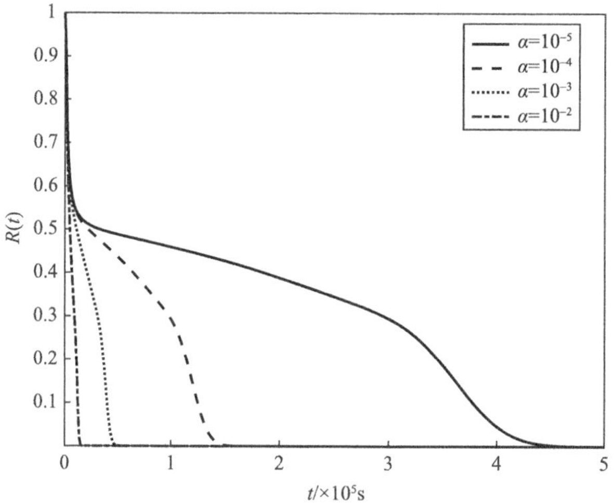

图 6.8　不同 α 下系统可靠性函数（$q = 0.4$）

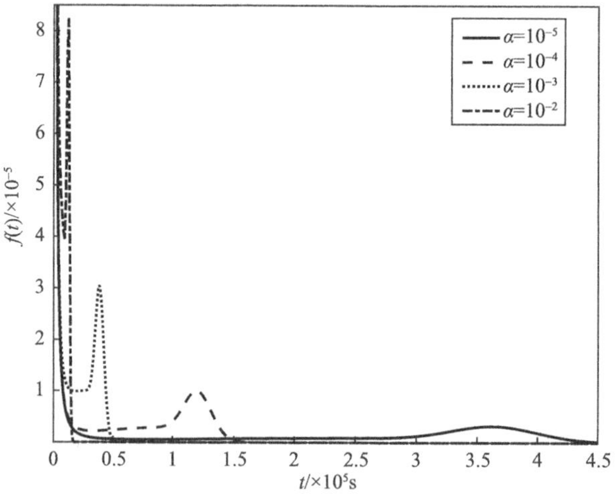

图 6.9　不同 α 下系统失效概率密度函数（$q = 0.4$）

从图 6.8 和图 6.9 中可以看出，固定 $q = 0.4$ 时，系统可靠性函数 $R(t)$ 在约运行的前 2×10^4 s 内迅速下降，然后下降得越来越缓慢。同时，随着 α 的增大，同一时刻的 $R(t)$ 越来越小，这说明随着退化过程与冲击过程相关性的增强，系统可靠性会越来越低。

为了研究最小维修成本对系统最优更换策略的影响，固定退化-冲击影响系数 $\alpha=10^{-5}$ 和严重冲击发生概率 $q = 0.4$，变动最小维修成本 c_M 由 150×10^3 美元到 250×10^3 美元，图 6.10 为不同 c_M 下策略 N 时系统最小维修次数 N^* 和最优维修成本率 $C_T(N^*)$ 变动的曲线。

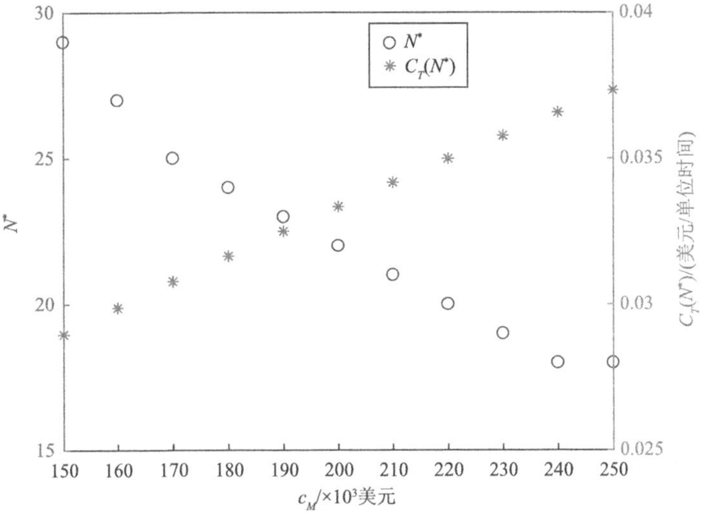

图 6.10　不同 c_M 下 N^* 和 $C_T(N^*)$ 变动的曲线（$\alpha=10^{-5}$，$q = 0.4$）

从图 6.10 中可以看出，对于策略 N，随着最小维修成本 c_M 的增大，最优最小维修次数 N^* 逐渐变小，而对应的最优维修成本率 $C_T(N^*)$ 逐渐变大。这说明随着最小维修成本的增加，系统应在尽量小的最小维修次数时进行预防性更换，尽管此时的维修成本率比较高。

本 章 小 结

本章提出了同时经受性能退化与外界冲击的单部件系统的双变量预防维修策略，其中，退化过程和冲击过程是双重相关的。退化-冲击相关性体现在冲击到达强度与当前退化量线性相关，而冲击-退化相关性体现在冲击损伤会增加当下退化量。和以往研究不同，本章根据冲击效果考虑了两类冲击类型：第一类冲击为轻微冲击，可通过最小维修完全恢复；第二类冲击为严重冲击，加剧系统损伤量并可能导致系统冲击失效。借助两类失效模式中的 (p,q) 规则，本章对两类冲击效果下随机退化系统的可靠性进行了建模。在系统可靠性评估的基础上，提出了系统失效前就进行预防性更换的维修策略，即预防性更换发生在系统最小维修次数达到 N 时或者运行时间达到 T 时。根据更新报酬定理建立了无限运行时长下系统的维修成本率函数，并将此策略分为策略 T 和策略 N 分别进行优化。通过对某普通滑阀可靠性及维修策略的分析，验证了所建模型的科学性和实用性，通过对相关参数敏感性的分析，为系统预防维修决策的制定提供了依据。

第7章　考虑两类冲击效果的随机退化系统可靠性建模及其最优维修策略

在运行过程中，系统的退化失效过程和冲击失效过程是相互竞争的，若导致系统失效的两个过程中至少有一个发生，就被视为系统失效。系统失效可能会中断系统的正常运行，从而造成严重的经济损失，因此维修策略成为延缓系统失效、增加现代社会竞争力和社会进步的重要因素。根据维修在失效系统中的实施时间，维修被分为两类，即在系统失效前采取的预防性维修和在系统失效后实施的纠正性维修。更换行为在维修理论中起着特别关键的作用，如果更换行为得到完美的执行，系统就会恢复到全新的状态。更换行为也被分为两类，即预防性更换策略和失效后更换策略。

本章旨在为受连续退化影响并遭受外界冲击的单部件系统安排最优预防维修策略。首先，构建受两种冲击的随机退化系统的可靠性评估模型；其次，介绍基于时间的维修策略和基于状态的维修策略，并引入单位时间的长期平均成本的相对收益（relative gain，RG）指标，以比较两种策略中哪一种策略更具有经济性；最后，通过 BOP 系统的案例来验证理论结果。

7.1　问题描述与基本假设

现有研究中提出系统失效被修复后存在两种状态，即以概率 $p(0 \leqslant p \leqslant 1)$ 将系统恢复到“修复如新”状态，或以另一种概率 $q \equiv 1-p$ 将其恢复到“修复如旧”状态，这一现象被定义为 (p,q) 规则。随后有学者将该规则推广到一种广义的情况，即假设一个运行单元在发生故障时要么被一个全新的单元替换，概率为 $p(t)$，要么以概率 $q(t) \equiv 1-p(t)$ 进行最小修复，并将这种情况命名为 $(p(t),q(t))$ 规则。

本章根据随机冲击到达时的有效性考虑两种类型的冲击，其中，Ⅰ型冲击是非致命冲击，发生概率为 $p(t)(0 \leqslant p(t) \leqslant 1)$，此类冲击会增加当前系统退化量的退化程度；Ⅱ型冲击是致命冲击，发生概率为 $q(t)$，系统受到这类冲击时会立即发生失效，其中，$p(t)+q(t) \equiv 1$。基于 DTS 理论建模框架对系统可靠性函数进行数值研究，进而对定期更换策略（策略 A）和检修更换策略（策略 B）进行比较，通过分析推导两种策略的最优解，并结合最优平均维修成本率的 RG 来确定哪种策略更具有经济性。本章所提出的考虑两类冲击效果的随机退化系统可靠性建模及最优维修策略参数与说明如表 7.1 所示。

表 7.1　考虑两类冲击效果的随机退化系统可靠性建模及最优维修策略参数与说明

参数	说明
$N(t)$	$[0, t]$内外界冲击的到达次数
$X(t)$	系统退化量
$\gamma(t)$	强度增加函数，$\gamma(t)>0$
L	固定的失效阈值
α	Gamma 分布的形状函数
β	Gamma 分布的尺度参数
T_ℓ	Gamma 过程在时刻 t 处达到退化水平 $\ell(\ell>0)$ 的首达时间
τ_S	在$[0, t]$内随机冲击的首达时间
$H_1(t)$	Ⅰ型冲击的平均数量
$H_2(t)$	Ⅱ型冲击的平均数量
$S(t)$	增量冲击损伤载荷
$Y(t)$	系统总退化量，$Y(t)=X(t)+S(t)$
$F_{Y(t)}(y)$	系统总退化量在时刻 t 的分布函数
$F_Z^{(k)}(x)$	$F_Z(x)$与其自身的 k 次斯蒂尔切斯（Stieltjes）卷积
$f_Z^{(k)}(x)$	$F_Z^{(k)}(x)$ 的概率密度函数
N	检查次数，为离散数，$N=1,2,\cdots,\infty$
T	检查时间间隔，为连续的时间跨度，$0<T\leqslant\infty$
$C(t)$	长期预期维修成本率
c_i	额外检修成本
c_d	系统失效到更换之间的单位时间的停工时间成本（也称停工成本率）
c_r	在时间 NT 或任何故障发生时的更换成本
$R(t)$	系统可靠性函数（系统“生存”函数），即 $R(t)=P\{X>t\}$
$F(t)$	系统失效分布函数，即 $F(t)\equiv1-R(t)$

7.2　系统可靠性建模

本章考虑一个单部件系统，其失效可以归因为内部退化和外界冲击相关竞争的结果。当总退化量超过预定的失效阈值或发生致命冲击时，无论哪种情况先发生，都被视为系统失效。在这样的失效模型中，系统从全新状态开始，并在整个生命周期内使用 Gamma 过程表达性能退化，而随机冲击的到达次数将使用非齐次 Poisson 过程进行描述。本节分别对系统退化过程和冲击过程进行分析，在此基础上对系统的可靠性进行建模。

7.2.1　系统不发生退化失效的概率

假设 $X(t)$ 是系统在时间 t 时的退化量，则 $\{X(t),t\geqslant 0\}$ 是一个连续时间且单调递增的随机过程，其中，$X(0)=0$，即系统的初始退化量为 0。本章使用 Gamma 过程来描述系统退化量 $\{X(t),t\geqslant 0\}$，即对于 $0\leqslant t_1<t_2$，在时间间隔 $[t_1,t_2]$ 内，退化增量 $X(t_2)-X(t_1)$ 的概率密度函数为

$$f(x;\alpha,\beta)=\frac{\beta^{\alpha(t_2-t_1)}}{\Gamma(\alpha(t_2-t_1))}x^{\alpha(t_2-t_1)-1}\mathrm{e}^{-\beta x}\pi\{x\geqslant 0\} \tag{7.1}$$

其中，$\pi\{\cdot\}$ 是指示函数，即如果 $x\geqslant 0$，则 $\pi\{\cdot\}=0$，否则，$\pi\{\cdot\}=1$；$\alpha(\alpha>0)$ 和 $\beta(\beta>0)$ 分别为 Gamma 分布的形状参数和尺度参数；$\Gamma(\alpha(t_2-t_1))$ 是 Gamma 函数，表达式为

$$\Gamma(\alpha)=\int_0^{\infty}x^{\alpha-1}\mathrm{e}^{-x}\mathrm{d}x \tag{7.2}$$

在收集退化数据后，可以通过统计推断方法（如极大似然估计或矩估计）来估计 Gamma 分布中的参数 α 和 β。根据 Gamma 过程的性质，$X(t)$ 的平均退化量及其方差分别为 $E[X(t)]=\dfrac{\alpha t}{\beta}$ 和 $\mathrm{Var}[X(t)]=\dfrac{\alpha t}{\beta^2}$。

令 T_ℓ 为 Gamma 过程在时刻 t 处达到退化水平 $\ell(\ell>0)$ 时的首达时间，即 $T_\ell=\inf\{t:X(t)\geqslant\ell\mid x(0)=0\}$，得到 T_ℓ 的可靠性函数为

$$\overline{F}_{T_\ell}(t)=\Pr\{T_\ell\geqslant t\}=\Pr\{X(t)\leqslant\ell\}=\int_0^{\ell}f_{\alpha t,\beta}(x)\mathrm{d}x=1-\frac{\Gamma(\alpha t,\beta\ell)}{\Gamma(\alpha t)} \tag{7.3}$$

其中，$\Gamma(\alpha t,\beta\ell)$ 和 $\Gamma(\alpha t)$ 分别是不完全 Gamma 函数和完全 Gamma 函数。

7.2.2 系统不发生冲击失效的概率

考虑到系统内部随机退化和外界冲击的相关性，本章根据冲击到达时的有效性将冲击分为两种类型：Ⅰ型冲击和Ⅱ型冲击。Ⅰ型冲击是非致命冲击，其发生概率为 $p(t)(0\leqslant p(t)\leqslant 1)$，会将当前退化量 $X(t)$ 增加到 $Y(t)$，而Ⅱ型冲击是发生概率为 $q(t)$ 的致命冲击，会立即导致系统失效，其中，$p(t)+q(t)\equiv 1$。假设冲击过程的到达时间使用非齐次 Poisson 过程 $\{N(t),t\geqslant 0\}$ 建模，其强度增加函数为 $\gamma(t)(\gamma(t)>0)$。设 $\{N_1(t),t\geqslant 0\}$ 是Ⅰ型冲击在时间 $[0,t]$ 内到达次数的计数过程，$\{N_2(t),t\geqslant 0\}$ 是Ⅱ型冲击的另一个计数过程，那么可以得到 $\{N_1(t),t\geqslant 0\}$ 和 $\{N_2(t),t\geqslant 0\}$ 是两个独立的非齐次 Poisson 过程，其强度函数分别为 $p(t)\gamma(t)$ 和 $q(t)\gamma(t)$。将 τ_s 表示为在时间 [0, t] 内随机冲击的首达时间，即 $\tau_s=\inf\{t:N(t)=1\mid N(0)=0\}$，则 τ_s 的可靠性函数为

$$\bar{F}_{\tau_s}(t)=P\{\tau_s\geqslant t\}=P\{N(t)=0\}=\exp\left[-\int_0^t\gamma(x)\mathrm{d}x\right] \tag{7.4}$$

设 $H_1(t)$ 和 $H_2(t)$ 分别为Ⅰ型冲击和Ⅱ型冲击的平均数量，则有

$$H_1(t)=E[N_1(t)]=\int_0^t p(x)\gamma(x)\mathrm{d}x$$

$$H_2(t)=E[N_2(t)]=\int_0^t q(x)\gamma(x)\mathrm{d}x$$

系统退化水平在时刻 t_i 由于Ⅰ型冲击而产生的跳跃增量为 $Z_i(i=1,2,\cdots)$，其中，$Z_1,Z_2,\cdots$ 是独立且同分布的，则累积分布函数为 $F_Z(x)=P\{Z_i\leqslant x\}$。由环境冲击导致的直到时间 t 系统退化量的累积损伤载荷为

$$S(t)=\begin{cases}\sum\limits_{i=1}^{N_1(t)}Z_i, & N_1(t)>0\\ 0, & N_1(t)=0\end{cases} \tag{7.5}$$

7.2.3 系统可靠性函数建模

系统总退化量 $Y(t)$ 由系统退化量 $X(t)$ 和增量冲击损伤载荷 $S(t)$ 累加得到，即

$Y(t)=X(t)+S(t)$，$Y(t)$在不同时间的分布为

$$
\begin{aligned}
F_{Y(t)}(t) &= P\{Y(t)\leqslant y\} \\
&= P\{X(t)\leqslant y\}P\{N_1(t)=0\} \\
&\quad + \sum_{k=1}^{\infty} P\left\{X(t)+\sum_{i=1}^{N_1(t)} Z_i \leqslant y \mid N_1(t)=k\right\}P\{N_1(t)=k\} \\
&= \bar{F}_{T_y}(t)\mathrm{e}^{-H_1(t)} + \sum_{k=1}^{\infty}\int_0^y P\{X(t)\leqslant y-u\}\mathrm{d}P\left\{\sum_{i=1}^{k} Z_i \leqslant u\right\}P\{N_1(t)=k\} \\
&= \bar{F}_{T_y}(t)\mathrm{e}^{-H_1(t)} + \sum_{k=1}^{\infty}\int_0^y \bar{F}_{T_{y-u}}(t) f_Z^{(k)}(u)\mathrm{d}u \frac{[H_1(t)]^k}{k!}\mathrm{e}^{-H_1(t)}
\end{aligned}
\tag{7.6}
$$

其中，$f_Z^{(k)}(x)$ 是 $F_Z^{(k)}(x)$ 的概率密度函数；$F_Z^{(k)}(x)$ 是 $F_Z(x)$ 与自身的 k 次 Stieltjes 卷积，即

$$
F_Z^{(k)}(x) = P\left\{\sum_{i=1}^{k} Z_i \leqslant x\right\} = \int_0^x f_Z^{(k)}(u)\mathrm{d}u \tag{7.7}
$$

当涉及单部件系统的可靠性评估时，若系统总退化量 $Y(t)$在固定的失效阈值 L 范围内，同时没有发生Ⅱ型冲击，则认为系统运行良好。采用 DTS 理论建模框架，针对以下条件，可得到系统可靠性函数。

（1）当时刻 t 之前没有发生冲击时，有

$$
\begin{aligned}
& P\{Y(t)<L, N_1(t)=0, N_2(t)=0\} \\
&= P\{X(t)<L\}P\{N_1(t)=0\}P\{N_2(t)=0\} \\
&= \bar{F}_{T_L}(t)\mathrm{e}^{-H_1(t)}\mathrm{e}^{-H_2(t)} \\
&= \bar{F}_{T_L}(t)\bar{F}_{\tau_s}(t)
\end{aligned}
\tag{7.8}
$$

（2）当记录的Ⅰ型冲击次数为 $k(k\geqslant 1)$ 且未发生Ⅱ型冲击时，有

$$
\begin{aligned}
& P\{Y(t)<L, N_1(t)=k, N_2(t)=0\} \\
&= P\left\{X(t)+\sum_{i=1}^{k} Z_i < L\right\}P\{N_1(t)=k\}P\{N_2(t)=0\} \\
&= \int_0^L \bar{F}_{T_{L-u}}(t) f_Z^{(k)}(u)\mathrm{d}u \frac{[H_1(t)]^k}{k!}\mathrm{e}^{-H_1(t)}\mathrm{e}^{-H_2(t)}
\end{aligned}
\tag{7.9}
$$

因此，受随机冲击的退化系统的可靠性函数为

$$
\begin{aligned}
R(t) &= P\{Y(t)<L, N_1(t)=0, N_2(t)=0\} + \sum_{k=1}^{\infty} P\{Y(t)<L, N_1(t)=k, N_2(t)=0\} \\
&= \bar{F}_{T_L}(t)\bar{F}_{\tau_s}(t) + \sum_{k=1}^{\infty}\int_0^L \bar{F}_{T_{L-u}}(t) f_Z^{(k)}(u)\mathrm{d}u \frac{[H_1(t)]^k}{k!}\bar{F}_{\tau_s}(t)
\end{aligned} \tag{7.10}
$$

积分计算的复杂性和无穷大的存在给推导精确的式（7.10）造成了巨大挑战。如果给出可接受的近似误差ε，则可以选择足够大的数字 M_1 替换式（7.10）中的无穷大。此外，在推导积分部分时可引入一种数值积分方法去近似 $\int_0^L \bar{F}_{T_{L-u}}(t) f_Z^{(k)}(u)\mathrm{d}u$。具体做法为，假设$u=Lx$并将区间[0, 1]划分为 M_2 个微小的区间，其中，M_2 是另一个足够大的数字，则 $\int_0^L \bar{F}_{T_{L-u}}(t) f_Z^{(k)}(u)\mathrm{d}u$ 在式（7.10）的第二部分近似为

$$
\sum_{i=1}^{M_2} \bar{F}_{T_{L-\frac{Li}{M_2}}}(t) f_Z^{(k)}\left(\frac{Li}{M_2}\right)\frac{L}{M_2}
$$

则系统可靠性函数 $R(t)$最终表示为

$$
\begin{aligned}
R(t) &= \bar{F}_{T_L}(t)\bar{F}_{\tau_s}(t) + \sum_{k=1}^{\infty}\int_0^L \bar{F}_{T_{L-u}}(t) f_Z^{(k)}(u)\mathrm{d}u \frac{[H_1(t)]^k}{k!}\bar{F}_{\tau_s}(t) \\
&\approx \left[\bar{F}_{T_L}(t) + \sum_{k=1}^{M_1}\sum_{i=1}^{M_2} \bar{F}_{T_{L-\frac{u}{M_2}}}(t) f_Z^{(k)}\left(\frac{Li}{M_2}\right)\frac{L}{M_2}\frac{[H_1(t)]^k}{k!}\right]\bar{F}_{\tau_s}(t)
\end{aligned} \tag{7.11}
$$

式（7.11）可作为本章系统可靠性函数数值计算的基本过程。

7.3　预防维修策略

基于 7.2 节中构建的可靠性评估模型，本节提出具有两个优化变量的定期更换策略（策略 A）和检修更换策略（策略 B），并通过比较来检验哪种策略在平均维修成本率方面效益更高。策略 A 是一个系统状态没有得到实时监控的基于时间的维修策略，退化系统仅在时间 NT 更换，并且在下一次更换时间之前保持失效状态，其中，$N(N=1,2,\cdots,\infty)$ 是一个离散变量，$T(0<T\leqslant\infty)$ 是一个连续的时间变量。策略 B 是定期监控系统状况的基于状态的维修策略，在时刻 $T, 2T, \cdots, NT$ 安排检查操作以检查系统的退化情况，如果检查发现系统发生退化失效或存在致命

冲击，则在下一个检查点及时更换系统。图 7.1 说明了在两种维修策略下系统可能的样本路径。

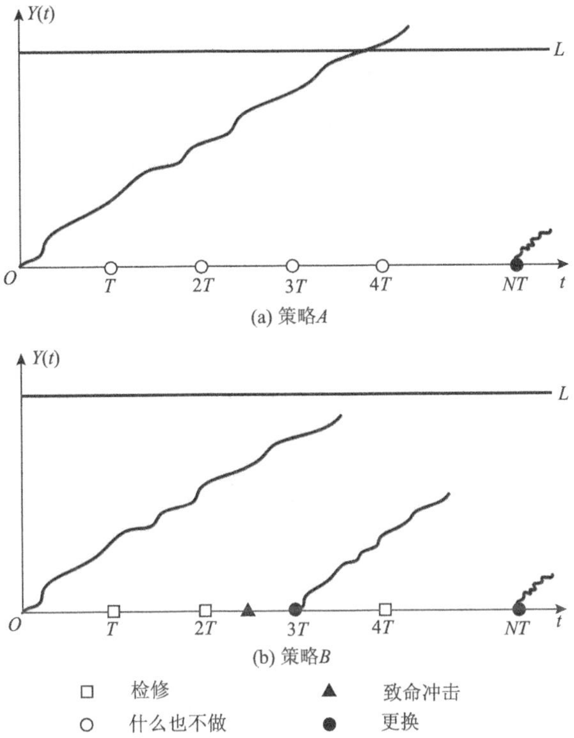

图 7.1　两种系统维修策略的示例

7.3.1　策略 *A*：定期更换策略

在本章所描述的单部件系统失效机制中，假设系统从 $t=0$ 开始工作，系统的退化具有隐蔽性，系统失效没有任何提示。在策略 A 中，系统仅在 NT 处更换，但不会在系统发生失效时立刻显示，因此系统在从失效状态到更换时间 NT 的时间间隔内保持失效状态。NT 的更换可以是大修或彻底维修，经更换后的系统变成“修复如新”系统，即系统更换后是完全正常的。

目前，策略 A 中包含两部分成本，即停工时间成本和更换成本。首先，令 c_d 为停工成本率，c_r 为 NT 时的更换成本。假设任何更换准备的时间都忽略不计，根据更新报酬定理，$[0, t]$内的长期预期维修成本率可表示为

$$C_A(N,T)=\lim_{t\to\infty}\frac{C(t)}{t}=\frac{c_d\int_0^{NT}(NT-t)\mathrm{d}F(t)+c_r}{NT}=\frac{c_d\int_0^{NT}F(t)\mathrm{d}t+c_r}{NT} \tag{7.12}$$

其中，$F(t)$ 是系统失效分布函数，$F(t) \equiv 1 - R(t)$。如果 $C_A(N,T)$ 在 (N_A^*, T_A^*) 处都是凸函数，则使 $C_A(N,T)$ 最小的最优更换策略是 (N_A^*, T_A^*)。

其次，固定 $N(N = 1,2,\cdots,\infty)$，寻求最优 T_A^*，以及固定 $T(0 < T \leqslant \infty)$，寻求最优 N_A^*，使其分别能够满足式（7.12）中的 $C_A(N,T)$ 最小。

可以得到 $\lim\limits_{T \to 0} C_A(N,T) = \infty$ 和 $\lim\limits_{T \to \infty} C_A(N,T) = c_d$，因此存在一个 $T_A^*(0 < T_A^* \leqslant \infty)$，能使固定 $N(N = 1,2,\cdots,\infty)$ 的 $C_A(N,T)$ 最小化。将 $C_A(N,T)$ 关于 T 求导并令其等于 0，可得最优 T_A^* 满足

$$\int_0^{NT_A} t\mathrm{d}F(t) = \frac{c_r}{c_d} \tag{7.13}$$

将式（7.13）的左侧表示为 $Q_N(T_A)$，则有

$$Q_N(T_A) = \int_0^{NT_A} t\mathrm{d}F(t)$$

由于 $\dfrac{\mathrm{d}Q_N(T_A)}{\mathrm{d}T_A} = N^2 T_A f(NT_A) > 0$，其中，$f(t) = \dfrac{\mathrm{d}F(t)}{\mathrm{d}t}$，$Q_N(T_A)$ 严格随 T_A 的增加而增加，有以下结论。

（1）如果 $\lim\limits_{T_A \to \infty} Q_N(T_A) = \mu > \dfrac{c_r}{c_d}$，其中，$\mu = \int_0^{\infty} t\mathrm{d}F(t)$ 是具有随机冲击的劣化系统的平均寿命，则存在满足式（7.13）的最优 $T_A^*(0 < T_A^* \leqslant \infty)$，并且固定 N 的平均维修成本率为

$$C_A(N, T_A^*) = c_d F(NT_A^*) \tag{7.14}$$

（2）如果 $\mu \leqslant \dfrac{c_r}{c_d}$，则 $T_A^* = \infty$，得到的固定 N 的平均维修成本率如式（7.12）所示。

最后，通过不等式来考虑关于固定 T 的随机变量 N 的优化问题，即

$$\begin{aligned} &Q_T(N_A) \geqslant \frac{c_r}{c_d} \\ &Q_T(N_A - 1) < \frac{c_r}{c_d} \end{aligned} \tag{7.15}$$

其中，$Q_T(N_A)=N_A\int_0^{(N_A+1)T}F(t)\mathrm{d}t-(N_A+1)\int_0^{N_AT}F(t)\mathrm{d}t\quad (N_A=1,2,\cdots,\infty)$。

又因

$$\begin{aligned}
&Q_T(N_A+1)-Q_T(N_A)\\
&=(N_A+1)\int_0^{(N_A+2)T}F(t)\mathrm{d}t-(N_A+2)\int_0^{(N_A+1)T}F(t)\mathrm{d}t-N_A\int_0^{(N_A+1)T}F(t)\mathrm{d}t\\
&\quad+(N_A+1)\int_0^{N_AT}F(t)\mathrm{d}t\\
&=(N_A+1)\left[\int_0^{(N_A+2)T}F(t)\mathrm{d}t+\int_0^{N_AT}F(t)\mathrm{d}t\right]-2\int_0^{(N_A+1)T}F(t)\mathrm{d}t\\
&=(N_A+1)\left[\int_{(N_A+1)T}^{(N_A+2)T}F(t)\mathrm{d}t-\int_{N_AT}^{(N_A+1)T}F(t)\mathrm{d}t\right]>0
\end{aligned}$$

故 $Q_T(N_A)$ 严格随离散变量 N_A 的增加而增加。

（1）如果 $Q_T(1)\geqslant\dfrac{c_r}{c_d}$，则最优解 $N_A^*=1$。

（2）如果 $\lim\limits_{N_A\to\infty}\bar{Q}_T(N_A)>\dfrac{c_r}{c_d}$ 且 $Q_T(1)<\dfrac{c_r}{c_d}$，则对于给定的 T，存在一个 $N_A^*(1<N_A^*<\infty)$ 满足式（7.15）。

7.3.2　策略 *B*：检修更换策略

策略 B 会在时刻 $kT(k=1,2,\cdots,N)$ 对随机退化系统进行定期检查，任何故障只能在下一个检查点检测到，并且会立即安排更换，假设任何检查和更换准备时间都忽略不计。在定期检查时，系统状况会受到动态监测，显然策略 B 为基于状态的维修策略。此外，策略 B 的费用增加了一个在每个检查时刻的额外检修成本 c_i，仍假设 c_d 是停工成本率，c_r 是在时间 NT 或任何故障发生时的更换成本，并假设所有维修行为都被完美执行。

首先，系统在一个更新周期内的总成本为

$$\begin{aligned}
&\sum_{k=0}^{N-1}\int_{kT}^{(k+1)T}\{kc_i+[(k+1)T-t]c_d+c_r\}\mathrm{d}F(t)+(Nc_i+c_r)R(NT)\\
&=(c_i+c_dT)\sum_{k=0}^{N-1}R(kT)-c_d\int_0^{NT}R(t)\mathrm{d}t+c_r
\end{aligned}\tag{7.16}$$

更换的时刻可表示为

$$\sum_{k=0}^{N-1}\int_{kT}^{(k+1)T}\left[(k+1)T\right]\mathrm{d}F(t)+NTR(NT)=T\sum_{k=0}^{N-1}R(kT) \tag{7.17}$$

因此，策略 B 的长期预期维修成本率可表示为

$$\begin{aligned}C_B(N,T)&=\lim_{t\to\infty}\frac{C(t)}{t}\\&=\frac{(c_i+c_dT)\sum_{k=0}^{N-1}R(kT)-c_d\int_0^{NT}R(t)\mathrm{d}t+c_r}{T\sum_{k=0}^{N-1}R(kT)}\\&=\frac{c_i\sum_{k=0}^{N-1}R(kT)-c_d\int_0^{NT}R(t)\mathrm{d}t+c_r}{T\sum_{k=0}^{N-1}R(kT)}+c_d\end{aligned} \tag{7.18}$$

其中，$R(t)$已经在式（7.11）中用数值方法推导出来。如果$C_B(N,T)$在(N_B^*,T_B^*)处都是凸函数，则策略 B 的最优更换策略是(N_B^*,T_B^*)，它满足$C_B(N,T)$最小。

其次，与策略 A 类似，固定$N(N=1,2,\cdots,\infty)$，寻找最优T_B^*，固定$T(0<T\leqslant\infty)$，寻找最优N_B^*，使式（7.18）中的$C_B(N,T)$最小。

容易得到 $\lim_{T\to 0}C_B(N,T)=\infty$ 和 $\lim_{T\to\infty}C_B(N,T)=c_d$，因此也存在一个正$T_B^*(0<T_B^*\leqslant\infty)$，它使指定$N(N\geqslant 1)$的$C_B(N,T)$最小化。将$C_B(N,T)$对 T 求导，并令导函数等于 0，得到满足条件的最优 T_B^* 表达式为

$$\begin{aligned}&c_d\left\{\int_0^{NT_B}R(t)\mathrm{d}t\sum_{k=0}^{N-1}\left[R(kT_B)-kT_Bf(kT_B)\right]-NT_BR(NT_B)\sum_{k=0}^{N-1}R(kT_B)\right\}\\&-c_i\left[\sum_{k=0}^{N-1}R(kT_B)\right]^2-c_r\sum_{k=0}^{N-1}\left[R(kT_B)-kT_Bf(kT_B)\right]=0\end{aligned} \tag{7.19}$$

得到固定 N 的平均维修成本率为

$$C_B(N,T_B^*)=-\frac{c_i\sum_{k=0}^{N-1}kf(kT_B^*)+c_dNR(NT_B^*)}{\sum_{k=0}^{N-1}R(kT_B^*)-\sum_{k=0}^{N-1}kT_B^*f(kT_B^*)}+c_d \tag{7.20}$$

最后，考虑关于离散变量 N 的优化问题，通过建立不等式 $C_B(N+1,T)\geqslant C_B(N,T)$ 和 $C_B(N-1,T)>C_B(N,T)$，则最优 N_B^* 满足以下不等式

$$L_T(N_B)\geqslant\frac{c_r}{c_d},\quad L_T(N_B-1)<\frac{c_r}{c_d} \tag{7.21}$$

其中，$L_T(N_B)=\int_0^{N_BT}R(t)\mathrm{d}t-\int_{N_BT}^{(N_B+1)T}R(t)\mathrm{d}t\frac{\sum_{k=0}^{N_B-1}R(kT)}{R(N_BT)}$，$N_B=1,2,\cdots,\infty$。

7.3.3 平均维修成本率的 RG

本节引入平均维修成本率的 RG 作为比较指标，对上述两种策略进行比较，判断哪种维修策略更具有经济性。与策略 B 相比，策略 A 的平均维修成本率的 RG 表示为

$$\mathrm{RG}(A/B)=\frac{C_B(N,T)-C_A(N,T)}{C_B(N,T)} \tag{7.22}$$

对于给定的 $N(N=1,2,\cdots,\infty)$ 和固定的 $T(0<T\leqslant\infty)$，可以通过 $\mathrm{RG}(A/B)$ 判断哪一种是更好的策略。由式（7.22）可知，如果 $C_A(N,T)<C_B(N,T)$，则 $\mathrm{RG}(A/B)>0$，表明策略 A 比策略 B 更具有经济性；如果 $C_B(N,T)<C_A(N,T)$，则 $\mathrm{RG}(A/B)<0$，表明策略 B 优于策略 A；如果 $C_A(N,T)=C_B(N,T)$，则 $\mathrm{RG}(A/B)=0$，表明这两个策略在维修成本率方面效果是相同的。

7.4 案例分析

本节以 BOP 控制系统为例，通过分析在不同 I 型冲击发生概率和不同更换成本下两种维修策略的 RG，验证前述所推导的结果。BOP 系统在为 10000ft（1ft = 0.3048m）超深水区域的各种钻井活动提供安全工作条件方面发挥着至关重要的作用，通常由 BOP 控制系统和一系列 BOP 构成。BOP 控制系统由电气控制系统和流体控制系统组成，提供 BOP 作业的全部功能，并传输指令信号。

在深海钻探活动中，BOP 控制系统被视为一个独立的系统，会受到性能退化和随机冲击的影响。外界冲击对系统的可靠性和存活率有两种影响：一种是增加

当前的退化水平；另一种是导致灾难性故障。假设 BOP 控制系统的退化过程为 Gamma 过程 $X(t)$，形状参数 $\alpha=1$，尺度参数 $\beta=1$，其中，初始退化量为 $X(0)=0$。系统受到外界冲击的影响，假设这些冲击的到达次数服从幂律过程的非齐次 Poisson 过程。本案例假定随机冲击按照幂律过程到达，其强度增加函数为 $\gamma(t)=(abt)^{b-1}$，其中，$a=0.025$ 和 $b=4$，满足 $\gamma(t)$ 严格随时间 t 的增加而增加的前提条件。

$p(t)$为外界冲击到达时发生 I 型冲击的概率，将系统退化水平从 $X(t)$增加到 $Y(t)$，其增量 W_i 服从正态分布，W_i 的均值 $\mu_W=0.1$，W_i 的标准差 $\sigma_W=0.01$。在实际中，由于系统对冲击的敏感性会随着系统的老化而增加，$p(t)$通常是一个非递减函数。

为了使问题更容易求解，假设 $p(t)$为常数 p，并设定系统失效阈值 L=8。根据式（7.11）所示的近似算法，其中，大数 M_1、M_2 定为 $M_1=M_2=10000$，绘制在不同 $p(t)$下的系统可靠性函数，如图 7.2 所示。

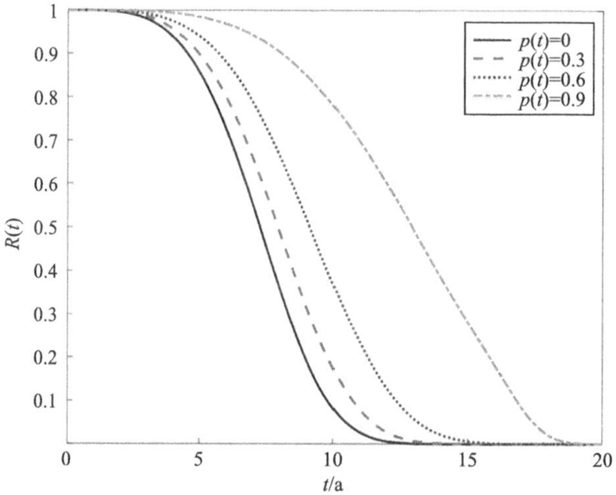

图 7.2　不同 $p(t)$下的系统可靠性函数

图 7.2 显示，当 $p(t)$从 0 增加到 0.9 时，系统可靠性函数 $R(t)$越来越高，说明当发生致命冲击的概率 $q(t)\equiv 1-p(t)$ 较小时，$R(t)$较高。

7.4.1　最优维修策略

首先，根据 7.3 节中构建的理论公式，本节将计算策略 A 和策略 B 的平均维修成本率。令更换成本 $c_r=60\times10^3$美元，停工成本率 $c_d=30\times10^3$美元/a，额外检

修成本 $c_i = 1\times 10^3$ 美元，得到策略 A 和策略 B 的最优平均维修成本率 $C_A(N,T_A^*)$ 和 $C_B(N,T_B^*)$，结果如表 7.2 所示。

表 7.2　不同 N 下两种维修策略的最优平均维修成本率

项目		$p(t)$										
		0	0.1	0.2	0.3	0.4	0.5	0.6	0.7	0.8	0.9	1
N=1	T_A^* /a	6.374	6.582	6.721	6.859	7.067	7.344	7.621	7.968	8.591	9.838	15.24
	$C_A(N,T_A^*)$ /（$\times 10^3$ 美元/a）	12.16	11.92	11.65	11.35	11.01	10.63	10.17	9.615	8.88	7.749	4.042
	T_B^* /a	6.443	6.513	6.721	6.928	6.998	7.725	7.691	8.037	8.661	9.908	15.31
	$C_B(N,T_B^*)$ /（$\times 10^3$ 美元/a）	12.32	12.07	11.8	11.5	11.15	10.76	10.31	9.741	8.996	7.851	4.108
N=2	T_A^* /a	3.187	3.256	3.326	3.395	3.533	3.672	3.811	3.949	4.296	4.919	7.621
	$C_A(N,T_A^*)$ /（$\times 10^3$ 美元/a）	12.16	11.92	11.65	11.35	11.01	10.63	10.17	9.616	8.88	7.749	4.402
	T_B^* /a	3.326	3.326	3.464	3.533	3.672	3.811	3.949	4.088	4.434	5.127	7.621
	$C_B(N,T_B^*)$ /（$\times 10^3$ 美元/a）	12.24	11.98	11.71	11.41	11.07	10.68	10.22	9.658	8.916	7.776	4.174
N=3	T_A^* /a	2.148	2.148	2.217	2.286	2.356	2.425	2.494	2.633	2.841	3.256	5.058
	$C_A(N,T_A^*)$ /（$\times 10^3$ 美元/a）	12.17	11.92	11.65	11.35	11.01	10.63	10.17	9.616	8.882	7.75	4.044
	T_B^* /a	2.286	2.356	2.425	2.425	2.564	2.633	2.702	2.841	3.118	3.533	5.127
	$C_B(N,T_B^*)$ /（$\times 10^3$ 美元/a）	12.05	11.8	11.53	11.22	10.89	10.5	10.04	9.487	8.753	7.626	4.241
N=4	T_A^* /a	1.594	1.594	1.663	1.663	1.732	1.801	1.871	2.009	2.148	2.425	3.811
	$C_A(N,T_A^*)$ /（$\times 10^3$ 美元/a）	12.16	11.92	11.65	11.35	11.01	10.63	10.17	9.617	8.88	7.751	4.042
	T_B^* /a	1.801	1.801	1.871	1.871	1.94	2.009	2.097	2.229	2.404	2.755	3.834
	$C_B(N,T_B^*)$ /（$\times 10^3$ 美元/a）	11.94	11.69	11.42	11.12	10.78	10.39	9.939	9.384	8.653	7.533	4.304

从表 7.2 中可以看出，在检查次数 N 固定的情况下，$C_A(N,T_A^*)$ 和 $C_B(N,T_B^*)$ 均

随着 $p(t)$的增大而降低，表明致命冲击的发生概率对最优平均维修成本率有显著影响，即冲击类型是影响维修成本的重要因素。$p(t)$固定却表现出与固定 N 不同的现象，$C_A(N,T_A^*)$ 几乎不随 N 变化，$C_B(N,T_B^*)$ 的变化也很小。通过绘制不同 N 下平均维修成本率的 RG(A/B) 曲线（图 7.3），来比较哪种策略更具有经济性。

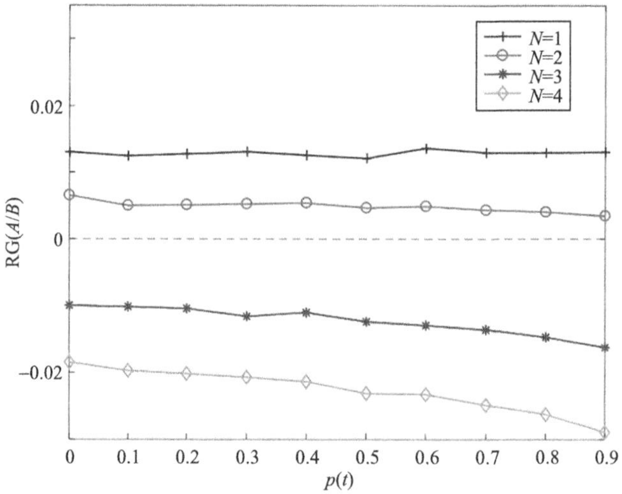

图 7.3　不同 N 下平均维修成本率的 RG(A/B) 曲线

图 7.3 表明，当 N=1 或 N=2 时，$\mathrm{RG}(A/B)>0$，表明策略 A 更好，意味着在相对较少的检查次数 N 的随机退化系统中，应该采用策略 A；当 N=3 或 N=4 时，$\mathrm{RG}(A/B)<0$，表明策略 B 优于策略 A，同时，$C_B(N,T_B^*)$ 随着 N 的增加而变小，$C_A(N,T_A^*)$ 几乎没有变化，说明 $\mathrm{RG}(A/B)<0$ 对于相对较大的 N 总是成立的。因此，在检查次数相对较多的随机退化系统中，最好采用策略 B。

其次，求解两种维修策略的最优 N_A^* 和 N_B^*，以及对应的最优平均维修成本率 $C_A(N_A^*,T)$ 和 $C_B(N_B^*,T)$。令 $c_r=60\times10^3$美元，$c_d=30\times10^3$美元/a，$c_i=1\times10^3$美元，结果如表 7.3 所示。

表 7.3　不同 T 下两种维修策略的最优平均维修成本率

项目		$p(t)$										
		0	0.1	0.2	0.3	0.4	0.5	0.6	0.7	0.8	0.9	1
T=1	N_A^*/a	6	6	7	7	7	7	8	8	9	10	15
	$C_A(N_A^*,T)$ /（$\times10^3$ 美元/a）	12.22	12.02	11.71	11.37	11.01	10.64	10.23	9.62	8.91	7.75	4.06

续表

项目		p(t)										
		0	0.1	0.2	0.3	0.4	0.5	0.6	0.7	0.8	0.9	1
T=1	N_B^*/a	8	8	8	8	8	9	9	10	11	12	15
	$C_B(N_B^*,T)$/(×10^3美元/a)	11.96	11.69	11.10	11.10	10.79	10.40	9.94	9.41	8.71	7.61	5.06
T=2	N_A^*/a	3	3	3	4	4	4	4	4	4	5	8
	$C_A(N_A^*,T)$/(×10^3美元/a)	12.22	12.02	11.81	11.60	11.36	10.81	10.23	9.62	8.90	7.75	4.22
	N_B^*/a	4	4	4	4	4	4	4	5	5	6	9
	$C_B(N_B^*,T)$/(×10^3美元/a)	12.17	11.85	11.52	11.17	10.79	10.39	9.97	9.44	8.60	7.48	6.68
T=3	N_A^*/a	2	2	2	2	2	2	3	3	3	3	5
	$C_A(N_A^*,T)$/(×10^3美元/a)	12.22	12.02	11.81	11.60	11.39	11.17	10.74	9.87	8.91	7.85	4.06
	N_B^*/a	2	2	2	2	3	3	3	3	3	4	5
	$C_B(N_B^*,T)$/(×10^3美元/a)	12.37	12.19	12.00	11.80	11.38	10.82	10.20	9.52	8.76	7.63	4.39
T=4	N_A^*/a	2	2	2	2	2	2	2	2	2	2	4
	$C_A(N_A^*,T)$/(×10^3美元/a)	13.24	12.81	12.35	11.87	11.36	10.81	10.23	9.62	8.96	8.25	4.22
	N_B^*/a	2	2	2	2	2	2	2	2	2	3	4
	$C_B(N_B^*,T)$/(×10^3美元/a)	12.95	12.56	12.15	11.72	11.25	10.76	10.23	9.67	9.07	7.82	4.47

从表 7.3 中可以看出，当检查时间间隔 T 固定时，$C_A(N_A^*,T)$ 和 $C_B(N_B^*,T)$ 都随着 $p(t)$的增加而减小，表明致命冲击的发生概率对最优平均维修成本率有显著影响。与固定检查次数 N 得到的分析结果类似，冲击类型是影响最优维修成本的重要因素。当 $p(t)$固定时，$C_A(N_A^*,T)$ 和 $C_B(N_B^*,T)$ 变化不大。通过绘制不同 T 下平均维修成本率的 RG(A/B)曲线（图 7.4），来比较哪种策略更具有经济性。

当 T 固定时，N_A^* 和 N_B^* 的最优解是离散的。因此，在这种情况下，无法判断哪个策略更具有经济性。

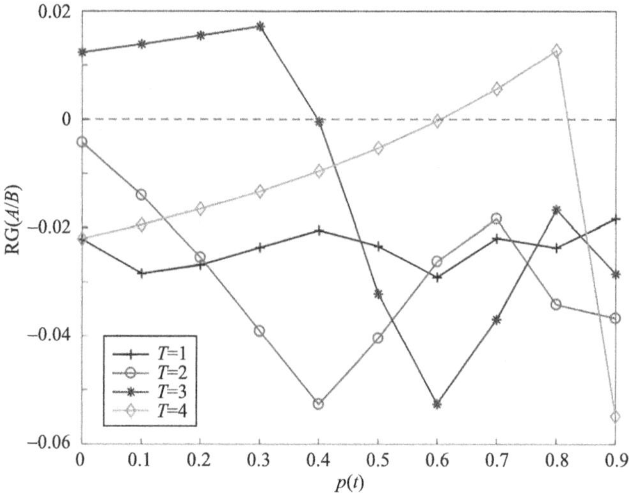

图 7.4　不同 T 下平均维修成本率的 RG(A / B) 曲线

7.4.2　敏感性分析

就策略 A 和策略 B 而言，一方面，较高的检查频率提供了有关系统运行条件的更多信息，因此维护行为的执行效率更高；另一方面，检查需要人力和物力资源（如劳动力、测试设备、足够的时间），有时还需要暂停操作和活动，从而产生相应的费用。因此，停工成本率 c_d 和额外检修成本 c_i 对平均维修成本率 $C_A(N,T)$ 和 $C_B(N,T)$ 的影响是肯定存在的。为了进一步比较不同 $p(t)$ 下的策略 A 和策略 B，在固定 N 和固定 T 的情况下，对两个关键参数 c_d 和 c_i 进行敏感性分析，以确定哪种维修策略在 RG 方面更具有经济性。

首先，固定检查次数 N=3，分别改变 c_d 和 c_i，并分别绘制在不同 $p(t)$ 条件下平均维修成本率的 RG(A/B)曲线，如图 7.5 和图 7.6 所示。

从图 7.5 中可以看出，对于所有 c_d 和 $p(t)$，RG(A/B)<0，这说明无论 c_d 和 $p(t)$ 如何变化，策略 B 总是优于策略 A。因此，在 c_i 相对较小的情况下，应该采用策略 B。在图 7.6 中，当 c_i 相对较小时，RG(A/B)<0 对所有 $p(t)$ 成立，这与图 7.5 中的情况一致。当 c_i 相对较大时，对于较大的 $p(t)$，有 RG(A/B)<0，这意味着随着 I 型冲击发生概率 $p(t)$ 的增加，采用策略 B 更优。

其次，通过固定检查时间间隔 T = 3 并分别改变 c_d 和 c_i 数值，绘制不同 $p(t)$ 下平均维修成本率的 RG(A/B)曲线，如图 7.7 和图 7.8 所示。

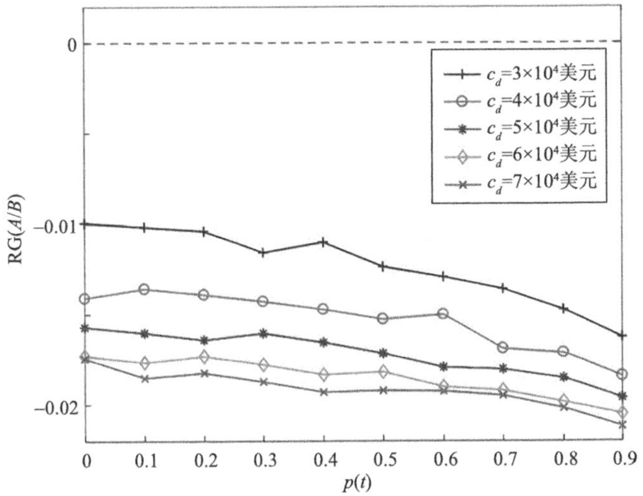

图 7.5　当 N=3 时，不同 $p(t)$下不同 c_d 的平均维修成本率的 RG(A/B)曲线

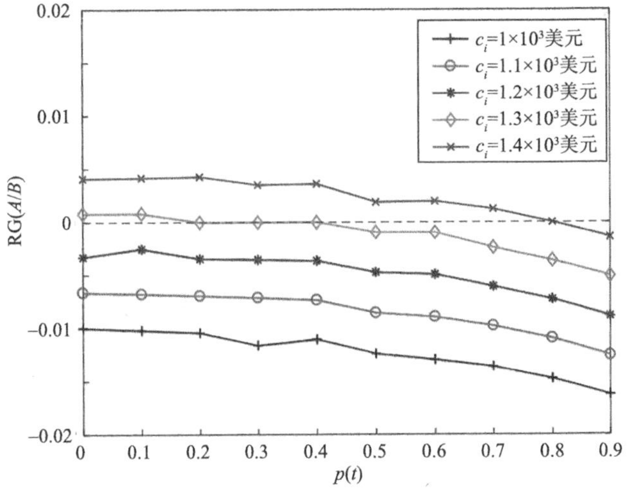

图 7.6　当 N=3 时，不同 $p(t)$下不同 c_i 的平均维修成本率的 RG(A/B)曲线

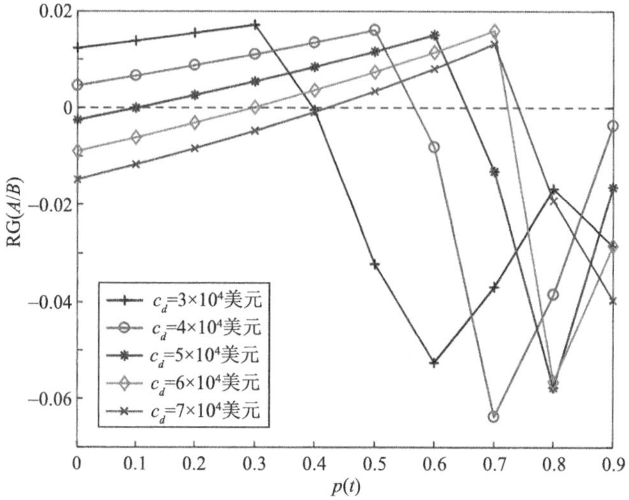

图 7.7　当 $T=3$ 时，不同 $p(t)$ 下不同 c_d 的平均维修成本率的 RG(*A*/*B*)曲线

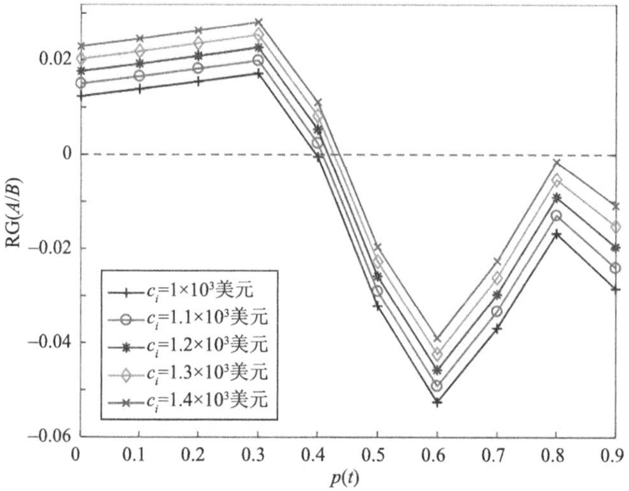

图 7.8　当 $T=3$ 时，不同 $p(t)$ 下不同 c_i 的平均维修成本率的 RG(*A*/*B*)曲线

如图 7.7 所示，当 $T=3$ 时，策略 *A* 和策略 *B* 的最优解都是离散的。因此，当检查时间间隔 *T* 设置为常数时，比较哪种维修策略更好是相当困难的。从图 7.8 中可以看出，RG(*A*/*B*)>0 适用于相对较小的 $p(t)$，表明策略 *A* 在致命冲击的发生概率很大时更好。随着 $p(t)$ 的增加，RG(*A*/*B*)<0，说明这种情况下采用策略 *B* 更具有经济性。

因此，除了额外检修成本 c_i 和停工成本率 c_d，当冲击到达时，致命冲击的发生概率对安排基于时间的维修策略或基于状态的维修策略的维修决策有重大影响。在选择合适的维修策略之前，考虑冲击效果的影响具有重要意义。

本 章 小 结

本章研究了一个受两类冲击的随机退化系统，其中，使用 Gamma 过程来描述退化过程，使用非齐次 Poisson 过程来描述冲击过程。将冲击分为两种类型：Ⅰ型冲击是在当前退化量的基础上以累积效应增加退化量，为非致命冲击；Ⅱ型冲击则会立即导致系统失效，为致命冲击。根据 DTS 理论，对单部件系统的可靠性函数进行建模，并引入两种维修策略，比较哪种策略在平均维修成本率方面更具有经济性。通过分析得出了策略 A 和策略 B 的最优解，并通过 BOP 控制系统的案例对其结果进行了数值验证。敏感性分析表明，在安排和选择适当的维修策略之前，产生的维修成本和致命冲击的发生概率都会对决策产生重要影响。

第8章　具备容错机制的相关竞争失效系统可靠性分析及基于时间的预防维修决策

在计算机通信领域，容错是指当系统运行时在有错误被激活的情况下仍能保证不间断提供服务的方法和技术。按照级别，计算机容错设计可分为硬件容错、软件容错和系统容错。硬件容错是指缺陷或错误能够在两个物理机上进行隔离处理，全部容错功能均由硬件实现，通过模块化设计，在故障发生后可不用大规模调整负荷且保持应用系统内逻辑上可用元件数量不变，因此故障发生后无故障部件可以继续工作，服务无须中断。软件容错是指针对软件的鲁棒性和稳定性特征进行增强，全部容错技术由专门软件实现并由操作系统进行统一管理，由于故障发生后，应用系统需要在剩余的硬件上重新分配，一般要根据故障后剩余的可用元件数量进行负荷的重新分配。系统容错是指设计一个独立于目标系统的子系统，通过定义规则来容忍系统缺陷，其本质是冗余及其管理、故障检测与诊断和系统状态的维护与恢复。

本章在计算机领域硬件容错概念的基础上，根据广义 m-δ 冲击模型，针对受冲击影响的退化系统，设计一种可以容忍部分外界冲击的容错机制，利用带漂移的 Wiener 过程分析冲击退化系统可靠性并在此基础上对比两种基于时间的预防维修策略的优劣。同时将理论模型应用到某 BOP 系统的可靠性建模与维修策略制定中，为提高系统可靠性和优化维修资源配置提供技术支持。

8.1　问题描述与基本假设

假设随机退化系统所经受的外部环境冲击用到达强度为 $\lambda(t)$ 的非齐次 Poisson 过程 $\{N(t),t\geqslant 0\}$ 表示，且每次冲击到达时，根据效果可以分成两类，即非致命冲击和致命冲击。非致命冲击的发生概率与时间相关，记为 $p(t)$ $(0\leqslant p(t)\leqslant 1)$，且每次非致命冲击给当前退化量带来的冲击损伤量为 $W_1,W_2,\cdots$，损伤量相互独立且服从同一分布 $F_W(x)$，即 $F_W(x)=P\{W_i\leqslant x\}$。致命冲击可直接导致系统失效，发生概率也与时间相关，记为 $q(t)$，且 $p(t)+q(t)\equiv 1$。用 $N_1(t)$ 和 $N_2(t)$ 分别表示$[0,t]$

内非致命冲击和致命冲击的发生次数，则 $\{N_1(t),t\geqslant 0\}$ 和 $\{N_2(t),t\geqslant 0\}$ 为两个强度分别为 $p(t)\lambda(t)$ 和 $q(t)\lambda(t)$ 的非齐次 Poisson 过程。本章所建立的具备容错机制的相关竞争失效系统可靠性分析及基于时间的预防维修决策模型参数与说明如表 8.1 所示，基本假设如下。

表 8.1　具备容错机制的相关竞争失效系统可靠性分析及基于时间的预防维修决策模型参数与说明

参数	说明
$N(t)$	$[0, t]$内外界冲击发生次数
τ_s	外界冲击首达时间，即 $\tau_s=\inf\{t:N(t)=1\}$
$\overline{F}_{\tau_s}(t)$	τ_s 的可靠性函数（“生存”函数），即 $\overline{F}_{\tau_s}(t)=P\{\tau_s>t\}$
$N_1(t)$	$[0, t]$内系统非致命冲击的发生次数
$N_2(t)$	$[0, t]$内系统致命冲击的发生次数
$H_1(t)$	$[0, t]$内非致命冲击发生的平均次数，即 $H_1(t)=E[N_1(t)]$
$p(t)$	系统发生非致命冲击的概率
$q(t)$	系统发生致命冲击的概率
$X(t)$	直到时刻 t 系统的退化特征量，且 $X(t)=\mu t+\sigma B(t)$
μ	Wiener 过程 $\{X(t),t\geqslant 0\}$ 的漂移参数
σ^2	Wiener 过程 $\{X(t),t\geqslant 0\}$ 的扩散参数
T_x	退化量 $X(t)$ 首次到达 x 的时间
$\overline{F}_{T_x}(t)$	T_x 的可靠性函数（“生存”函数），即 $\overline{F}_{T_x}(t)=P\{T_x>t\}$
$\lambda(t)$	外界冲击的到达强度
$W_1,W_2,\cdots$	非致命冲击造成的冲击损伤量，假设独立同分布
$F_W(x)$	冲击损伤量 $W_1,W_2,\cdots$ 的分布函数，即 $F_W(x)=P\{W_i\leqslant x\}$
$S(t)$	非致命冲击的累积损伤量，即 $S(t)=\sum_{i=1}^{N_1(t)}W_i$
$Y(t)$	系统总退化量，即 $Y(t)=X(t)+S(t)$
$F_{Y(t)}(y,t)$	系统总退化量 $Y(t)$ 的分布函数，即 $F_{Y(t)}(y,t)=P\{Y(t)\leqslant y\}$
m	非致命冲击连续到达的个数
$\delta(\delta>0)$	m 个连续非致命冲击的时间间隔阈值
t_k	第 k 次非致命冲击发生的时刻

续表

参数	说明
B_k	连续 k 次非致命冲击的时间间隔，即 $B_k = t_{k+m-1} - t_k$
L	系统失效阈值
T	系统预防更换周期
c_p	系统在时刻 T 的预防性更换成本
c_d	系统因故障导致的单位时间停工成本（也称停工成本率）
c_c	系统修复性更换成本
$R(t)$	系统可靠性函数（系统“生存”函数）
$F(t)$	系统失效分布函数，即 $F(t) = 1 - R(t)$
$\gamma(t)$	系统失效率函数
$f(t)$	系统失效概率密度函数，即 $f(t) = \mathrm{d}F(t)/\mathrm{d}t$
MTTF	系统平均寿命，即 $\mathrm{MTTF} = \int_0^{\infty} R(t)\,\mathrm{d}t$
$C_A(T)$	策略 A 的维修成本率
$C_B(T)$	策略 B 的维修成本率
$\mathrm{RG}(A/B)$	策略 A 对策略 B 最优维修成本率的相对增益

（1）系统退化过程 $\{X(t), t \geqslant 0\}$ 可用带有漂移参数 μ 、扩散参数 σ^2 的一元 Wiener 过程来进行描述，且初始退化量 $X(0)=0$ 。根据前面所介绍带漂移线性 Wiener 过程的基本形式，系统退化过程可表示为

$$X(t) = \mu t + \sigma B(t) \tag{8.1}$$

其中，$\{B(t), t \geqslant 0\}$ 是标准 Wiener 过程，即 $B(t) \sim N(0,t)$ 。式（8.1）所示的退化过程具备如下性质。

①时刻 t～时刻 $t+\Delta t$ 的退化增量 $\Delta X = X(t+\Delta t) - X(t)$ 服从正态分布，即 $\Delta X \sim N(\mu\Delta t, \sigma^2\Delta t)$ 。

②对于任意两个不相交的时间区间 $[t_1,t_2]$ 和 $[t_3,t_4]$ ，$t_1 < t_2 \leqslant t_3 < t_4$ ，退化增量 $X(t_4) - X(t_3)$ 与 $X(t_2) - X(t_1)$ 相互独立。

（2）冲击过程 $\{N(t), t \geqslant 0\}$ 与退化过程 $\{X(t), t \geqslant 0\}$ 是相关的，即当非致命冲击发生时，系统退化量由 $X(t)$ 增加到 $Y(t)$ 。由于容错机制的存在，大部分非致命冲击造成的损伤可以避免。当存在 $m\,(m=1,2,\cdots)$ 个连续非致命冲击的时间间隔都小

于 $\delta\ (\delta>0)$ 时，或者当致命冲击首次发生时，或者当累积退化特征量首次达到失效阈值 L 时，可判定系统失效。

图 8.1 是一个具备容错机制的退化系统运行示意图，其中，$m=3$。t_1,t_2,t_3,t_4,t_5 为非致命冲击发生的时刻，B_k 为连续 k 个非致命冲击的时间间隔，即 $B_k=t_{k+m-1}-t_k\ (k=1,2,\cdots)$。

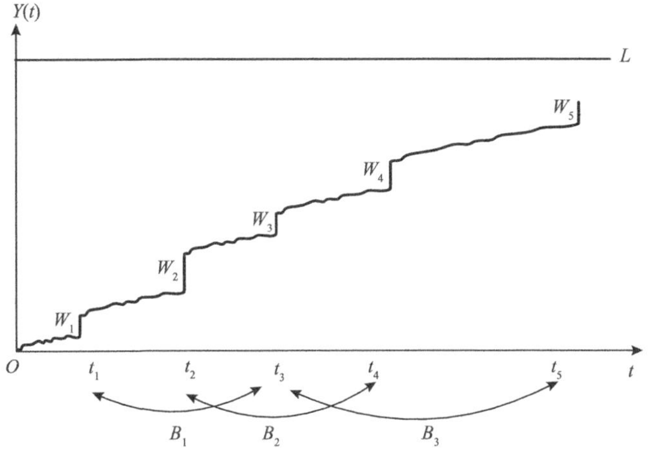

图 8.1　具备容错机制的退化系统运行示意图（m=3）

（3）对此退化系统实施两种基于时间的预防维修策略。策略 A 为年龄更换策略，即系统在时间 $T\ (0<T\leqslant\infty)$ 进行预防性更换，或者在失效时进行修复性更换。策略 B 为故障不修的周期更换策略，即系统总是在周期 $T\ (0<T\leqslant\infty)$ 时进行更换，若系统失效，则进行修复性更换，若系统未失效，则进行预防性更换。停工成本率为 c_d，预防性更换成本为 c_p，修复性更换成本为 c_c，且 $c_p<c_c$。

8.2　具备容错机制的相关竞争失效系统可靠性建模

本节首先分析系统所经受的冲击过程和退化过程，其次基于广义 m-δ 冲击模型设计容错机制，最后分析具备容错机制退化系统的可靠性。

8.2.1　系统冲击失效概率

用 $S(t)$ 表示非致命冲击带来的累积损伤量，即

$$S(t)=\begin{cases}0, & N_1(t)=0\\ \sum_{i=1}^{N_1(t)} W_i, & N_1(t)>0\end{cases} \tag{8.2}$$

且 $S(t)$ 的分布为

$$P\{S(t)\leqslant x\}=\begin{cases}1, & N_1(t)=0\\ F_W^{(N_1(t))}(x), & N_1(t)>0\end{cases} \tag{8.3}$$

其中，$F_W^{(k)}(x)$ 是 $F_W(x)$ 的 k 重卷积，即

$$F_W^{(k)}(x)=P\left\{\sum_{i=1}^{k} W_i\leqslant x\right\}=\int_0^x F_W^{(k-1)}(x-u)F_W(u)\,\mathrm{d}u$$

系统总退化量 $Y(t)=X(t)+S(t)$ 。令 τ_s 表示外界冲击首达时间，即 $\tau_s=\inf\{t:N(t)=1\}$ 。τ_s 的可靠性函数为

$$\begin{aligned}\overline{F}_{\tau_s}(t)&=P\{\tau_s>t\}=P\{N(t)=0\}\\&=1-\sum_{k=1}^{\infty}P\{N(t)=k\}=\exp\left[-\int_0^t\lambda(x)\,\mathrm{d}x\right]\end{aligned} \tag{8.4}$$

8.2.2 系统退化失效概率

用 T_x 表示退化过程 $\{X(t),t\geqslant 0\}$ 首次到达退化量 $x\,(0<x\leqslant L)$ 的时间，T_x 的可靠性函数为

$$\begin{aligned}\overline{F}_{T_x}(t)&=P\{T_x>t\}=P\{X(t)<x\}\\&=\Phi\left[\frac{x-\mu t}{\sigma\sqrt{t}}\right]-\exp\left[-\frac{2\mu x}{\sigma^2}\right]\Phi\left[\frac{-x-\mu t}{\sigma\sqrt{t}}\right]\end{aligned} \tag{8.5}$$

其中，$\Phi(x)$ 是标准正态分布的分布函数，即 $\Phi(x)=\frac{1}{\sqrt{2\pi}}\int_{-\infty}^{x}\exp\left(-\frac{t^2}{2}\right)\mathrm{d}t$ 。

系统总退化量 $Y(t)$ 的分布为

$$
\begin{aligned}
F_{Y(t)}(y,t) &= P\{Y(t) \leqslant y\} \\
&= P\{Y(t) \leqslant y, N_1(t)=0\} + \sum_{n=1}^{\infty} P\left\{X(t) + \sum_{i=1}^{N_1(t)} W_i \leqslant y, N_1(t)=n\right\} \\
&= P\{X(t) \leqslant y, N_1(t)=0\} + \sum_{n=1}^{\infty} P\left\{X(t) + \sum_{i=1}^{N_1(t)} W_i \leqslant y \middle| N_1(t)=n\right\} P\{N_1(t)=n\} \\
&= \overline{F}_{T_y}(t)\exp[-H_1(t)] + \sum_{n=1}^{\infty} \int_0^y \overline{F}_{T_{y-v}}(t)\,\mathrm{d}F_W^{(n)}(v) \frac{[H_1(t)]^n}{n!}\exp[-H_1(t)]
\end{aligned} \tag{8.6}
$$

其中，$H_1(t)$ 为 $[0,t]$ 内非致命冲击发生的平均次数，即 $H_1(t)=E[N_1(t)]=\int_0^t p(x)\lambda(x)\,\mathrm{d}x$。

8.2.3　具备容错机制的系统可靠性评估模型

根据前面所述系统失效准则判定，若要保证系统可靠，在不发生致命冲击和系统退化失效的前提下，需保证 $m\,(m=1,2,\cdots)$ 个连续到达的非致命冲击的时间间隔都大于等于 $\delta\,(\delta>0)$。以下根据非致命冲击的发生次数分三种情况进行讨论。

（1）当直到时刻 t 没有冲击发生，即 $N_1(t)=0$，$N_2(t)=0$ 时，有

$$
\begin{aligned}
&P\{Y(t) \leqslant L, N_1(t)=0, N_2(t)=0\} \\
&= P\{X(t) \leqslant L\} P\{N_1(t)=0\} P\{N_2(t)=0\} \\
&= \overline{F}_{T_L}(t)\overline{F}_{\tau_s}(t)
\end{aligned} \tag{8.7}
$$

（2）当直到时刻 t 没有致命冲击发生，且非致命冲击发生次数小于 m，即 $N_1(t)=j_1\,(1 \leqslant j_1 < m)$，$N_2(t)=0$ 时，有

$$
\begin{aligned}
&P\{Y(t) \leqslant L, N_1(t)=j_1, N_2(t)=0\} \\
&= P\left\{X(t) + \sum_{i=1}^{N_1(t)} W_i \leqslant L \middle| N_1(t)=j_1\right\} P\{N_1(t)=j_1\} P\{N_2(t)=0\} \\
&= \int_0^L \overline{F}_{T_{L-v}}(t)\,\mathrm{d}F_W^{(j_1)}(v) \frac{[H_1(t)]^{j_1}}{(j_1)!} \overline{F}_{\tau_s}(t)
\end{aligned} \tag{8.8}
$$

（3）当直到时刻 t 没有致命冲击发生，且非致命冲击发生次数大于等于 m，即 $N_1(t)=j_2\,(m \leqslant j_2 < \infty)$，$N_2(t)=0$ 时，有

$$
\begin{aligned}
&P\{Y(t)\leqslant L, N_1(t)=j_2, N_2(t)=0\}\\
&=P\left\{\bigcap_{k=1}^{N_1(t)-m+1}\left(B_k\geqslant\delta\right), X(t)+\sum_{i=1}^{N_1(t)}W_i\leqslant L\,\middle|\,N_1(t)=j_2\right\}P\{N_1(t)=j_2\}P\{N_2(t)=0\}\\
&=\left[P\{B_k\geqslant\delta\}\right]^{j_2-m+1}\int_0^L\overline{F}_{T_{L-v}}(t)\,\mathrm{d}F_W^{(j_2)}(v)\frac{\left[H_1(t)\right]^{j_2}}{(j_2)!}\overline{F}_{\tau_s}(t)
\end{aligned} \tag{8.9}
$$

对于非齐次 Poisson 过程 $\{N_1(t),t\geqslant 0\}$，连续 k 次非致命冲击的时间间隔 B_k 都小于 δ 的概率为

$$
\begin{aligned}
P\{B_k<\delta\}&=P\{t_{k+m-1}-t_k<\delta\}=P\left\{N_1(t+\delta)-N_1(t)\geqslant m-1\right\}\\
&=\int_0^\delta\exp\left[-H_1(t)\right]\frac{\left[H_1(t)\right]^{m-2}}{(m-2)!}p(t)\lambda(t)\,\mathrm{d}t
\end{aligned} \tag{8.10}
$$

因此，基于广义 m-δ 冲击模型设计具备容错机制的退化系统的可靠性函数为

$$
\begin{aligned}
R(t)&=P\{Y(t)\leqslant L, N_1(t)=0, N_2(t)=0\}+\sum_{j_1=1}^{m-1}P\{Y(t)\leqslant L, N_1(t)=j_1, N_2(t)=0\}\\
&\quad+\sum_{j_2=m}^{\infty}P\{Y(t)\leqslant L, N_1(t)=j_2, N_2(t)=0\}\\
&=\overline{F}_{T_L}(t)\overline{F}_{\tau_s}(t)+\sum_{j_1=1}^{m-1}\int_0^L\overline{F}_{T_{L-v}}(t)\,\mathrm{d}F_W^{(j_1)}(v)\frac{\left[H_1(t)\right]^{j_1}}{(j_1)!}\overline{F}_{\tau_s}(t)\\
&\quad+\sum_{j_2=m}^{\infty}\left[P\{B_k\geqslant\delta\}\right]^{j_2-m+1}\int_0^L\overline{F}_{T_{L-v}}(t)\,\mathrm{d}F_W^{(j_2)}(v)\frac{\left[H_1(t)\right]^{j_2}}{(j_2)!}\overline{F}_{\tau_s}(t)\\
&=\overline{F}_{T_L}(t)\overline{F}_{\tau_s}(t)+\sum_{j_1=1}^{m-1}\int_0^L\overline{F}_{T_{L-v}}(t)\,\mathrm{d}F_W^{(j_1)}(v)\frac{\left[H_1(t)\right]^{j_1}}{(j_1)!}\overline{F}_{\tau_s}(t)\\
&\quad+\sum_{j_2=m}^{\infty}\left[1-P\{B_k<\delta\}\right]^{j_2-m+1}\int_0^L\overline{F}_{T_{L-v}}(t)\,\mathrm{d}F_W^{(j_2)}(v)\frac{\left[H_1(t)\right]^{j_2}}{(j_2)!}\overline{F}_{\tau_s}(t)\\
&=\overline{F}_{T_L}(t)\overline{F}_{\tau_s}(t)+\sum_{j_1=1}^{m-1}\int_0^L\overline{F}_{T_{L-v}}(t)\,\mathrm{d}F_W^{(j_1)}(v)\frac{\left[H_1(t)\right]^{j_1}}{(j_1)!}\overline{F}_{\tau_s}(t)\\
&\quad+\sum_{j_2=m}^{\infty}\left\{\int_\delta^\infty\exp\left[-H_1(t)\right]\frac{\left[H_1(t)\right]^{m-2}}{(m-2)!}p(t)\lambda(t)\,\mathrm{d}t\right\}^{j_2-m+1}
\end{aligned}
$$

$$\times\int_0^L \overline{F}_{T_{L-v}}(t)\,\mathrm{d}F_W^{(j_2)}(v)\frac{[H_1(t)]^{j_2}}{(j_2)!}\overline{F}_{\tau_s}(t) \tag{8.11}$$

式（8.11）所示的系统可靠性函数为该具备容错机制退化系统的广义形式，当非致命冲击带来的冲击损伤量 W_i 服从正态分布，即 $W_i \sim N(\mu_W,\sigma_W^2)$ 时，式(8.11)的特殊形式为

$$\begin{aligned}R(t)=&\left\{\Phi\left[\frac{L-\mu t}{\sigma\sqrt{t}}\right]-\exp\left(-\frac{2\mu L}{\sigma^2}\right)\Phi\left[\frac{-L-\mu t}{\sigma\sqrt{t}}\right]\right\}\exp\left[-\int_0^t\lambda(x)\,\mathrm{d}x\right]\\&+\sum_{j_1=1}^{m-1}\Phi\left[\frac{L-(\mu t+j_1\mu_W)}{\sqrt{\sigma^2 t+j_1\sigma_W^2}}\right]\frac{\left[\int_0^t p(x)\lambda(x)\,\mathrm{d}x\right]^{j_1}}{(j_1)!}\exp\left[-\int_0^t\lambda(x)\,\mathrm{d}x\right]\\&+\sum_{j_2=m}^{\infty}\Phi\left[\frac{L-(\mu t+j_2\mu_W)}{\sqrt{\sigma^2 t+j_2\sigma_W^2}}\right]\frac{\left[\int_0^t p(x)\lambda(x)\,\mathrm{d}x\right]^{j_1}}{(j_2)!}\exp\left[-\int_0^t\lambda(x)\,\mathrm{d}x\right]\\&\times\left\{\int_\delta^\infty\exp\left[-\int_0^t p(x)\lambda(x)\,\mathrm{d}x\right]\frac{\left[\int_0^t p(x)\lambda(x)\,\mathrm{d}x\right]^{m-2}}{(m-2)!}p(t)\lambda(t)\,\mathrm{d}t\right\}^{j_2-m+1}\end{aligned} \tag{8.12}$$

尽管得到了如式（8.11）所示的系统可靠性评估模型，但 j_2 的取值可以取从 m 到 ∞ 的无穷多个数，因此无法进行解析计算。在实际使用时，式（8.11）中的最后一项 $\sum_{j_2=m}^{\infty}P\{Y(t)\leqslant L\}P\{N_1(t)=j_2\}P\{N_2(t)=0\}$ 可看作 $\sum_{j_2=m}^{\infty}P_jP\{N_1(t)=j_2\}P\{N_2(t)=0\}$，其中，$0\leqslant P_j<1$。因此，在给定模型精度要求 ε 的条件下，最后一项的 ∞ 可以使用一个很大的正数 $N_{\max}$ 代替，且近似误差为

$$\begin{aligned}\varepsilon&=\sum_{j_2=m}^{\infty}P_jP\{N_1(t)=j_2\}P\{N_2(t)=0\}-\sum_{j_2=m}^{N_{\max}}P_jP\{N_1(t)=j_2\}P\{N_2(t)=0\}\\&=\sum_{j_2=N_{\max}+1}^{\infty}P_jP\{N_1(t)=j_2\}P\{N_2(t)=0\}\leqslant\sum_{j_2=N_{\max}+1}^{\infty}P\{N_1(t)=j_2\}P\{N_2(t)=0\}\\&\leqslant 1-\sum_{j_2=0}^{N_{\max}}P_jP\{N_1(t)=j_2\}P\{N_2(t)=0\}\end{aligned} \tag{8.13}$$

事实上，式（8.12）为具备容错机制的考虑两种冲击效果的退化系统可靠性评估模型，具有一般性，可根据实际情况拓展为很多种实用模型。例如，

（1）当 $m \to \infty$ 时，式（8.12）为不具备容错机制的考虑两种冲击效果的退化系统可靠性模型。具体形式为

$$\begin{aligned} R(t) = & \left\{ \Phi\left[\frac{L-\mu t}{\sigma\sqrt{t}}\right] - \exp\left(-\frac{2\mu L}{\sigma^2}\right)\Phi\left[\frac{-L-\mu t}{\sigma\sqrt{t}}\right]\right\}\exp\left[-\int_0^t \lambda(x)\,\mathrm{d}x\right] \\ & + \sum_{j=1}^{\infty}\Phi\left[\frac{L-(\mu t + j\mu_W)}{\sqrt{\sigma^2 t + j\sigma_W^2}}\right]\frac{\left[\int_0^t p(x)\lambda(x)\,\mathrm{d}x\right]^j}{(j)!}\exp\left[-\int_0^t \lambda(x)\,\mathrm{d}x\right] \end{aligned} \tag{8.14}$$

（2）当 $m \to \infty$ 且 $p(t)=0$ 时，式（8.12）为不具备容错机制的仅考虑致命冲击的退化系统可靠性模型。具体形式为

$$\begin{aligned} R(t) = & \left\{ \Phi\left[\frac{L-\mu t}{\sigma\sqrt{t}}\right] - \exp\left(-\frac{2\mu L}{\sigma^2}\right)\Phi\left[\frac{-L-\mu t}{\sigma\sqrt{t}}\right]\right\}\exp\left[-\int_0^t \lambda(x)\,\mathrm{d}x\right] \\ & + \sum_{j=1}^{\infty}\Phi\left[\frac{L-(\mu t + j\mu_W)}{\sqrt{\sigma^2 t + j\sigma_W^2}}\right]\exp\left[-\int_0^t \lambda(x)\,\mathrm{d}x\right] \end{aligned} \tag{8.15}$$

（3）当 $q(t)=0$ 时，式（8.12）为具备容错机制的仅考虑非致命冲击的退化系统可靠性模型。具体形式为

$$\begin{aligned} R(t) = & \left\{ \Phi\left[\frac{L-\mu t}{\sigma\sqrt{t}}\right] - \exp\left(-\frac{2\mu L}{\sigma^2}\right)\Phi\left[\frac{-L-\mu t}{\sigma\sqrt{t}}\right]\right\}\exp\left[-\int_0^t \lambda(x)\,\mathrm{d}x\right] \\ & + \sum_{j_1=1}^{m-1}\Phi\left[\frac{L-(\mu t + j_1\mu_W)}{\sqrt{\sigma^2 t + j_1\sigma_W^2}}\right]\frac{\left[\int_0^t \lambda(x)\,\mathrm{d}x\right]^{j_1}}{(j_1)!}\exp\left[-\int_0^t \lambda(x)\,\mathrm{d}x\right] \\ & + \sum_{j_2=m}^{\infty}\Phi\left[\frac{L-(\mu t + j_2\mu_W)}{\sqrt{\sigma^2 t + j_2\sigma_W^2}}\right]\frac{\left[\int_0^t \lambda(x)\,\mathrm{d}x\right]^{j_2}}{(j_2)!}\exp\left[-\int_0^t \lambda(x)\,\mathrm{d}x\right] \\ & \times\left\{\int_\delta^\infty \exp\left[-\int_0^t \lambda(x)\,\mathrm{d}x\right]\frac{\left[\int_0^t \lambda(x)\,\mathrm{d}x\right]^{m-2}}{(m-2)!}\lambda(t)\,\mathrm{d}t\right\}^{j_2-m+1} \end{aligned} \tag{8.16}$$

8.3　基于时间的预防维修策略

由于基于时间的预防维修策略优化变量单一且易于执行，本节在可靠性评估模型的基础上，比较两种预防维修模型。以长期运行时间下的最优维修成本率作为目标进行评估，并使用 RG 对两个模型的优劣进行对比。

8.3.1　策略 *A*：年龄更换策略

对于策略 A，系统在时间 $T\ (0<T\leqslant\infty)$ 进行预防性更换，或者在失效时进行修复性更换。第一个更新周期的长度为 T 或系统失效时间，以 $F(t)\equiv 1-R(t)$ 表示系统失效分布函数。依据更新报酬定理，策略 A 的维修成本率为

$$C_A(T)=\lim_{t\to\infty}\frac{C(t)}{t}=\frac{c_p+(c_c-c_p)F(T)}{\int_0^T \overline{F}(t)\mathrm{d}t} \tag{8.17}$$

对 $C_A(T)$ 求导并令导函数等于 0，可得

$$\gamma(T_A)\int_0^{T_A}\overline{F}(t)\mathrm{d}t-F(T_A)=\frac{c_p}{c_c-c_p} \tag{8.18}$$

其中，$\gamma(t)=\dfrac{\mathrm{d}F(t)/\mathrm{d}t}{\overline{F}(t)}$ 是系统失效率函数，假设 $\gamma(t)$ 随时间 t 单调递增。令式（8.18）的左侧为 $h_A(T_A)$，则 $h_A(T_A)$ 也随 T_A 单调递增。

当 $h_A(\infty)=\lim\limits_{T_A\to\infty}h_A(T_A)>\dfrac{c_p}{c_c-c_p}$ 时，存在唯一的 $T_A^*\ (0<T_A^*<\infty)$ 使得 $C_A(T)$ 最小且 T_A^* 满足式（8.18），此时策略 A 的最优维修成本率为

$$C_A(T_A^*)=(c_c-c_p)\gamma(T_A^*) \tag{8.19}$$

当 $h_A(\infty)=\lim\limits_{T_A\to\infty}h_A(T_A)\leqslant\dfrac{c_p}{c_c-c_p}$ 时，$T_A^*=\infty$，此时策略 A 的最优维修成本率为

$$C_A(T_A^*)=\frac{c_c}{\mathrm{MTTF}} \tag{8.20}$$

其中，MTTF 为系统平均寿命，即 $\mathrm{MTTF}=\int_0^{\infty} R(t)\,\mathrm{d}t$。

8.3.2 策略 *B*：故障不修的周期更换策略

对于策略 B，系统在周期 $T\ (0<T\leqslant\infty)$ 如果已经失效，则进行修复性更换；如果未失效，则进行预防性更换。对于更换周期 T 前出现的系统失效，由于无法进行检测，不予处理，则第一个更新周期的长度为 T。依据更新报酬定理，策略 B 的维修成本率为

$$
\begin{aligned}
C_B(T)=\lim_{t\to\infty}\frac{C(t)}{t}&=\frac{c_p\overline{F}(T)+c_cF(T)+c_d\int_0^T(T-t)\,\mathrm{d}F(t)}{T}\\
&=\frac{c_p\overline{F}(T)+c_cF(T)+c_d\int_0^T F(t)\,\mathrm{d}t}{T}
\end{aligned}
\tag{8.21}
$$

对 $C_B(T)$ 求导并令导函数等于 0，可得到

$$
(c_c-c_p)\int_0^{T_B}\left[f(T_B)-f(t)\right]\mathrm{d}t+c_d\int_0^{T_B}\left[F(T_B)-F(t)\right]\mathrm{d}t=c_p \tag{8.22}
$$

其中，$f(t)=\mathrm{d}F(t)/\mathrm{d}t$ 是系统失效概率密度函数。令式（8.22）的左侧为 $h_B(T_B)$，将 $h_B(T_B)$ 对 T_B 求导可得

$$
\frac{\mathrm{d}h_B(T_B)}{\mathrm{d}T_B}=(c_c-c_p)T_B\frac{\mathrm{d}f(T_B)}{\mathrm{d}T_B}+c_dT_B\frac{\mathrm{d}F(T_B)}{\mathrm{d}T_B} \tag{8.23}
$$

当 $\frac{\mathrm{d}h_B(T_B)}{\mathrm{d}T_B}>0$ 时，$h_B(T_B)$ 随 T_B 单调递增。若 $h_B(\infty)=\lim_{T_B\to\infty}h_B(T_B)>c_p$，则存在唯一的 $T_B^*\ (0<T_B^*<\infty)$ 使得 $C_B(T)$ 最小且 T_B^* 满足式（8.22），此时策略 B 的最优维修成本率为

$$
C_B(T_B^*)=(c_c-c_p)f(T_B^*)+c_dF(T_B^*) \tag{8.24}
$$

若 $h_B(\infty)=\lim_{T_B\to\infty}h_B(T_B)\leqslant c_p$，$T_B^*=\infty$，此时策略 B 的最优维修成本率为

$$
C_B(T_B^*)=c_d \tag{8.25}
$$

8.3.3　策略相对增益对比

本节使用最优维修成本率的相对增益来对比策略 A 和策略 B 的优劣。策略 A 对于策略 B 最优维修成本率的相对增益定义为

$$\mathrm{RG}(A/B)=\frac{C_B(T_B^*)-C_A(T_A^*)}{C_B(T_B^*)} \tag{8.26}$$

其中，$C_A(T_A^*)$ 和 $C_B(T_B^*)$ 分别是策略 A 和策略 B 的最优维修成本率。当 $\mathrm{RG}(A/B)>0$ 时，策略 A 比策略 B 更经济。当 $\mathrm{RG}(A/B)=0$ 时，策略 A 和策略 B 经济性一致。当 $\mathrm{RG}(A/B)<0$ 时，策略 B 比策略 A 更经济。

8.4　案 例 分 析

在海洋油气资源勘探开发中，BOP 系统用于在必要情况下执行关井、封井等安全功能，它与井喷、井涌检测设备等共同构成一个广义的安全仪表系统。作为保障深水钻井作业安全、可靠的关键设备，BOP 系统的主要作用是准确地检测、预报钻采参数，以确保在发生溢流、井涌或井喷现象时控制井口压力，在紧急疏散、撤离等情况下关闭井口，从而保障钻井设备安全，防止海洋环境、油气资源遭到破坏，降低经济损失，并避免出现灾难性的后果。本节将本章所建可靠性理论模型应用到某 BOP 系统的可靠性分析中，为其维修策略的制定提供依据和参考。

8.4.1　失效模式分析

图 8.2 为某 BOP 系统的结构示意图，包含 BOP 控制系统和一系列 BOP 两部分。其中，BOP 控制系统为电液系统，主要包括控制液配制装置、液压动力装置、中央控制单元、水下控制箱和动力液及信号传输装置等。BOP 系统不同组件常见的故障模式如表 8.2 所示。

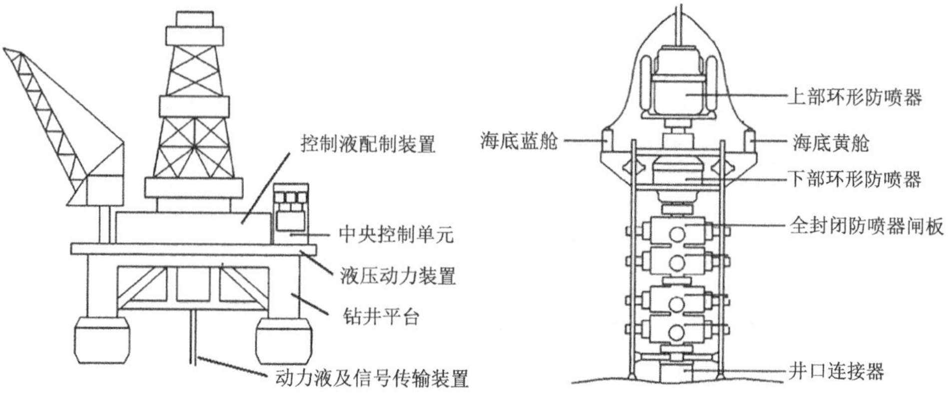

(a) BOP控制系统　　(b) 一系列BOP

图 8.2　某 BOP 系统的结构示意图

表 8.2　某 BOP 系统不同组件的常见故障模式

部件名称	故障模式
万能防喷器	井眼压力泄漏，胶芯无法正常打开，胶芯无法正常关闭，内部液路泄漏
闸板防喷器	闸板关闭后外部泄漏，闸板关闭后内部泄漏，芯子无法正常打开，芯子无法正常关闭，芯子无法保持正常关闭状态，上下连接承载能力不足，锁紧失效，剪切失效
隔水管连接器	井眼压力泄漏，锁紧功能失效，解锁功能失效
井口连接器	压力漏失，锁不到位，无法解锁，钢圈结构损坏，连接螺栓断裂，连接螺栓滑扣
下部隔水管总成	阻流压井插入头堵塞，阻流压井插入密封失效，蓝黄盒无法连接，温度压力组件无法连接，声呐插入头密封失效
挠性接头	泥浆泄漏，承载力不足，弹性体失效
水下机器人面板	操作压力泄漏，储能瓶压力泄漏，压力表指示不准，阀门无法打开
控制系统	压力泄漏，功能无法操作，非正常激活，无法补压，储能能力不足，报警检测功能失效，操作相应时间不达标，控制液不达标
事故安全阀	阀门不动作，井眼压力泄漏，操作压力泄漏，井眼无法进入液缸，自动非正常打开

本节考虑的 BOP 系统性能退化可用带漂移参数的 Wiener 过程来进行描述，基本参数设置如表 8.3 所示。

表 8.3　某 BOP 系统基本参数设置

参数	基本描述	值
μ	退化过程漂移参数	0.2
σ^2	退化过程扩散参数	0.02

续表

参数	基本描述	值
L	失效阈值	8
$\lambda(t)$	外界冲击的到达强度	0.5
W_i	非致命冲击造成的冲击损伤量	$N(0.1, 0.1^2)$
m	非致命冲击连续到达的个数	9
δ	m 个连续非致命冲击的时间间隔阈值	0.3

8.4.2　可靠性评估模型

取可靠性评估模型近似误差 $\varepsilon = 10^{-6}$，根据式（8.12），不同非致命冲击发生概率 $p(t)$下的系统可靠性函数 $R(t)$如图 8.3 所示。为了简便，仅列出了 $p(t)$在[0,1]内的四个值。

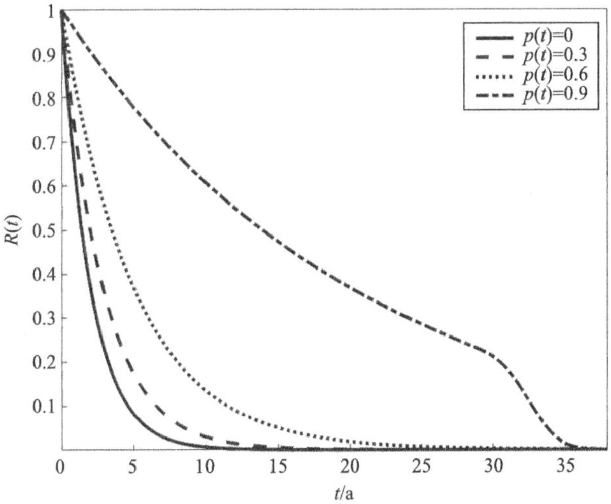

图 8.3　不同 $p(t)$下系统可靠性函数

从图 8.3 中可以看出，随着非致命冲击发生概率 $p(t)$的增大，同一时刻系统可靠性越来越高，说明系统可靠性随非致命冲击的发生概率的增大逐渐提高。

8.4.3　预防维修策略

设置系统预防性更换成本 $c_p = 40 \times 10^3$ 美元，修复性更换成本 $c_c = 80 \times 10^3$ 美

元，停工成本率为 $c_d = 20\times10^3$ 美元/a。图 8.4 和图 8.5 为策略 A 和策略 B 在不同非致命冲击发生概率 $p(t)$ 下的维修成本率。

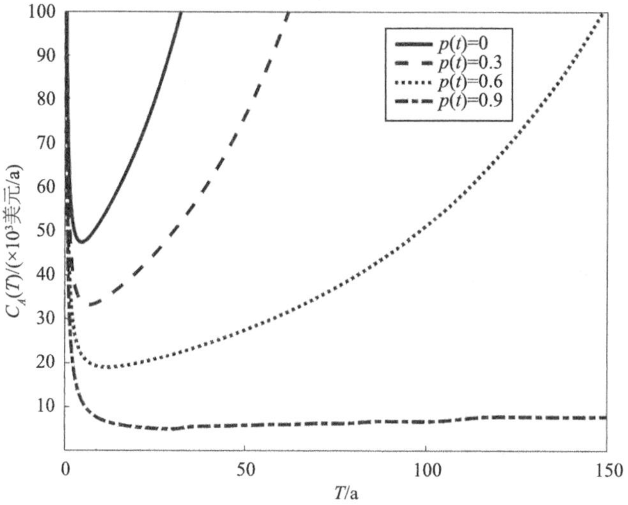

图 8.4　不同 $p(t)$ 下策略 A 的维修成本率 $C_A(T)$

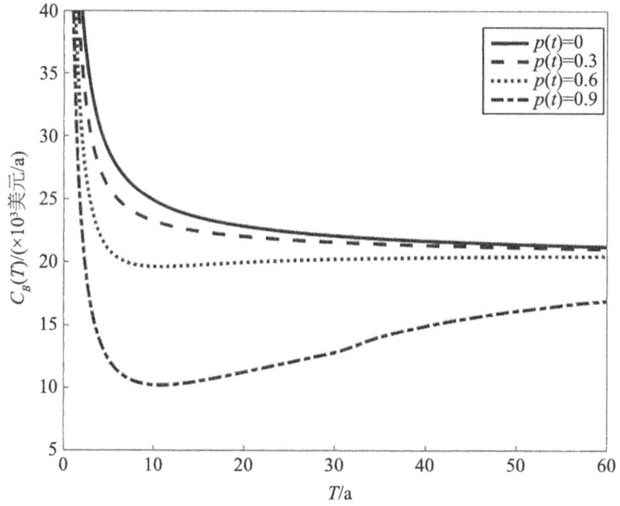

图 8.5　不同 $p(t)$ 下策略 B 的维修成本率 $C_B(T)$

从图 8.4 中可以看出，对于策略 A，最优 T_A^* 随 $p(t)$ 的增加逐渐增大，最优维修成本率 $C_A(T_A^*)$ 随 $p(t)$ 的增加逐渐减小。这说明随着非致命冲击发生概率的增加，系统可靠性逐渐提高，可以安排越来越长的预防更换周期，且可以得到越来越小的维修成本率。从图 8.5 中可以看出，对于策略 B，当 $p(t)$ 较小时，$T_B^* = \infty$，随着

$p(t)$的增加，最优T_B^* $(0<T_B^*<\infty)$存在，且最优维修成本率$C_B(T_B^*)$随 $p(t)$的增加而逐渐减小。这说明随着非致命冲击发生概率的增加，应该安排周期检修才能保证系统不发生严重故障。表 8.4 列出了不同$p(t)$ $(0\leqslant p(t)\leqslant 1)$下策略 A 和策略 B 的最优更换周期和最优维修成本率，其中，$p(t)=0$ 表示所有冲击类型均为致命冲击，$p(t)=1$ 表示所有冲击类型均为非致命冲击。

表 8.4　不同$p(t)$下策略 A 和策略 B 的最优更换周期和最优维修成本率

项目	$p(t)$										
	0	0.1	0.2	0.3	0.4	0.5	0.6	0.7	0.8	0.9	1.0
T_A^*/a	4.85	5.51	6.12	6.90	8.30	9.82	12.66	16.80	24.02	29.79	29.30
$C_A(T_A^*)$/（$\times10^3$美元/a）	47.48	42.72	37.97	33.22	28.48	23.73	18.99	14.24	9.49	4.99	1.48
T_B^*/a	∞	∞	∞	∞	∞	∞	11.20	9.65	9.42	11.22	27.44
$C_B(T_B^*)$/（$\times10^3$美元/a）	20	20	20	20	20	20	19.64	17.49	14.48	11.21	1.64

从表 8.4 中可知，对于$0\leqslant p(t)\leqslant 0.5$，$C_A(T_A^*)>C_B(T_B^*)$，即$\mathrm{RG}(A/B)<0$，说明在较小的非致命冲击发生概率下，策略$B$实施起来更经济；对于$0.6\leqslant p(t)\leqslant 1$，$C_A(T_A^*)<C_B(T_B^*)$，即$\mathrm{RG}(A/B)>0$，说明在较大的非致命冲击发生概率下，策略 A 实施起来更经济。随着非致命冲击发生概率$p(t)$的增加，最优预防维修策略逐渐由策略 B 变为策略 A。由于策略 A 和策略 B 的成本差异为停工成本率c_d，图 8.6 画出了四种c_d时不同$p(t)$下的 RG(A/B)曲线。

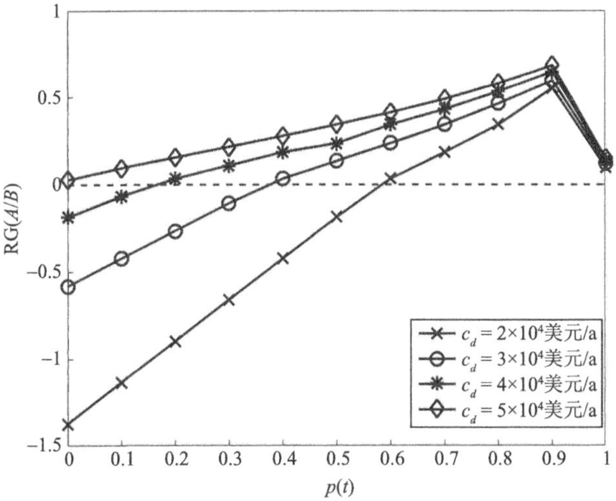

图 8.6　四种 c_d时不同$p(t)$下的 RG(A/B)曲线

从图 8.6 中可以看出，固定 c_d 时，随着 $p(t)$在一定范围内的增大，$\mathrm{RG}(A/B)$ 逐渐增大，且从小于 0 变为大于 0，说明最优策略由策略 B 逐渐变为策略 A，和上述情形相吻合。当固定非致命冲击的发生概率 $p(t)$时，随着 c_d 的增大，$\mathrm{RG}(A/B)$ 逐渐增大。当 $c_d=5\times10^4$ 美元/a 时，对于所有的 $p(t)$，$\mathrm{RG}(A/B)>0$，说明在较大的停工成本率情形下，策略 A 实施起来比策略 B 更经济。当 $p(t)=1$ 时，所有的冲击类型都为非致命冲击，对于所有的 c_d，都有 $\mathrm{RG}(A/B)>0$，说明无致命冲击发生时，也更适宜采用策略 A。

本 章 小 结

本章针对一类具备容错机制的退化系统，在广义 m-δ 冲击模型的基础上，考虑两类冲击效果，即致命冲击和非致命冲击，建立了用于退化系统可靠性评估的一般模型，并分析了模型的特殊情况。在可靠性评估模型的基础上，提出了两种基于时间的预防维修策略，并以维修成本率的相对增益作为目标比较两个策略的优劣。系统所经受的外界冲击用非齐次 Poisson 过程建模且用不完全维修模型中的 $(p(t),q(t))$ 规则对两类冲击效果进行划分，可得到两个独立的非齐次 Poisson 过程，进而利用这两个非齐次 Poisson 过程对冲击效果进行描述。同时将所建立的理论模型应用到某 BOP 系统的可靠性分析及预防维修策略的制定中，通过分析不同情形下两种维修策略最优维修成本率的相对增益来确定实施不同的预防维修策略，为工程实际决策过程提供理论依据和重要指导。

第9章 随机延迟退化系统可靠性评估模型与维修策略优化

一般退化路径模型和以 Wiener 过程、Gamma 过程、inverse Gaussian 过程等为代表的随机过程模型用于描述系统退化规律时，均假定系统从初始时刻 $t=0$ 开始退化，即对于任意 $t>0$，系统退化特征量 $X(t)>0$。对于工业生产中的很多产品，在其刚投入使用的一段时间内，退化量的变化极其微小甚至可以忽略不计。系统从投入运行到其性能开始发生明显退化的时刻称为退化潜伏期或延迟退化期。一般假定，系统在延迟退化期内的退化量为零。

本章考虑延迟退化期对相关竞争失效系统可靠性及维修策略的影响，在退化建模理论的基础上建立随机延迟退化系统可靠性评估模型，并比较以周期更换策略为代表的基于时间的预防维修策略和以检修更换策略为代表的基于状态的预防维修策略两类预防维修策略的优劣，将理论模型应用到某气体绝缘金属封闭开关设备的案例分析中，验证模型的适用性和合理性。

9.1 问题描述与基本假设

对于工业实际中的某些产品，系统从 $t=0$ 时开始运行但在较长一段时间内不发生性能退化。Nelson（2008）为了估计电路故障的失效分布并以此制定预防维修策略，研究了密封电路在破坏性退化试验中的树突尺寸数据。在打开一组电路中不同年龄的电路样本时，Nelson 发现在一些电路中没有明显的树突发生，即一个电路到另一个电路间的铜丝长度在一段时间内保持不变，始终为零，如图 9.1（a）所示。Elwany 等（2011）在旋转机械上对滚动体轴承进行了加速退化试验。基于高阶谐波的不规则观察结果，他们使用球传递频率（ball pass frequency，BPF）的平均振幅和其前六个谐波来制定退化特征量。某测试轴承的基于振动的 BPF 振幅数据如图 9.1（b）所示，明显可见，该轴承在刚开始运行的很长一段时间内性能均不发生退化，直到约 640min 时 BPF 振幅才急剧上升。

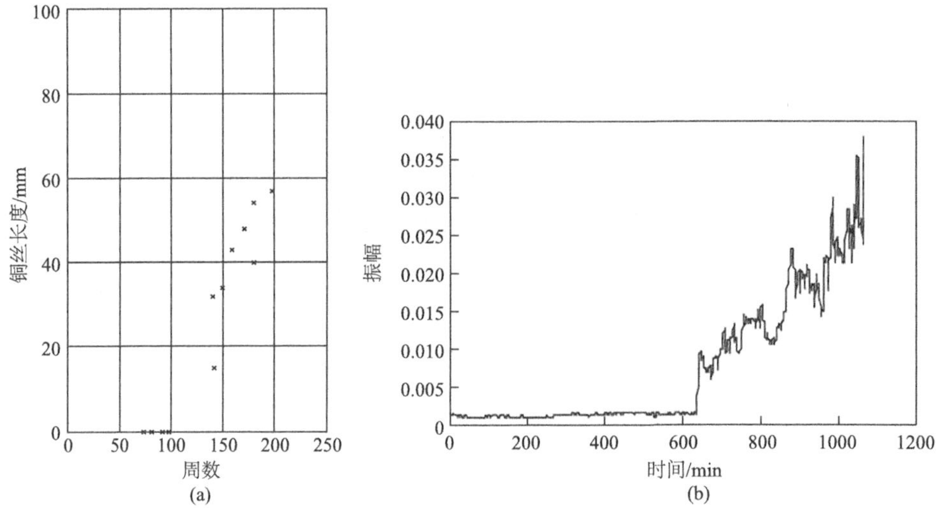

图 9.1　延迟退化系统案例图

本章从工业实际中系统延迟退化现象出发，提出相关竞争失效系统在随机延迟退化发生情况下的可靠性评估模型，并比较基于时间的预防维修模型和基于状态的预防维修模型两类维修策略的优劣。本章建立的随机延迟退化系统可靠性评估模型及维修策略参数与说明如表 9.1 所示，做出的合理假设如下。

表 9.1　随机延迟退化系统可靠性评估模型及维修策略参数与说明

参数	说明
S	延迟退化期，为随机变量
$F_S(t)$	延迟退化期 S 的分布函数，即 $F_S(t)=P\{S\leqslant t\}$
$f_S(t)$	延迟退化期 S 的概率密度函数，即 $f_S(t)=\mathrm{d}F_S(t)/\mathrm{d}t$
$X(t)$	直到时刻 t 系统的退化特征量，且 $X(t)\sim \mathrm{Gamma}(\alpha t,\beta)$
α	Gamma 分布的形状参数
β	Gamma 分布的尺度参数
$Y(t)$	系统总的退化特征量
L	系统退化失效阈值
σ_L	正常退化期内退化特征量 $X(t)$ 首次达到 L 的时间，即 $\sigma_L=\inf\{t:X(t)\geqslant L\}$
$F_{\sigma_L}(t)$	σ_L 的分布函数，即 $F_{\sigma_L}(t)=P\{\sigma_L\leqslant t\}$
..	系统开始运行到首次发生退化失效的时间，即 $\tau=S+\sigma_L$
M	小于退化失效阈值 L 的某退化水平，$0<M\leqslant L$
σ_M	正常退化期内退化特征量 $X(t)$ 首次达到 M 的时间，即 $\sigma_M=\inf\{t:X(t)\geqslant M\}$

续表

参数	说明
$F_{\sigma_M}(t)$	σ_M 的分布函数，即 $F_{\sigma_M}(t)=P\{\sigma_M \leqslant t\}$
$\overline{F}_{\sigma_L-\sigma_M}(t)$	$\sigma_L-\sigma_M$ 的可靠性函数，即 $\overline{F}_{\sigma_L-\sigma_M}(t)=P\{\sigma_L-\sigma_M>t\}$
$F_{\sigma_L-\sigma_M}(t)$	$\sigma_L-\sigma_M$ 的分布函数，即 $F_{\sigma_L-\sigma_M}(t)=1-\overline{F}_{\sigma_L-\sigma_M}(t)$
$p(t)$	系统发生致命冲击的概率
$q(t)$	系统发生非致命冲击的概率
$W_{11},W_{12},\cdots$	$Y(t)<M$ 时非致命冲击对系统的损伤量，假设为独立同分布
$F_{W_1}(w)$	$W_{11},W_{12},\cdots$ 的分布函数，即 $F_{W_1}(w)=P\{W_{1k}\leqslant w\}$
$W_{21},W_{22},\cdots$	$Y(t)\geqslant M$ 时非致命冲击对系统的损伤量，假设为独立同分布
$F_{W_2}(w)$	$W_{21},W_{22},\cdots$ 的分布函数，即 $F_{W_2}(w)=P\{W_{2k}\leqslant w\}$
$N_{11}(t)$	$Y(t)<M$ 时致命冲击的发生次数
$N_{12}(t)$	$Y(t)<M$ 时非致命冲击的发生次数
$N_{21}(t)$	$Y(t)\geqslant M$ 时致命冲击的发生次数
$N_{22}(t)$	$Y(t)\geqslant M$ 时非致命冲击的发生次数
$\lambda(t)$	外界冲击的到达强度
$\lambda_1(t)$	$Y(t)<M$ 时外界冲击的到达强度
$\lambda_2(t)$	$Y(t)\geqslant M$ 时外界冲击的到达强度
$\psi(u)$	digamma 函数
H	系统冲击失效阈值
T	系统预防更换周期/检修周期
$K_1,K_2,\cdots$	系统更新周期
$C(t)$	直到时刻 t 系统的总维修成本
c_R	更换成本
c_D	系统因故障导致的单位时间停工成本（也称停工成本率）
c_I	检修成本
$R(t)$	系统可靠性函数（“生存”函数）
$F(t)$	系统失效分布函数，即 $F(t)=1-R(t)$
$f(t)$	系统失效概率密度函数，即 $f(t)=\mathrm{d}F(t)/\mathrm{d}t$
$C_A(T)$	策略 A 的维修成本率
$C_B(T)$	策略 B 的维修成本率
$\mathrm{RG}(A/B)$	策略 A 对于策略 B 最优维修成本率的相对增益

（1）系统总的性能退化过程由延迟退化期和正常退化期两个阶段组成，其中，延迟退化期用随机变量S表示且分布函数为$F_S(t)=P\{S\leqslant t\}$。系统退化特征量$X(t)$用齐次 Gamma 过程进行描述，即在正常退化期内，系统退化特征量$X(t)$服从形状参数和尺度参数分别为α和β的 Gamma 分布。系统退化特征量$X(t)$的概率密度函数为

$$f_{\alpha t,\beta}(x)=\frac{x^{\alpha t-1}}{\Gamma(\alpha t)}\beta^{\alpha t}\exp(-\beta x) \tag{9.1}$$

其中，$\Gamma(\alpha t)$是 Gamma 函数，且$\Gamma(a)=\int_0^{\infty}x^{a-1}\exp(-x)\,\mathrm{d}x$。

考虑延迟退化期后的系统总的退化特征量$Y(t)$可表示为

$$Y(t)=\begin{cases}0, & t\leqslant S\\ X(t-S), & t>S\end{cases} \tag{9.2}$$

（2）用σ_L表示正常退化期内系统退化特征量$X(t)$首次达到退化失效阈值L的时间，即

$$\sigma_L=\inf\{t:X(t)\geqslant L\} \tag{9.3}$$

σ_L的分布函数为

$$F_{\sigma_L}(t)=P\{\sigma_L\leqslant t\}=P\{X(t)\geqslant L\}=\int_L^{\infty}f_{\alpha t,\beta}(x)\,\mathrm{d}x=\frac{\Gamma(\alpha t,\beta L)}{\Gamma(\alpha t)} \tag{9.4}$$

其中，$\Gamma(\alpha t,\beta L)$是不完全 Gamma 函数，且$\Gamma(a,z)=\int_z^{\infty}x^{a-1}\exp(-x)\,\mathrm{d}x$。

用τ表示系统从开始运行到首次发生退化失效的时间，则

$$\tau=S+\sigma_L=S+\inf\{t:X(t)\geqslant L\} \tag{9.5}$$

（3）系统在发生性能缓慢退化的同时会经受外界环境冲击，冲击随机到达且与退化过程相关。进一步地，假设外界冲击以非齐次 Poisson 过程到达且到达强度$\lambda(t)$与系统总的退化特征量$Y(t)$有关，即

$$\lambda(t)=\begin{cases}\lambda_1(t), Y(t)<M\\ \lambda_2(t), Y(t)\geqslant M\end{cases} \tag{9.6}$$

其中，$\lambda_1(t)$和$\lambda_2(t)$是两个非负的、单调不减的函数，且满足$\lambda_1(t)\leqslant\lambda_2(t)$；$M$是

小于退化失效阈值L的某退化水平，$0<M\leqslant L$。定义σ_M为正常退化期内系统退化特征量$X(t)$首次达到该退化水平M的时间，即$\sigma_M=\inf\{t:X(t)\geqslant M\}$。$\sigma_M$的分布函数为

$$F_{\sigma_M}(t)=P\{\sigma_M\leqslant t\}=\frac{\Gamma(\alpha t,\beta M)}{\Gamma(\alpha t)} \tag{9.7}$$

（4）根据冲击效果，可以将外界冲击分为致命冲击和非致命冲击两类。每次冲击到达时，致命冲击的发生概率为$p(t)\,(0\leqslant p(t)\leqslant 1)$，非致命冲击的发生概率为$q(t)$，且$p(t)+q(t)\equiv 1$。为了进一步刻画系统退化对冲击过程的影响，当系统总的退化特征量$Y(t)<M$时，非致命冲击的损伤量为$W_{11},W_{12},\cdots$，它们彼此独立且服从同一分布$F_{W_1}(w)=P\{W_{1k}\leqslant w\}\,(k=1,2,\cdots)$。当系统总的退化特征量$Y(t)\geqslant M$时，非致命冲击的损伤量为$W_{21},W_{22},\cdots$，它们也彼此独立且服从同一分布$F_{W_2}(w)=P\{W_{2k}\leqslant w\}\,(k=1,2,\cdots)$。以$N_{11}(t)$和$N_{12}(t)$分别表示$Y(t)<M$时致命冲击和非致命冲击的次数，则$\{N_{11}(t),t\geqslant 0\}$和$\{N_{12}(t),t\geqslant 0\}$为强度分别为$p(t)\lambda_1(t)$和$q(t)\lambda_1(t)$的两个非齐次 Poisson 过程。同样地，以$N_{21}(t)$和$N_{22}(t)$分别表示$Y(t)\geqslant M$时致命冲击和非致命冲击的次数，则$\{N_{21}(t),t\geqslant 0\}$和$\{N_{22}(t),t\geqslant 0\}$为强度分别为$p(t)\lambda_2(t)$和$q(t)\lambda_2(t)$的两个非齐次 Poisson 过程。

图 9.2 为随机延迟退化系统在同时经受两类外界冲击时退化失效过程和冲击失效过程的示意图，其中，H为系统冲击失效阈值。

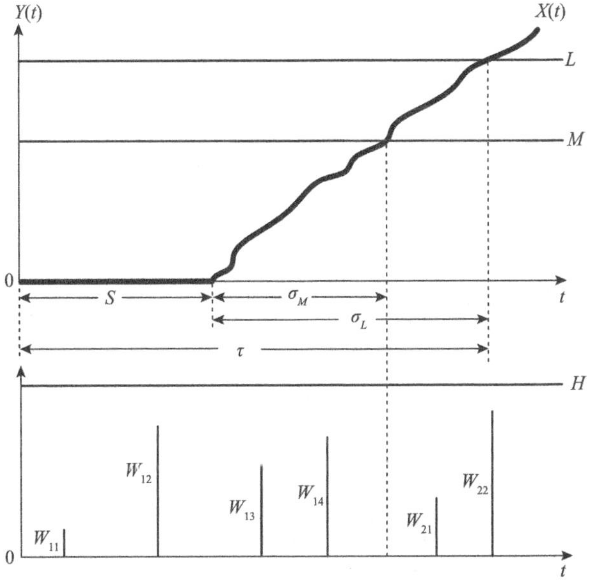

图 9.2　随机延迟退化系统退化失效过程和冲击失效过程示意图

9.2 系统可靠性建模

系统失效发生在总的退化特征量$Y(t)$首次达到退化失效阈值L时，或非致命冲击发生条件下冲击损伤量首次超过冲击失效阈值H时，或首次发生致命冲击时。根据DTS理论框架，本节首先对$Y(t)<M$和$Y(t)\geqslant M$两种情形下系统“生存”概率分别进行分析，其次推导系统可靠性模型。

9.2.1 退化特征量小于某退化水平 *M* 时系统不发生失效的概率

当$Y(t)<M$时，系统不发生失效的概率为

$$
\begin{aligned}
R_1(t) &= P\{\tau > t \mid Y(t) < M\} \\
&= P\left\{W_{11} < H, W_{12} < H, \cdots, W_{1N_{12}(t)} < H, N_{11}(t) = 0\right\}\mathbf{1}\{t > S\} \\
&\quad + P\left\{X(t-S) < M, W_{11} < H, W_{12} < H, \cdots, W_{1N_{12}(t)} < H, N_{11}(t) = 0\right\}\mathbf{1}\{t > S\} \\
&= \sum_{k_1=0}^{\infty} P\left\{W_{11} < H, W_{12} < H, \cdots, W_{1N_{12}(t)} < H, N_{11}(t) = 0 \,\middle|\, N_{12}(t) = k_1\right\} P\{N_{12}(t) = k_1\} \\
&\quad + \sum_{k_2=0}^{\infty} P\left\{\sigma_M + S > t, W_{11} < H, W_{12} < H, \cdots, W_{1N_{12}(t)} < H, N_{11}(t) = 0 \,\middle|\, N_{12}(t) = k_2\right\} \\
&\quad \times P\{N_{12}(t) = k_2\} \\
&= \sum_{k_1=0}^{\infty} \prod_{i=1}^{k_1} P\{W_{1i} < H\} P\{N_{11}(t) = 0\} P\{N_{12}(t) = k_1\} \\
&\quad + \sum_{k_2=0}^{\infty} P\{\sigma_M + S > t\} \prod_{j=1}^{k_2} P\left\{W_{1j} < H\right\} P\{N_{11}(t) = 0\} P\{N_{12}(t) = k_2\} \\
&= \sum_{k_1=0}^{\infty} \left[F_{W_1}(H)\right]^{k_1} \exp\left[-\int_0^t p(u)\lambda_1(u)\,\mathrm{d}u\right] \frac{\left[\int_0^t q(u)\lambda_1(u)\,\mathrm{d}u\right]^{k_1}}{(k_1)!} \exp\left[-\int_0^t q(u)\lambda_1(u)\,\mathrm{d}u\right] \\
&\quad + \sum_{k_2=0}^{\infty} \left(1 - P\{\sigma_M + S \leqslant t\}\right)\left[F_{W_1}(H)\right]^{k_2} \exp\left[-\int_0^t p(v)\lambda_1(v)\,\mathrm{d}v\right] \\
&\quad \times \frac{\left[\int_0^t q(v)\lambda_1(v)\,\mathrm{d}v\right]^{k_2}}{(k_2)!} \exp\left[-\int_0^t q(v)\lambda_1(v)\,\mathrm{d}v\right]
\end{aligned}
\tag{9.8}
$$

其中，$\mathbf{1}\{A\}$ 是事件 A 的指示函数，即当事件 A 发生时，$\mathbf{1}\{A\}=1$，当事件 A 不发生时，$\mathbf{1}\{A\}=0$；$f_S(t)$ 是延迟退化期 S 的概率密度函数，即 $f_S(t)=\mathrm{d}F_S(t)/\mathrm{d}t$。

9.2.2　退化特征量不小于某退化水平 *M* 时系统不发生失效的概率

当 $Y(t)\geqslant M$ 时，系统不发生失效的概率为

$$
\begin{aligned}
R_2(t) &= P\{\tau > t \mid Y(t)\geqslant M\} \\
&= P\Big\{M < Y(t) < L, W_{11} < H, W_{12} < H, \cdots, W_{1N_{12}(S+\sigma_M)} < H, \\
&\quad W_{21} < H, W_{22} < H, \cdots, W_{2N_{22}(t-S-\sigma_M)} < H, N_{11}(S+\sigma_M)=0, N_{21}(t-S-\sigma_M)=0\Big\} \\
&= \int_0^t \int_0^{t-x} \overline{F}_{\sigma_L-\sigma_M}(t-x-y) \sum_{k_3=0}^{\infty} \prod_{i=1}^{k_3} P\{W_{1i} < H\} P\{N_{11}(x+y)=0\} \\
&\quad \times P\{N_{12}(x+y)=k_3\} \sum_{k_4=0}^{\infty} \prod_{j=1}^{k_4} P\{W_{2j} < H\} P\{N_{21}(t-x-y)=0\} \\
&\quad \times P\{N_{22}(t-x-y)=k_4\} \mathrm{d}P\{S\leqslant x\} \mathrm{d}P\{\sigma_M \leqslant y\} \\
&= \sum_{k_3=0}^{\infty} \sum_{k_4=0}^{\infty} \int_0^t \int_0^{t-x} \overline{F}_{\sigma_L-\sigma_M}(t-x-y) \left[F_{W_1}(H)\right]^{k_3} \left[F_{W_2}(H)\right]^{k_4} \\
&\quad \times \frac{\left[\int_0^{x+y} q(w)\lambda_1(w)\mathrm{d}w\right]^{k_3}}{(k_3)!} \frac{\left[\int_0^{t-x-y} q(z)\lambda_2(z)\mathrm{d}z\right]^{k_4}}{(k_4)!} \\
&\quad \times \exp\left[-\int_0^{x+y} \lambda_1(w)\mathrm{d}w - \int_0^{t-x-y} \lambda_2(z)\mathrm{d}z\right] f_S(x) f_{\sigma_M}(y)\mathrm{d}x\mathrm{d}y \\
&= \sum_{k_1=0}^{\infty} \left[F_{W_1}(H)\right]^{k_1} \frac{\left[\int_0^t q(u)\lambda_1(u)\mathrm{d}u\right]^{k_1}}{(k_1)!} \exp\left[-\int_0^t \lambda_1(u)\mathrm{d}u\right] \\
&\quad + \sum_{k_2=0}^{\infty} \left[1-\int_0^t F_{\sigma_M}(t-v) f_S(v)\mathrm{d}v\right] \left[F_{W_1}(H)\right]^{k_2} \frac{\left[\int_0^t q(v)\lambda_1(v)\mathrm{d}v\right]^{k_2}}{(k_2)!} \exp\left[-\int_0^t \lambda_1(v)\mathrm{d}v\right]
\end{aligned}
\tag{9.9}
$$

其中，$\overline{F}_{\sigma_L-\sigma_M}(t)$ 是 $\sigma_L-\sigma_M$ 的可靠性函数，即 $\overline{F}_{\sigma_L-\sigma_M}(t)=P\{\sigma_L-\sigma_M>t\}$。基于 Gamma 过程的过冲特性，$\sigma_L-\sigma_M\neq\sigma_{L-M}$ 且 $X(\sigma_M)\neq\sigma_M$，很难推导出随机变量

$\sigma_L-\sigma_M$的精确分布。贝伦格尔（Berenguer）给出了$\sigma_L-\sigma_M$的分布函数为

$$F_{\sigma_L-\sigma_M}(t)=\begin{cases}1+\iint_{\substack{M<x<L,\\0<x+y<L,\\0<y}}\left(\int_0^{\infty}f_{\alpha u,\beta}(x)\,\mathrm{d}u\right)\dfrac{\partial f_{\alpha t,\beta}(y)}{\partial t}\mathrm{d}x\,\mathrm{d}y, & y>x>0\\ 1-\int_t^{\infty}\int_0^{y-t}\alpha\left(\int_0^{M}f_{\alpha x,\beta}(u)\,\mathrm{d}u\right)\left[\int_{L-y}^{\infty}\dfrac{\exp(-\beta z)}{z}\mathrm{d}z\right]\mathrm{d}x\,\mathrm{d}y, & y=x>0\end{cases} \tag{9.10}$$

基于式(9.10)的复杂性，实际计算中很少直接采用式(9.10)。Huynh 等(2012)给出了$2(L-M)>1/\beta$时$\sigma_L-\sigma_M$分布函数$F_{\sigma_L-\sigma_M}(t)$的近似计算：

$$F_{\sigma_L-\sigma_M}(t)\approx F_{\sigma_{L-M-\frac{1}{2\beta}}}(t)=\int_{L-M-\frac{1}{2\beta}}^{\infty}f_{\alpha t,\beta}(x)\,\mathrm{d}x=\frac{\Gamma\left(\alpha t,\beta\left(L-M-\dfrac{1}{2}\right)\right)}{\Gamma(\alpha t)} \tag{9.11}$$

$\sigma_L-\sigma_M$对应的概率密度函数为

$$f_{\sigma_L-\sigma_M}(t)\approx f_{\sigma_{L-M-\frac{1}{2\beta}}}(t)=\frac{\alpha}{\Gamma(\alpha t)}\int_{\beta(L-M-1/2)}^{\infty}\left[\ln(x)-\psi(\alpha t)\right]x^{\alpha t-1}\mathrm{e}^{-x}\,\mathrm{d}x \tag{9.12}$$

其中，$\psi(u)$是 digamma 函数。但是，当$2(L-M)\leqslant 1/\beta$时，$F_{\sigma_L-\sigma_M}(t)$不能用式(9.11)进行近似计算。

因此，系统可靠性函数为

$$\begin{aligned}R(t)&=P\{\tau>t\}\\&=P\{\tau>t,Y(t)<M\}+P\{\tau>t,Y(t)\geqslant M\}\\&=\sum_{k_1=0}^{\infty}\overline{F}_{\sigma_M}(t)\left[F_{W_1}(H)\right]^{k_1}\frac{\left[\int_0^t q(u)\lambda_1(u)\,\mathrm{d}u\right]^{k_1}}{(k_1)!}\exp\left[-\int_0^t\lambda_1(u)\,\mathrm{d}u\right]\\&\quad+\sum_{k_2=0}^{\infty}\left[1-\int_0^t F_{\sigma_M}(t-v)f_S(v)\,\mathrm{d}v\right]\left[F_{W_1}(H)\right]^{k_2}\frac{\left[\int_0^t q(v)\lambda_1(v)\,\mathrm{d}v\right]^{k_2}}{(k_2)!}\exp\left[-\int_0^t\lambda_1(v)\,\mathrm{d}v\right]\\&\quad+\sum_{k_3=0}^{\infty}\sum_{k_4=0}^{\infty}\int_0^t\int_0^{t-x}\overline{F}_{\sigma_L-\sigma_M}(t-x-y)\left[F_{W_1}(H)\right]^{k_3}\left[F_{W_2}(H)\right]^{k_4}\frac{\left[\int_0^{x+y}q(w)\lambda_1(w)\,\mathrm{d}w\right]^{k_3}}{(k_3)!}\end{aligned}$$

$$\times \frac{\left[\int_0^{t-x-y} q(z)\lambda_2(z)\,\mathrm{d}z\right]^{k_4}}{(k_4)!} \exp\left[-\int_0^{x+y} \lambda_1(w)\,\mathrm{d}w - \int_0^{t-x-y} \lambda_2(z)\,\mathrm{d}z\right] f_S(x) f_{\sigma_M}(y)\,\mathrm{d}x\,\mathrm{d}y \tag{9.13}$$

其中，$\overline{F}_{\sigma_M}(t) \equiv 1 - F_{\sigma_M}(t)$。

式（9.13）所示的系统可靠性函数可视为许多相关竞争失效系统可靠性评估公式的一般形式，可根据实际情况拓展为很多实用模型。

（1）当延迟退化期 $S=0$ 时，系统从初始时刻就开始退化，其可靠性函数可表示为

$$\begin{aligned} R(t) &= \sum_{k_1=0}^{\infty} \overline{F}_{\sigma_M}(t)\left[F_{W_1}(H)\right]^{k_1} \frac{\left[\int_0^t q(u)\lambda_1(u)\,\mathrm{d}u\right]^{k_1}}{(k_1)!} \exp\left[-\int_0^t \lambda_1(u)\,\mathrm{d}u\right] \\ &\quad + \sum_{k_2=0}^{\infty}\sum_{k_3=0}^{\infty} \int_0^t \overline{F}_{\sigma_L-\sigma_M}(t-z)\left[F_{W_1}(H)\right]^{k_2}\left[F_{W_2}(H)\right]^{k_3} \frac{\left[\int_0^z q(v)\lambda_1(v)\,\mathrm{d}v\right]^{k_2}}{(k_2)!} \\ &\quad \times \frac{\left[\int_0^{t-z} q(v)\lambda_2(v)\,\mathrm{d}v\right]^{k_3}}{(k_3)!} \exp\left[-\int_0^z \lambda_1(v)\,\mathrm{d}v - \int_0^{t-z} \lambda_2(v)\,\mathrm{d}v\right] f_{\sigma_M}(z)\,\mathrm{d}z \end{aligned} \tag{9.14}$$

（2）当 $p(t)=0$，外界所有的冲击均为非致命冲击时，其可靠性函数可表示为

$$\begin{aligned} R(t) &= \sum_{k_1=0}^{\infty} \overline{F}_{\sigma_M}(t)\left[F_{W_1}(H)\right]^{k_1} \frac{\left[\int_0^t \lambda_1(u)\,\mathrm{d}u\right]^{k_1}}{(k_1)!} \exp\left[-\int_0^t \lambda_1(u)\,\mathrm{d}u\right] \\ &\quad + \sum_{k_2=0}^{\infty}\left[1-\int_0^t F_{\sigma_M}(t-v) f_S(v)\,\mathrm{d}v\right]\left[F_{W_1}(H)\right]^{k_2} \frac{\left[\int_0^t \lambda_1(v)\,\mathrm{d}v\right]^{k_2}}{(k_2)!} \exp\left[-\int_0^t \lambda_1(v)\,\mathrm{d}v\right] \\ &\quad + \sum_{k_3=0}^{\infty}\sum_{k_4=0}^{\infty} \int_0^t\int_0^{t-x} \overline{F}_{\sigma_L-\sigma_M}(t-x-y)\left[F_{W_1}(H)\right]^{k_3}\left[F_{W_2}(H)\right]^{k_4} \frac{\left[\int_0^{x+y} \lambda_1(w)\,\mathrm{d}w\right]^{k_3}}{(k_3)!} \\ &\quad \times \frac{\left[\int_0^{t-x-y} \lambda_2(z)\,\mathrm{d}z\right]^{k_4}}{(k_4)!} \exp\left[-\int_0^{x+y} \lambda_1(w)\,\mathrm{d}w - \int_0^{t-x-y} \lambda_2(z)\,\mathrm{d}z\right] f_S(x) f_{\sigma_M}(y)\,\mathrm{d}x\,\mathrm{d}y \end{aligned} \tag{9.15}$$

（3）当 $\lambda_1(t)=\lambda_2(t)=\lambda(t)$ ，即外界冲击到达强度不随系统退化程度而改变时，其可靠性函数可表示为

$$
\begin{aligned}
R(t)=&\sum_{k_1=0}^{\infty}\overline{F}_{\sigma_L}(t)\left[F_W(H)\right]^{k_1}\frac{\left[\int_0^t q(u)\lambda(u)\,\mathrm{d}u\right]^{k_1}}{(k_1)!}\exp\left[-\int_0^t\lambda(u)\,\mathrm{d}u\right]\\
&+\sum_{k_2=0}^{\infty}\int_0^t\overline{F}_{\sigma_L}(t)\left[F_W(H)\right]^{k_2}\frac{\left[\int_0^t q(u)\lambda(u)\,\mathrm{d}u\right]^{k_2}}{(k_2)!}\exp\left[-\int_0^t\lambda(u)\,\mathrm{d}u\right]f_S(x)\,\mathrm{d}x
\end{aligned}
\tag{9.16}
$$

9.3 最优预防维修决策

本节在式（9.13）所建立的可靠性评估模型的基础上，制定此随机延迟退化系统的预防维修策略，并从最优维修成本率的角度比较以周期更换策略为代表的基于时间的维修策略（策略 A）和以检修更换策略为代表的基于状态的维修策略（策略 B）的优劣。对于策略 A，系统在固定的周期 $kT\ (k=1,2,\cdots)$ 进行预防性更换且更换成本为 c_R 。如果在更换周期内发生故障，则采取故障不修的方式，停工成本率为 c_D 。对于策略 B，系统在固定的周期 $kT\ (k=1,2,\cdots)$ 进行检修且每次检修成本为 c_I 。若检修时发现系统已故障，则进行事后更换且更换成本为 c_R ，若检修时系统未发生故障，则不采取任何措施。策略 A 和策略 B 的示意图如图 9.3 所示，其中， $K_1,K_2,\cdots$ 为系统更新周期。

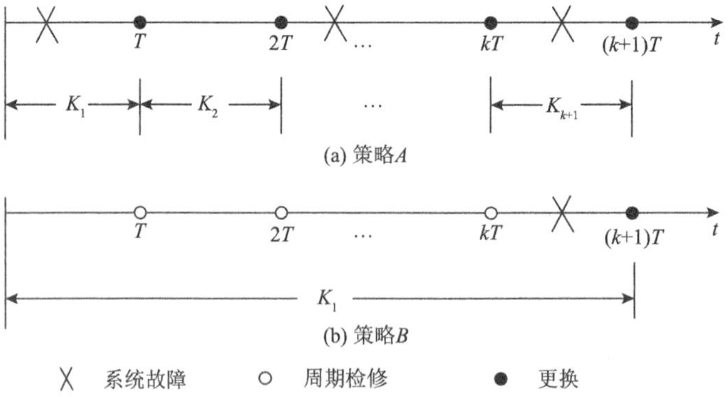

图 9.3　策略 A 和策略 B 的示意图

本节进行维修优化的理论基础依然为更新报酬定理，其中，$C(t)$ 假设为直到时刻 t 系统的总维修成本，$E[K_1]$ 为第一个更新周期 K_1 的平均长度，$E[C(K_1)]$ 为第一个更新周期 K_1 内的期望维修成本，则待优化的目标函数为

$$C_{\infty}=\lim_{t\to\infty}\frac{C(t)}{t}=\frac{E[C(K_1)]}{E[K_1]} \tag{9.17}$$

9.3.1　策略 *A*：基于时间的维修策略

对于策略 A，其维修成本率为

$$C_A(T)=\frac{E[C(K_1)]}{E[K_1]}=\frac{c_R+c_D\int_0^T(T-t)\mathrm{d}F(t)}{T}=\frac{c_R+c_D\int_0^T F(t)\mathrm{d}t}{T} \tag{9.18}$$

其中，$F(t)$ 是系统失效分布函数，可根据 $F(t)\equiv 1-R(t)$ 由式（9.13）得到。对 $C_A(T)$ 求导并令导函数等于 0，可得

$$T_A F(T_A)-\int_0^{T_A}F(t)\mathrm{d}t=\frac{c_R}{c_D} \tag{9.19}$$

令式（9.19）的左侧为 $h_A(T_A)$，由于 $\frac{\mathrm{d}h_A(T_A)}{\mathrm{d}T_A}=T_A\frac{\mathrm{d}F(T_A)}{\mathrm{d}T_A}>0$，$h_A(T_A)$ 随 T_A 单调递增。当 $h_A(\infty)=\lim\limits_{T_A\to\infty}h_A(T_A)=\mu_\tau>\frac{c_R}{c_D}$，即 $\mu_\tau c_D>c_R$ 时，存在唯一的 $T_A^*\ (0<T_A^*<\infty)$ 使得 $C_A(T)$ 最小且 T_A^* 满足式（9.19），此时策略 A 的最优维修成本率为

$$C_A(T_A^*)=c_D F(T_A^*) \tag{9.20}$$

当 $h_A(\infty)=\lim\limits_{T_A\to\infty}h_A(T_A)\leqslant\frac{c_R}{c_D}$，即 $\mu_\tau c_D\leqslant c_R$ 时，$T_A^*=\infty$，此时策略 A 的最优维修成本率为

$$C_A(T_A^*)=c_D \tag{9.21}$$

其中，$\mu_\tau=\int_0^{\infty}R(t)\mathrm{d}t$ 是系统平均寿命。

9.3.2 策略 *B*：基于状态的维修策略

对于策略 B，一个更新周期内的总成本包括检修成本、停工成本和更换成本，即

$$E[C(K_1)] = c_I E[N_I] + c_D E[\rho] + c_R \tag{9.22}$$

其中，N_I 是一个更新周期内的检修次数；ρ 是更换前的系统故障时间。根据图 9.3，有

$$\begin{aligned} E[N_I] &= \sum_{k=1}^{\infty} kP\{N_I = k\} = \sum_{k=1}^{\infty} kP\{(k-1)T < \tau < kT\} \\ &= \sum_{k=1}^{\infty} k\left[F(kT) - F((k-1)T)\right] \end{aligned} \tag{9.23}$$

更换前的系统故障时间为 $\rho = N_I T - \tau$，有

$$\begin{aligned} E[\rho] &= \sum_{k=1}^{\infty} \int_{(k-1)T}^{kT} (kT - t)\,\mathrm{d}F(t) P\{(k-1)T < \tau < kT\} \\ &= \sum_{k=1}^{\infty} \int_{(k-1)T}^{kT} (kT - t)\,\mathrm{d}F(t)\left[F(kT) - F((k-1)T)\right] \end{aligned} \tag{9.24}$$

第一个更新周期的长度为 $K_1 = N_I T$，有

$$E[K_1] = E[N_I]T = \sum_{k=1}^{\infty} kT\left[F(kT) - F((k-1)T)\right] \tag{9.25}$$

策略 B 的维修成本率为

$$\begin{aligned} C_B(T) &= \frac{E[C(K_1)]}{E[K_1]} \\ &= \frac{c_I \sum_{k=1}^{\infty} k\left[F(kT) - F((k-1)T)\right]}{\sum_{k=1}^{\infty} kT\left[F(kT) - F((k-1)T)\right]} \\ &\quad + \frac{c_D \sum_{k=1}^{\infty} \int_{(k-1)T}^{kT} (kT - t)\,\mathrm{d}F(t)\left[F(kT) - F((k-1)T)\right] + c_R}{\sum_{k=1}^{\infty} kT\left[F(kT) - F((k-1)T)\right]} \end{aligned}$$

$$
=\frac{c_I\sum_{k=1}^{\infty}R(kT)-c_D\mu_\tau+c_R}{T\sum_{k=1}^{\infty}R(kT)}+c_D \tag{9.26}
$$

其中，μ_τ 是系统平均寿命，即 $\mu_\tau=\int_0^\infty t\,\mathrm{d}F(t)=\int_0^\infty R(t)\mathrm{d}t$。

由式（9.26），可得到 $\lim_{T\to 0}C_B(T)=\infty$ 和 $\lim_{T\to\infty}C_B(T)=c_D$，因此，存在最优 $T_B^*\,(0<T_B^*\leqslant\infty)$ 使得 $C_B(T)$ 最小。$C_B(T)$ 对 T 求导并令导函数等于零，可得到 T_B^* 满足

$$
\left[c_I\sum_{k=1}^{\infty}R(kT_B)-c_D\mu_\tau+c_R\right]\frac{\sum_{k=1}^{\infty}R(kT_B)}{\sum_{k=1}^{\infty}kT_Bf(kT_B)}=c_R-c_D\mu_\tau \tag{9.27}
$$

其中，$f(t)$ 是失效概率密度函数，且 $f(t)=\mathrm{d}F(t)/\mathrm{d}t$。策略 B 的最优维修成本率为

$$
C_B(T_B^*)=c_D-\frac{(c_D\mu_\tau-c_R)\sum_{k=1}^{\infty}kf(kT_B^*)}{\sum_{k=1}^{\infty}R(kT_B^*)\sum_{k=1}^{\infty}R(kT_B^*)} \tag{9.28}
$$

策略 A 和策略 B 优劣的对比依然由维修成本率的相对增益 $\mathrm{RG}(A/B)$ 来实现，如式（8.26）所示。当 $\mathrm{RG}(A/B)>0$ 时，$C_B(T_B^*)>C_A(T_A^*)$，策略 A 比策略 B 更经济，此时更适宜采用策略 A。当 $\mathrm{RG}(A/B)=0$ 时，$C_B(T_B^*)=C_A(T_A^*)$，策略 A 和策略 B 经济性一致。当 $\mathrm{RG}(A/B)<0$ 时，$C_A(T_A^*)>C_B(T_B^*)$，策略 B 比策略 A 更经济，此时更适宜采用策略 B。

9.4　案 例 分 析

气体绝缘金属封闭开关设备自 20 世纪 60 年代被实用化以来，广泛应用于高压、超高压和特高压领域。与常规敞开式变电站相比，气体绝缘金属封闭开关设

备具有结构紧凑、可靠性高、配置灵活、安装方便、环境适应性强、维护工作量小等优点，其故障率只有常规设备的 20%～40%。气体绝缘金属封闭开关设备一般由断路器、隔离开关、接地开关、互感器、避雷器、母线、连接件和出线终端等组成，这些设备或部件全部封闭在金属接地的外壳中，在其内部充有一定压力的六氟化硫（SF_6）绝缘气体。本节将本章所建可靠性评估模型应用到某气体绝缘金属封闭开关设备的实际案例中，同时分析参数敏感性对两个维修策略选取的影响。

9.4.1　失效模式分析

由于 SF_6 绝缘气体泄漏、外部水分渗入、导电杂质存在、绝缘子老化等因素影响，气体绝缘金属封闭开关设备内部可能发生闪络故障。同时，气体绝缘金属封闭开关设备的全密封结构使故障的定位及检修比较困难，检修工作繁杂，事故后平均停电检修时间比常规设备长，停电范围大，故障时涉及的元件较多。局部放电和 SF_6 绝缘气体泄漏是气体绝缘金属封闭开关设备发生故障的主要原因，其中，局部放电受环境影响，可用冲击失效机制进行刻画，SF_6 绝缘气体泄漏则来自设备内部，可用参数为 $\alpha=1/12$ 和 $\beta=1/6$ 的 Gamma 过程进行描述。当 SF_6 绝缘气体泄漏量超过 15MPa 时，气体绝缘金属封闭开关设备发生退化失效，即系统退化失效阈值 $L=15\,\text{MPa}$。冲击失效过程与 SF_6 绝缘气体泄漏量密切相关，当 SF_6 绝缘气体泄漏量小于 10MPa 时，局部放电强度为 $\lambda_1(t)=\lambda_1=5.9288\text{a}^{-1}$，当 SF_6 绝缘气体泄漏量大于 10MPa 时，局部放电强度为 $\lambda_2(t)=\lambda_2=6.1033\text{a}^{-1}$。局部放电为非致命损伤时，对系统的损伤量服从正态分布。当 SF_6 绝缘气体泄漏量小于 10MPa 时，损伤量 $W_{11},W_{12},\cdots\sim N(\mu_{W_1},\sigma_{W_1}^2)$，其中，$\mu_{W_1}=2609.7218$，$\sigma_{W_1}=79.7359$。当 SF_6 绝缘气体泄漏量大于 10MPa 时，损伤量 $W_{21},W_{22},\cdots\sim N(\mu_{W_2},\sigma_{W_2}^2)$，其中，$\mu_{W_2}=2703.8019$，$\sigma_{W_2}=88.2643$。该气体绝缘金属封闭开关设备的其他参数如表 9.2 所示。

表 9.2　该气体绝缘金属封闭开关设备的部分参数

参数	取值	说明
H	2980	冲击失效阈值
M/MPa	10	小于退化失效阈值的某退化水平
c_I/万元	20	检修成本
c_D/（万元/a）	200	停工成本率
c_R/万元	50	更换成本

9.4.2 最优预防维修策略

气体绝缘金属封闭开关设备具有良好的密封效果，在其刚开始运行的较长一段时间内监测不到内部 SF_6 绝缘气体的泄漏，因此用延迟退化来进行描述。考虑到 Weibull 分布在产品寿命中的广泛适用性，假设延迟退化期 S 服从 Weibull 分布 $F_S(t)=1-\exp\left[-(\gamma t)^m\right]$，其中，形状参数 $m=2$，尺度参数 $\gamma=0.1$。为了简化计算，假设致命冲击的发生概率为常数，即 $p(t)=p=0.5$。根据式（9.13），系统可靠性函数如图 9.4 所示。

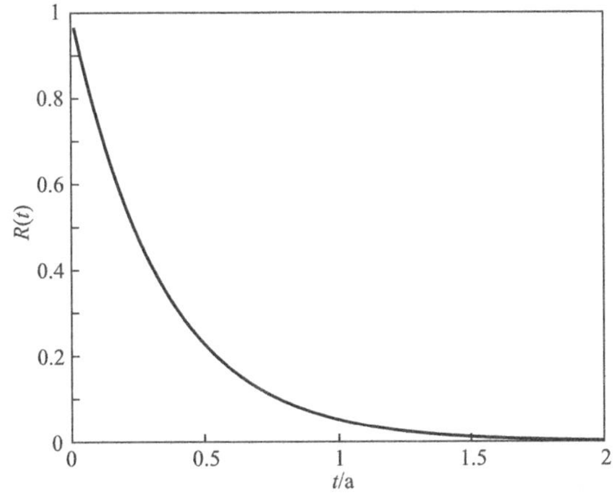

图 9.4　$p=0.5$，$\gamma=0.1$时系统的可靠性函数

从图 9.4 中可以看出，系统可靠性在其开始运行的 1a 内迅速下降，在随后的时间下降速率则逐渐变缓。使用表 9.1 中的成本参 181 数，可得到策略 A 和策略 B 的维修成本率，如图 9.5 所示。

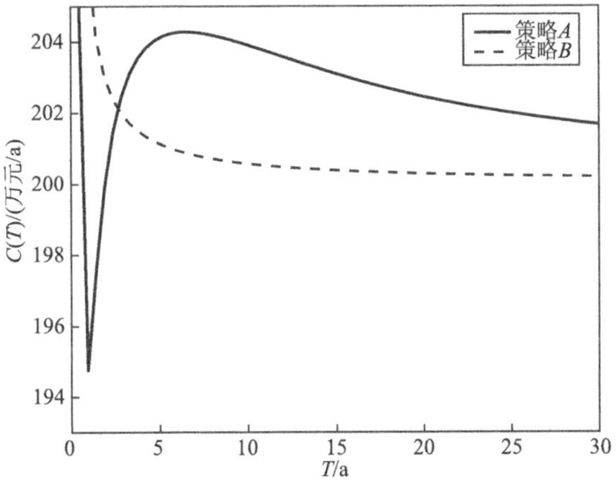

图 9.5　策略 A 和策略 B 的维修成本率

从图 9.5 中可以看出，策略 A 的最优更换周期 T_A^* 存在，即 $0<T_A^*<\infty$。策略 B 的最优检修周期为 $T_B^*=\infty$。具体地，策略 A 的最优维修成本率 $C_A(T_A^*)=194.7$ 万元/a，策略 B 的最优维修成本率 $C_B(T_B^*)=200.4$ 万元/a，且维修成本率的相对增益 $\mathrm{RG}(A/B)=0.028$。这说明在 $p=0.5$，$\gamma=0.1$ 时，策略 A 比策略 B 更经济，此延迟退化失效系统更适宜采用策略 A。

9.4.3 敏感性分析

进一步研究参数变动对维修策略选择的影响。首先，固定延迟退化期的长度，即固定 Weibull 分布的尺度参数 $\gamma = 0.1$，变动致命冲击的发生概率 $p\,(0<p<1)$。此处仅列出四个 p 值下系统的可靠性函数，如图 9.6 所示。

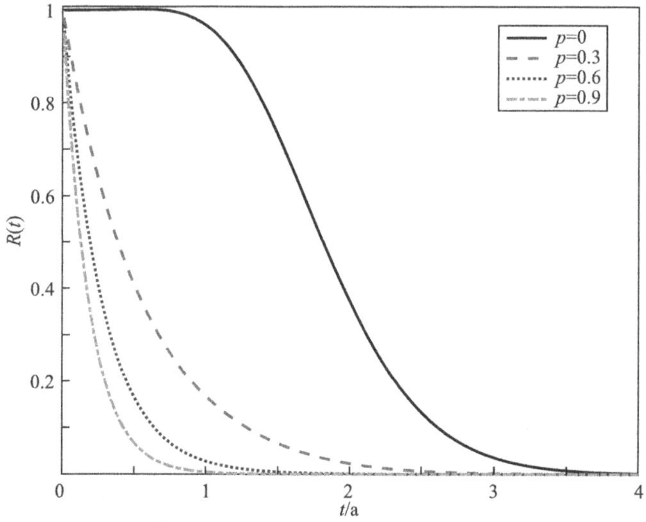

图 9.6　不同 p 值下的系统可靠性函数（$\gamma=0.1$）

从图 9.6 中可以看出，随着致命冲击发生概率 p 值的增大，同一时间上的系统可靠性函数 $R(t)$ 逐渐降低，说明两类冲击效果对系统可靠性的影响强烈。图 9.6 中的 $p = 0$ 表示所有的冲击效果均为非致命冲击，系统可靠性函数 $R(t)$ 的具体形式可见式（9.15）。因此，无致命冲击作用下，系统可靠性明显提高。表 9.3 为不同 $p\,(0<p<1)$ 值下策略 A 和策略 B 的最优维修成本率及其相对增益。

表 9.3　不同 p 值下策略 A 和策略 B 的最优维修成本率及其相对增益（$\gamma=0.1$）

项目	p								
	0.1	0.2	0.3	0.4	0.5	0.6	0.7	0.8	0.9
T_A^* /a	0.9238	0.9238	0.9238	0.9238	0.9238	∞	∞	∞	∞
$C_A(T_A^*)$ /（万元/a）	104.2	138.9	163.6	181.5	194.7	200.3	200.3	200.3	200.3
T_B^* /a	0.9238	0.9238	0.9238	0.9238	∞	∞	∞	∞	∞
$C_B(T_B^*)$ /（万元/a）	123.4	150.6	175.4	195.4	200.4	200.1	200.2	200.2	200.2
RG(A / B)	0.3825	0.1556	0.0777	0.0673	0.0711	0.0284	−0.0005	−0.0005	−0.0005

从表 9.3 中可以看出，致命冲击发生概率 p 较小时，$\mathrm{RG}(A/B)>0$，说明策略 A 比策略 B 更经济，此系统更适宜采用策略 A。随着 p 的增大，维修成本率的相对增益 $\mathrm{RG}(A/B)$ 有逐渐变小的趋势，且对于 $0.6<p<1$，$\mathrm{RG}(A/B)<0$，说明策略 B 比策略 A 更经济。但此时由于 $T_A^*=\infty$ 和 $T_B^*=\infty$，此延迟退化系统不再适宜采用这两种预防维修策略。图 9.7 为 $\gamma=0.1$ 时，不同 p 值下策略 A 和策略 B 的维修成本率的相对增益曲线。

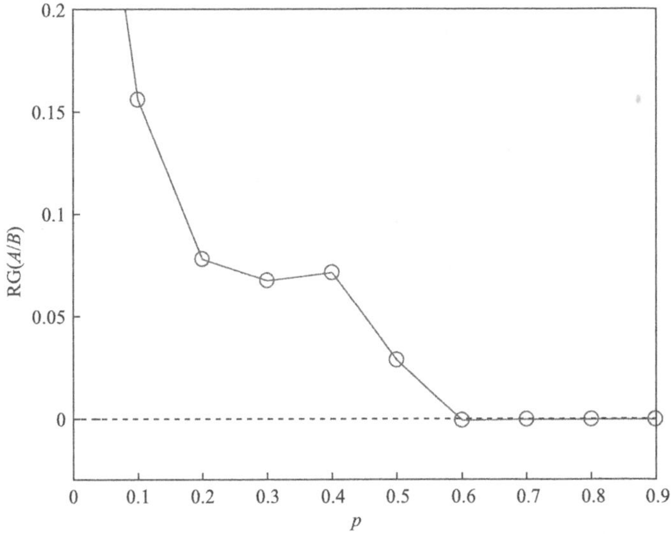

图 9.7　不同 p 值下策略 A 和策略 B 的维修成本率的相对增益曲线（$\gamma=0.1$）

其次，固定致命冲击的发生概率 $p(t)=p=0.5$，变动延迟退化期 S 的分布函数 $F_S(t)$ 中的尺度参数 γ，系统可靠性函数的变动趋势如图 9.8 所示。

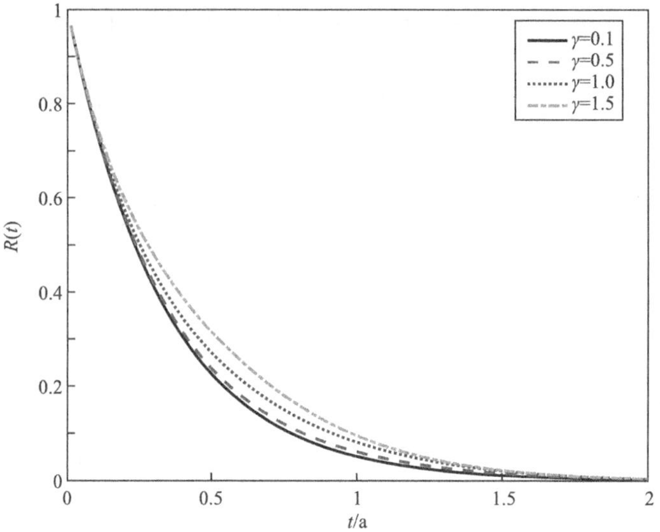

图 9.8　不同 γ 值下的系统可靠性函数（$p=0.5$）

从图 9.8 中可以看出，当形状参数 m 固定时，随着 γ 的增大，延迟退化期 S 的期望长度 $E[S]=\frac{1}{\gamma}\Gamma\left(1+\frac{1}{m}\right)$ 逐渐变小，同一时间上的系统可靠性函数 $R(t)$ 逐渐提高，说明延迟退化期对系统可靠性的影响也很明显。$p=0.5$ 时，不同 γ 值下策略 A 和策略 B 的最优维修成本率如表 9.4 所示。

表 9.4　不同 γ 值下策略 A 和策略 B 的最优维修成本率（$p=0.5$）

项目	γ			
	0.1	0.5	1.0	1.5
T_A^* /a	0.9238	0.9238	0.9238	0.9238
$C_A(T_A^*)$ /（万元/a）	194.7	192.8	187.8	181.7
T_B^* /a	∞	∞	∞	1.386
$C_B(T_B^*)$ /（万元/a）	200.4	200.1	200	196.1

从表 9.4 中可以看出，当 $p=0.5$ 时，对于 γ 的四个取值，策略 A 的最优更换周期 T_A^* 保持不变，而维修成本率均存在 $C_A(T_A^*)<C_B(T_B^*)$，说明策略 A 比策略 B 更经济。

本 章 小 结

考虑到系统从投入运行到开始发生明显退化存在一定的时间延迟，本章将系统总的性能退化过程分为延迟退化期和正常退化期两个阶段。在延迟退化期，系统性能几乎不发生变化且延迟退化期长度是随机的；在正常退化期，系统退化特征量用 Gamma 过程来进行描述。系统在发生性能缓慢退化的同时，经受外界随机冲击，冲击用非齐次 Poisson 过程进行描述，根据影响效果，将外界冲击分为致命冲击和非致命冲击两类。冲击过程和退化过程是双重相关的，且系统失效是两个过程竞争的结果。本章在 DTS 理论框架的基础上建立了随机延迟退化系统的可靠性评估模型，提出两类预防维修策略并以维修成本率的相对增益为目标来衡量策略的优劣。同时，将所建立的理论模型运用到气体绝缘金属封闭开关设备的可靠性分析及预防维修策略选取的案例中，为工程实际中的维修决策提供了重要参考。

第10章 基于扩展累积冲击损伤模型的多部件系统退化建模及维修策略

以往的研究均假定冲击对系统造成的损伤是不可恢复的，即对系统冲击损伤的消除均需要投入外部维修资源。美国科学家 White（2001）等在被动模式埋植式自修复体系概念的基础上，首先提出微胶囊埋植式高分子自修复模型。微胶囊自修复材料的修复过程如下：当基体中的裂纹扩展使微胶囊破裂时，微胶囊中的修复剂在毛细作用下流到裂纹处，在催化剂的作用下发生聚合反应，修复裂纹。此后关于自修复材料的研究得到了快速发展，在工程、防御、海洋石油勘探、电子和生物医学等领域均引起了广泛的关注。

自修复材料具有自我愈合和自动修复功能，一般不需要外界维修资源的干预和介入。例如，太空船船体表面的细小裂缝往往出现在材料的下方，这些地方比较隐蔽，人眼根本无法看到。这些裂缝形成后会不断扩大，势必削弱材料的承受能力，直到断裂。为了防止这些裂缝扩大，科学家研制出一种新型材料，它可以识别裂缝，并在裂缝出现时立即进行自我修复，从而延长太空船的使用寿命。添加特殊愈合材料的混凝土在接触水时可以自动生成石灰石，帮助墙体裂缝自动愈合，无须人工修复就可使建筑的使用寿命得以延长。应用在防护领域的智能材料则能及时发现涂层厚度或空间内粒子浓度不达标等信息，进而根据变化发生新的反应，进行修复，免除人工维护。

本章在自修复材料自动治愈损伤的启示下，分别引入损伤自治愈系数和损伤加剧系数，将标准的累积冲击损伤模型进行扩展，并将其应用到多部件系统的退化建模和维修决策中，建立更广义化更一般化的针对相关竞争失效多部件系统的可靠性评估模型。同时，将理论模型应用到添加了特殊损伤治愈材料的微机电系统的案例分析中，以验证模型的有效性和实用性。

10.1 问题描述与基本假设

在对系统可靠性进行建模之前，首先对系统中单个部件的失效模式进行分析。

假设 H_i 和 D_i 分别为多部件系统中第 i 个部件的退化失效阈值和冲击失效阈值，其退化失效和冲击失效过程的示意图如图 10.1 所示。$S_i(t)$ 为部件 i 的总退化量，包含内部退化量 $X_i(t)$ 和由外界冲击带来的退化增量 $Y_{i11},Y_{i21},Y_{i12},Y_{i22},Y_{i31},\cdots$。$W_i(t)$ 表示累积冲击损伤量对系统冲击失效造成的影响，冲击到达时刻为 $t_1,t_2,t_3,t_4,t_5,\cdots$，每次的冲击损伤量为 $W_{i11},W_{i21},W_{i12},W_{i22},W_{i31},\cdots$。

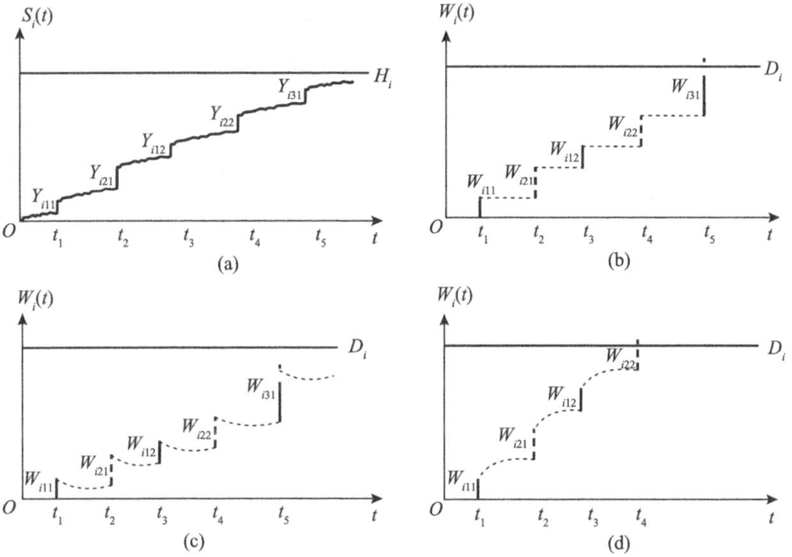

图 10.1　部件 i 的退化失效和冲击失效过程示意图

部件 i 的退化失效定义为总退化量 $S_i(t)$ 首次超过退化失效阈值 H_i 的时间，部件 i 的冲击失效则定义为累积冲击损伤量 $W_i(t)$ 首次超过冲击失效阈值 D_i 的时间。其中，图 10.1（a）为部件 i 退化失效过程的示意图，图 10.1（b）为标准累积冲击损伤模型，可以看出每次的冲击损伤量为 $W_{i11},W_{i21},W_{i12},W_{i22},W_{i31},\cdots$，且 $W_{ijk}\ (k=1,2,\cdots,N_{ij}(t); j=1,2,\cdots,|\phi_i|)$ 不可恢复，完全累积到 $W_i(t)$ 上。图 10.1（c）为扩展的具有损伤自治愈能力的累积冲击损伤模型，每次的冲击损伤量 $W_{i11},W_{i21},W_{i12},W_{i22},W_{i31},\cdots$ 随时间 t 和冲击次数 $N_{ij}(t)$ 递减，即冲击损伤逐渐恢复。图 10.1（d）为扩展的具有损伤加剧效果的累积冲击损伤模型，每次的冲击损伤量 $W_{i11},W_{i21},W_{i12},W_{i22},W_{i31},\cdots$ 随时间 t 和冲击次数 $N_{ij}(t)$ 递增，即冲击损伤逐渐加剧。本章所建立的基于扩展累积冲击损伤模型的多部件系统退化建模及维修策略的参数与说明如表 10.1 所示，做出如下合理假设。

表 10.1 基于扩展累积冲击损伤模型的多部件系统退化建模及维修策略的参数与说明

参数	说明
H_i	部件 i 的退化失效阈值
D_i	部件 i 的冲击失效阈值
$X_i(t)$	直到时刻 t 部件 i 的退化特征量，且 $X_i(t) \sim \text{Gamma}(\alpha_i t, \beta_i)$
α_i	Gamma 分布的形状参数
β_i	Gamma 分布的尺度参数
X_i	$X_i(t)$ 在时刻 t 离散化的一个实现
$\lvert \phi_i \rvert$	部件 i 受影响的冲击类型个数
$N_{ij}(t)$	$[0,t]$内部件 i 第 j ($j = 1, 2, \cdots, \lvert \phi_i \rvert$) 个有效冲击发生的次数
$\lambda_{ij}(t)$	$[0,t]$内部件 i 第 j ($j = 1, 2, \cdots, \lvert \phi_i \rvert$) 个有效冲击发生的强度
$Y_{ij1}, Y_{ij2}, \cdots$	第 j 个有效冲击带来的退化增量，假设为独立同分布
$F_{Y_{ij}}(x)$	$Y_{ij1}, Y_{ij2}, \cdots$ 的分布函数，即 $F_{Y_{ij}}(x) = P\{Y_{ijk} \leqslant x\}$
$W_{ij1}, W_{ij2}, \cdots$	第 j 个有效冲击的冲击损伤量，假设为独立同分布
$F_{W_{ij}}(x)$	$W_{ij1}, W_{ij2}, \cdots$ 的分布函数，即 $F_{W_{ij}}(x) = P\{W_{ijk} \leqslant x\}$
$S_i(t)$	部件 i 的总退化量
γ	损伤自治愈系数，$\gamma > 0$
ζ	损伤加剧系数，$\zeta > 0$
M	系统总的冲击类型数
$\lambda_m(t)$	第 m ($m = 1, 2, \cdots, M$) 个冲击的到达强度
$N_m(t)$	$[0,t]$内系统第 m 个冲击的次数
$R_s(t)$	系统可靠性函数
T	系统预防更换周期
$K_1, K_2, \cdots$	系统更新周期
$C(t)$	直到时刻 t 系统的总维修成本
c_p	系统预防性更换成本
c_d	系统因故障而导致的单位时间停工成本（也称停工成本率）
c_c	系统修复性更换成本
$F(t)$	系统失效分布函数，即 $F(t) = 1 - R(t)$
$f(t)$	系统失效概率密度函数，即 $f(t) = \mathrm{d}F(t) / \mathrm{d}t$

（1）系统中的所有部件均以最好状态从初始时刻 $t=0$ 开始运行，部件 i 的内部退化量 $X_i(t)$ 服从形状参数和尺度参数分别为 α_i 和 β_i 的 Gamma 分布，即 $X_i(t) \sim \text{Gamma}(\alpha_i t, \beta_i)$，其概率密度函数为

$$f_{X_i(t)}(x,t) = \frac{x^{\alpha_i t-1}}{\Gamma(\alpha_i t)} \beta_i^{\alpha_i t} \exp(-\beta_i x) \mathbf{1}(x \geqslant 0) \tag{10.1}$$

其中，$\mathbf{1}(x \geqslant 0)$ 是指示函数；$\Gamma(\alpha_i t)$ 是 Gamma 函数，且 $\Gamma(a) = \int_0^\infty x^{a-1} \exp(-x) \, \mathrm{d}x$。

内部退化量 $X_i(t)$ 的分布函数为

$$F_{X_i(t)}(x,t) = P\{X_i(t) \leqslant x\} = \int_0^x f_{X_i(t)}(u,t) \, \mathrm{d}u = 1 - \frac{\Gamma(\alpha_i t, \beta_i x)}{\Gamma(\alpha_i t)} \tag{10.2}$$

其中，$\Gamma(\alpha_i t, \beta_i x)$ 是不完全 Gamma 函数，且 $\Gamma(a,z) = \int_z^\infty x^{a-1} \exp(-x) \, \mathrm{d}x$。$X_i(t)$ 的均值和方差分别为 $E[X_i(t)] = \alpha_i t / \beta_i$ 和 $\text{Var}[X_i(t)] = \alpha_i t / \beta_i^2$。

（2）存在多种类型的外界冲击，且各个冲击过程独立地到达整个多部件系统。并非每一类冲击都会同时影响所有的部件，例如，图 10.1 中同时存在多种类型的外界冲击，但部件 i 的受影响冲击类型为 $\phi_i = \{1,2,3\}$，其受影响冲击类型个数为 $|\phi_i| = 3$，其他类型的冲击不对部件 i 的失效产生影响。

（3）外界冲击只增加当前退化量，不改变退化速率，即不影响与退化速率有关的参数 α_i 和 β_i 的值。对部件 i，它的第 j $(j=1,2,\cdots,|\phi_i|)$ 个受影响冲击类型以强度为 $\lambda_{ij}(t)$ 的非齐次 Poisson 过程 $\{N_{ij}(t), t \geqslant 0\}$ 到达。作用于部件 i 上的第 j 个有效冲击类型的损伤量为 $Y_{ij1}, Y_{ij2}, \cdots$，$Y_{ij1}, Y_{ij2}, \cdots$ 相互独立且服从同一分布，分布函数为

$$F_{Y_{ij}}(x) = P\{Y_{ijk} \leqslant x\}, k = 1,2,\cdots,N_{ij}(t) \tag{10.3}$$

部件 i 的总退化量 $S_i(t)$ 可表示为

$$S_i(t) = \begin{cases} X_i(t), & \text{对任意} j, \text{有} N_{ij}(t) = 0 \\ X_i(t) + \sum_{j=1}^{|\phi_i|} \sum_{k=1}^{N_{ij}(t)} Y_{ijk}, & \text{其他} \end{cases} \tag{10.4}$$

（4）部件 i 的受影响冲击一方面增加当前退化特征量，另一方面可能造成部件冲击失效。具体地，其第 j $(j=1,2,\cdots,|\phi_i|)$ 个受影响冲击类型每次造成的冲击损伤量为 $W_{ij1}, W_{ij2}, \cdots$。$W_{ij1}, W_{ij2}, \cdots$ 相互独立且服从同一分布，分布函数为

$$F_{W_{ij}}(x)=P\{W_{ijk}\leqslant x\},k=1,2,\cdots,N_{ij}(t) \tag{10.5}$$

作为标准累积冲击损伤模型的广义化，本章考虑两种扩展后的累积冲击损伤模型。图 10.1（b）为标准累积冲击损伤模型，即导致冲击失效的冲击损伤量 $W_{ij1},W_{ij2},\cdots$ 不随时间 t 和冲击次数 $N_{ij}(t)$ 变化。图 10.1（c）为第一个扩展的累积冲击损伤模型，考虑部件 i 内部构成材料的损伤自治愈能力，导致冲击失效的冲击损伤量 $W_{ij1},W_{ij2},\cdots$ 随时间 t 和冲击次数 $N_{ij}(t)$ 递减。具体地，来自第 $j\,(j=1,2,\cdots,|\phi_i|)$ 类冲击的第 $k\,(k=1,2,\cdots,N_{ij}(t))$ 次冲击损伤量 W_{ijk} 在 t 时刻减少为 $W_{ijk}\exp\left[-\gamma(N_{ij}(t)-k)\right]$，其中，$\gamma\,(\gamma>0)$ 为引入的损伤自治愈系数。图 10.1（d）为第二个扩展的累积冲击损伤模型，导致冲击失效的冲击损伤量 $W_{ij1},W_{ij2},\cdots$ 随时间 t 和冲击次数 $N_{ij}(t)$ 递增。具体地，来自第 $j\,(j=1,2,\cdots,|\phi_i|)$ 类冲击的第 $k\,(k=1,2,\cdots,N_{ij}(t))$ 次冲击损伤量 W_{ijk} 在 t 时刻增加为 $W_{ijk}\exp\left[\zeta(N_{ij}(t)-k)\right]$，其中，$\zeta\,(\zeta>0)$ 为引入的损伤加剧系数。当 $\gamma=0$ 或 $\zeta=0$ 时，图 10.1（c）和（d）等价于图 10.1（b）。

10.2 单部件系统可靠性建模

本节首先根据 DTS 理论对系统中单个部件的可靠性进行建模求解，其次根据部件间连接结构和冲击已到达次数得到整个系统的可靠性。

10.2.1 部件 i 不发生退化失效的概率

部件 i 的总退化量 $S_i(t)$ 的分布为

$$
\begin{aligned}
&P\{S_i(t)\leqslant x\}\\
&=P\left\{X_i(t)\leqslant x\right\}P\left\{N_{ij}(t)=0\right\}+P\left\{X_i(t)+\sum_{j=1}^{|\phi_i|}\sum_{k=1}^{N_{ij}(t)}Y_{ijk}\leqslant x\,\middle|\,N_{ij}(t)>0\right\}P\left\{N_{ij}(t)>0\right\}\\
&=\sum_{m_1=0}^{\infty}\cdots\sum_{m_{|\phi_i|}=0}^{\infty}P\left\{X_i(t)+\sum_{j=1}^{|\phi_i|}\sum_{k=1}^{N_{ij}(t)}Y_{ijk}\leqslant x\,\middle|\,N_{i1}(t)=m_1,\cdots,N_{i|\phi_i|}(t)=m_{|\phi_i|}\right\}\\
&\quad\times P\left\{N_{i1}(t)=m_1,\cdots,N_{i|\phi_i|}(t)=m_{|\phi_i|}\right\}
\end{aligned}
$$

$$
\begin{aligned}
&= \sum_{m_1=0}^{\infty} \cdots \sum_{m_{|\phi_i|}=0}^{\infty} \int_0^x P\{X_i(t) \leqslant x-u\} \mathrm{d} P\left\{\sum_{j=1}^{|\phi_i|} \sum_{k=1}^{m_j} Y_{ijk} \leqslant u\right\} \prod_{j=1}^{|\phi_i|} P\{N_{ij}(t)=m_j\} \\
&= \sum_{m_1=0}^{\infty} \cdots \sum_{m_{|\phi_i|}=0}^{\infty} F_{Y_{i1}}^{(m_1)} * \cdots * F_{Y_{i|\phi_i|}}^{(m_{|\phi_i|})} * F_{X_i(t)}(x,t) \prod_{j=1}^{|\phi_i|} P\{N_{ij}(t)=m_j\}
\end{aligned} \tag{10.6}
$$

其中，$F_{Y_{ij}}^{(n)}(x)$ 是 $F_{Y_{ij}}(x)$ 的 n 阶 Stieltjes 卷积。因此，部件 i 在时间 t 内不发生退化失效的概率为

$$
\begin{aligned}
R_{i,\mathrm{SF}}(t) &= P\{S_i(t) < H_i\} \\
&= \sum_{m_1=0}^{\infty} \cdots \sum_{m_{|\phi_i|}=0}^{\infty} F_{Y_{i1}}^{(m_1)} * \cdots * F_{Y_{i|\phi_i|}}^{(m_{|\phi_i|})} * F_{X_i(t)}(H_i,t) \prod_{j=1}^{|\phi_i|} P\{N_{ij}(t)=m_j\}
\end{aligned} \tag{10.7}
$$

尽管可以根据式（10.7）得到部件 i 不发生退化失效的精确概率，但由于卷积的存在，其解析解很难直接获得，此处使用 Gamma 分布向正态分布的近似来进行近似计算，大致思路如下。

令 X_i 表示 $X_i(t)$ 在时刻 t 离散化的一个实现，记 $Z_i = X_i - X_{i-1}$。假设 $Z_1, Z_2, \cdots$ 为形状参数和尺度参数分别为 α_i 和 β_i 的独立同 Gamma 分布的随机变量，N 为 $X_i(t)$ 的离散化实现 X_i 首次达到 x 的时间，则在时间 n 内发生不少于 N 次冲击的概率为

$$
P\{N \geqslant n\} = P\{X_i \leqslant x\} \tag{10.8}
$$

由于 $X_i = Z_1 + Z_2 + \cdots + Z_i$，根据中心极限定理，有

$$
P\{N < n\} = P\{X_i > x\} \approx 1 - \varPhi\left[\frac{x - n\alpha_i / \beta_i}{\sqrt{n\alpha_i} / \beta_i}\right] \tag{10.9}
$$

N 的连续化实现可以由伯恩鲍姆-桑德斯（Birnbaum-Saunders）分布 $G(t) = \varPhi\left[\frac{1}{\alpha_i^*}\left(\sqrt{\frac{t}{\beta_i^*}} - \sqrt{\frac{\beta_i^*}{t}}\right)\right]$ 来进行表示，且当 $\alpha_i \gg 1$ 时，Gamma 分布 X_i 可由 inverse Gaussian 分布合理近似。假设 Y_{ijk} 服从均值为 $\mu_{Y_{ij}}$、方差为 $\sigma_{Y_{ij}}^2$ 的正态分布，则式（10.7）的特殊形式为

$$
\begin{aligned}
R_{i,\mathrm{SF}}(t) &= P\{S_i(t) < H_i\} \\
&= \sum_{m_1=0}^{\infty} \cdots \sum_{m_{|\phi_i|}=0}^{\infty} \Phi \left[\frac{H_i - \left(\dfrac{\alpha_i t}{\beta_i} + \sum_{j=1}^{|\phi_i|} m_j \mu_{Y_{ij}} \right)}{\sqrt{\dfrac{\alpha_i t}{\beta_i^2} + \sum_{j=1}^{|\phi_i|} m_j \sigma_{Y_{ij}}^2}} \right] \prod_{j=1}^{|\phi_i|} \frac{\left(\int_0^t \lambda_{ij}(s)\,\mathrm{d}s \right)^{m_j}}{(m_j)!} \exp\left[-\int_0^t \lambda_{ij}(s)\,\mathrm{d}s \right]
\end{aligned} \tag{10.10}
$$

10.2.2 部件 *i* 不发生冲击失效的概率

根据图 10.1（b）～（d），分三种情形进行讨论。

1. 标准累积冲击损伤模型

对于如图 10.1（b）所示的标准累积冲击损伤模型，导致冲击失效的冲击损伤量 $W_{ij1}, W_{ij2}, \cdots$ 不随时间 t 和冲击次数 $N_{ij}(t)$ 变化。累积冲击损伤量 $W_i(t)$ 的分布为

$$
\begin{aligned}
P\{W_i(t) \leqslant x\} &= P\left\{ \sum_{j=1}^{|\phi_i|} \sum_{k=1}^{N_{ij}(t)} W_{ijk} \leqslant x \right\} \\
&= \sum_{m_1=0}^{\infty} \cdots \sum_{m_{|\phi_i|}=0}^{\infty} P\left\{ \sum_{j=1}^{|\phi_i|} \sum_{k=1}^{N_{ij}(t)} W_{ijk} \leqslant x \,\middle|\, N_{i1}(t) = m_1, \cdots, N_{i|\phi_i|}(t) = m_{|\phi_i|} \right\} \\
&\quad \times P\left\{ N_{i1}(t) = m_1, \cdots, N_{i|\phi_i|}(t) = m_{|\phi_i|} \right\} \\
&= \sum_{m_1=0}^{\infty} \cdots \sum_{m_{|\phi_i|}=0}^{\infty} F_{W_{i1}}^{(m_1)} * \cdots * F_{W_{i|\phi_i|}}^{(m_{|\phi_i|})}(x) \prod_{j=1}^{|\phi_i|} P\{N_{ij}(t) = m_j\}
\end{aligned} \tag{10.11}
$$

其中，$F_{W_{ij}}^{(n)}(x)$ 是 $F_{W_{ij}}(x)$ 的 n 阶 Stieltjes 卷积。因此，部件 i 在时间 t 内不发生冲击失效的概率为

$$
\begin{aligned}
R_{i,\mathrm{HF}}(t) &= P\{W_i(t) < D_i\} \\
&= \sum_{m_1=0}^{\infty} \cdots \sum_{m_{|\phi_i|}=0}^{\infty} F_{W_{i1}}^{(m_1)} * \cdots * F_{W_{i|\phi_i|}}^{(m_{|\phi_i|})}(D_i) \prod_{j=1}^{|\phi_i|} P\{N_{ij}(t) = m_j\}
\end{aligned} \tag{10.12}
$$

假设 W_{ijk} 服从均值为 $\mu_{W_{ij}}$、方差为 $\sigma_{W_{ij}}^2$ 的正态分布，则导致冲击失效的累积冲

击损伤量$W_i(t) \sim N\left(\sum_{j=1}^{|\phi_i|} N_{ij}(t)\mu_{W_{ij}}, \sum_{j=1}^{|\phi_i|} N_{ij}(t)\sigma_{W_{ij}}^2\right)$。此时式（10.12）的特殊形式为

$$R_{i,\mathrm{HF}}(t) = \sum_{m_1=0}^{\infty} \cdots \sum_{m_{|\phi_i|}=0}^{\infty} \Phi\left[\frac{D_i - \sum_{j=1}^{|\phi_i|} m_j \mu_{W_{ij}}}{\sqrt{\sum_{j=1}^{|\phi_i|} m_j \sigma_{W_{ij}}^2}}\right] \prod_{j=1}^{|\phi_i|} \frac{\left(\int_0^t \lambda_{ij}(s)\,\mathrm{d}s\right)^{m_j}}{(m_j)!} \exp\left[-\int_0^t \lambda_{ij}(s)\,\mathrm{d}s\right] \tag{10.13}$$

2. 损伤自治愈扩展累积冲击损伤模型

对于如图 10.1（c）所示的考虑材料自治愈能力的扩展累积冲击损伤模型，导致冲击失效的冲击损伤量$W_{ij1}, W_{ij2}, \cdots$随时间t和冲击次数$N_{ij}(t)$递减。具体地，来自第$j\ (j=1,2,\cdots,|\phi_i|)$类冲击的第$k\ (k=1,2,\cdots,N_{ij}(t))$次冲击损伤量$W_{ijk}$在时刻$t$减少为$W_{ijk}\exp\left[-\gamma(N_{ij}(t)-k)\right](\gamma>0)$。此时，累积冲击损伤量$W_i(t)$的分布为

$$\begin{aligned}
P\{W_i(t) \leqslant x\} &= P\left\{\sum_{j=1}^{|\phi_i|} \sum_{k=1}^{N_{ij}(t)} W_{ijk}\,\mathrm{e}^{-\gamma(N_{ij}(t)-k)} \leqslant x\right\} \\
&= \sum_{m_1=0}^{\infty} \cdots \sum_{m_{|\phi_i|}=0}^{\infty} P\left\{\sum_{j=1}^{|\phi_i|} \sum_{k=1}^{N_{ij}(t)} W_{ijk}\,\mathrm{e}^{-\gamma(N_{ij}(t)-k)} \leqslant x \,\middle|\, N_{i1}(t)=m_1,\cdots,N_{i|\phi_i|}(t)=m_{|\phi_i|}\right\} \\
&\quad \times P\left\{N_{i1}(t)=m_1,\cdots,N_{i|\phi_i|}(t)=m_{|\phi_i|}\right\} \\
&= \sum_{m_1=0}^{\infty} \cdots \sum_{m_{|\phi_i|}=0}^{\infty} P\left\{\sum_{j=1}^{|\phi_i|} \sum_{k=1}^{m_j} W_{ijk}\,\mathrm{e}^{-\gamma(m_j-k)} \leqslant x\right\} \prod_{j=1}^{|\phi_i|} P\{N_{ij}(t)=m_j\}
\end{aligned} \tag{10.14}$$

当$W_{ijk} \sim N(\mu_{W_{ij}}, \sigma_{W_{ij}}^2)$时，容易证明$W_i(t)$也服从正态分布，且均值为

$$\begin{aligned}
\mu_{W_i(t)} &= \sum_{j=1}^{|\phi_i|} \mu_{W_{ij}} \left\{\exp\left[-\gamma(N_{ij}(t)-1)\right] + \exp\left[-\gamma(N_{ij}(t)-2)\right] + \cdots + 1\right\} \\
&= \sum_{j=1}^{|\phi_i|} \frac{1-\exp\left[-\gamma N_{ij}(t)\right]}{1-\exp(-\gamma)} \mu_{W_{ij}}
\end{aligned}$$

方差为

$$
\begin{aligned}
\sigma_{W_i(t)}^2 &= \sum_{j=1}^{|\phi_i|} \sigma_{W_{ij}}^2 \left\{ \exp\left[-2\gamma(N_{ij}(t)-1)\right] + \exp\left[-2\gamma(N_{ij}(t)-2)\right] + \cdots + 1 \right\} \\
&= \sum_{j=1}^{|\phi_i|} \frac{1-\exp\left[-2\gamma N_{ij}(t)\right]}{1-\exp(-2\gamma)} \sigma_{W_{ij}}^2
\end{aligned}
$$

此时式（10.14）的特殊形式为

$$
\begin{aligned}
& R_{i,\mathrm{HF}}(t) \\
&= \sum_{m_1=0}^{\infty} \cdots \sum_{m_{|\phi_i|}=0}^{\infty} \varPhi \left[\frac{D_i - \sum_{j=1}^{|\phi_i|} \frac{1-\exp(-m_j\gamma)}{1-\exp(-\gamma)} \mu_{W_{ij}}}{\sqrt{\sum_{j=1}^{|\phi_i|} \frac{1-\exp(-2m_j\gamma)}{1-\exp(-2\gamma)} \sigma_{W_{ij}}^2}} \right] \prod_{j=1}^{|\phi_i|} \frac{\left(\int_0^t \lambda_{ij}(s)\,\mathrm{d}s \right)^{m_j}}{(m_j)!} \exp\left[-\int_0^t \lambda_{ij}(s)\,\mathrm{d}s \right]
\end{aligned} \tag{10.15}
$$

3. 损伤加剧扩展累积冲击损伤模型

对于如图 10.1（d）所示的考虑损伤加剧的扩展累积冲击损伤模型，导致冲击失效的冲击损伤量 $W_{ij1}, W_{ij2}, \cdots$ 随时间 t 和冲击次数 $N_{ij}(t)$ 递增。具体地，来自第 $j\,(j=1,2,\cdots,|\phi_i|)$ 类冲击的第 $k\,(k=1,2,\cdots,N_{ij}(t))$ 次冲击损伤量 W_{ijk} 在时刻 t 增加为 $W_{ijk}\exp\left[\zeta(N_{ij}(t)-k)\right](\zeta>0)$。此时，累积冲击损伤量 $W_i(t)$ 的分布为

$$
\begin{aligned}
& P\{W_i(t) \leqslant x\} \\
&= P\left\{ \sum_{j=1}^{|\phi_i|} \sum_{k=1}^{N_{ij}(t)} W_{ijk} \exp\left[\zeta(N_{ij}(t)-k)\right] \leqslant x \right\} \\
&= \sum_{m_1=0}^{\infty} \cdots \sum_{m_{|\phi_i|}=0}^{\infty} P\left\{ \sum_{j=1}^{|\phi_i|} \sum_{k=1}^{N_{ij}(t)} W_{ijk} \exp\left[\zeta(N_{ij}(t)-k)\right] \leqslant x \,\middle|\, N_{i1}(t)=m_1, \cdots, N_{i|\phi_i|}(t)=m_{|\phi_i|} \right\} \\
&\quad \times P\left\{ N_{i1}(t)=m_1, \cdots, N_{i|\phi_i|}(t)=m_{|\phi_i|} \right\} \\
&= \sum_{m_1=0}^{\infty} \cdots \sum_{m_{|\phi_i|}=0}^{\infty} P\left\{ \sum_{j=1}^{|\phi_i|} \sum_{k=1}^{m_j} W_{ijk} \exp\left[\zeta(m_j-k)\right] \leqslant x \right\} \prod_{j=1}^{|\phi_i|} P\{N_{ij}(t)=m_j\}
\end{aligned} \tag{10.16}
$$

当 $W_{ijk} \sim N(\mu_{W_{ij}}, \sigma_{W_{ij}}^2)$ 时，容易证明 $W_i(t)$ 也服从正态分布，且均值为

$$
\begin{aligned}
\mu_{W_i(t)} &= \sum_{j=1}^{|\phi_i|} \mu_{W_{ij}} \left\{ \exp\left[\zeta(N_{ij}(t)-1)\right] + \exp\left[\zeta(N_{ij}(t)-2)\right] + \cdots + 1 \right\} \\
&= \sum_{j=1}^{|\phi_i|} \frac{1-\exp\left[\zeta N_{ij}(t)\right]}{1-\exp(\zeta)} \mu_{W_{ij}}
\end{aligned}
$$

方差为

$$
\begin{aligned}
\sigma_{W_i(t)}^2 &= \sum_{j=1}^{|\phi_i|} \sigma_{W_{ij}}^2 \left\{ \exp\left[2\zeta(N_{ij}(t)-1)\right] + \exp\left[2\zeta(N_{ij}(t)-2)\right] + \cdots + 1 \right\} \\
&= \sum_{j=1}^{|\phi_i|} \frac{1-\exp\left[2\zeta N_{ij}(t)\right]}{1-\exp(2\zeta)} \sigma_{W_{ij}}^2
\end{aligned}
$$

此时式（10.16）的特殊形式为

$$
\begin{aligned}
& R_{i,\mathrm{HF}}(t) \\
&= \sum_{m_1=0}^{\infty} \cdots \sum_{m_{|\phi_i|}=0}^{\infty} \Phi \left[\frac{D_i - \sum_{j=1}^{|\phi_i|} \frac{1-\exp(m_j \zeta)}{1-\exp(\zeta)} \mu_{W_{ij}}}{\sqrt{\sum_{j=1}^{|\phi_i|} \frac{1-\exp(2m_j\zeta)}{1-\exp(2\zeta)} \sigma_{W_{ij}}^2}} \right] \prod_{j=1}^{|\phi_i|} \frac{\left(\int_0^t \lambda_{ij}(s)\,\mathrm{d}s \right)^{m_j}}{(m_j)!} \exp\left[-\int_0^t \lambda_{ij}(s)\,\mathrm{d}s \right]
\end{aligned}
\tag{10.17}
$$

在得到部件 i 分别不发生退化失效和冲击失效的概率后，依据它受影响的冲击类型，可得到部件 i 可靠性函数的一般形式为

$$
\begin{aligned}
R_i(t) &= P\{S_i(t) < H_i\} P\{W_i(t) < D_i\} \\
&= \sum_{m_1=0}^{\infty} \cdots \sum_{m_{|\phi_i|}=0}^{\infty} P\{W_i(t) < D_i\} F_{Y_{i1}}^{(m_1)} * \cdots * F_{Y_{i|\phi_i|}}^{(m_{|\phi_i|})} * F_{X_i(t)}(H_i, t) \prod_{j=1}^{|\phi_i|} P\{N_{ij}(t) = m_j\}
\end{aligned}
\tag{10.18}
$$

10.3　多部件系统可靠性建模

尽管作用于系统的冲击之间是独立的，但对于多部件系统中的不同部件，它们可能受同种类型冲击的影响，因此部件之间的失效是相关的。对于一个含

$k_1+k_2+\cdots+k_n$ 个部件的系统，其总的冲击类型数为

$$M=|\phi_1\cup\phi_2\cup\cdots\cup\phi_{\sum_{j=1}^{n}k_j}| \tag{10.19}$$

假设第 $m\,(m=1,2,\cdots,M)$ 个冲击类型以强度为 $\lambda_m(t)$ 的非齐次 Poisson 过程到达且与其他冲击类型独立，直到时刻 t 的到达数为 n_m，则系统可靠性函数的一般形式为

$$\begin{aligned}R(t)&=\sum_{n_1=0}^{\infty}\sum_{n_2=0}^{\infty}\cdots\sum_{n_M=0}^{\infty}R(t\,|\,N_1(t)=n_1,N_2(t)=n_2,\cdots,N_M(t)=n_M)\\&\quad\times P\{N_1(t)=n_1,N_2(t)=n_2,\cdots,N_M(t)=n_M\}\\&=\sum_{n_1=0}^{\infty}\sum_{n_2=0}^{\infty}\cdots\sum_{n_M=0}^{\infty}R(t\big|N_1(t)=n_1,N_2(t)=n_2,\cdots,N_M(t)=n_M)\prod_{m=1}^{M}P\{N_m(t)=n_m\}\end{aligned} \tag{10.20}$$

10.3.1 串并联系统可靠性

本节分析含有 $k_1+k_2+\cdots+k_n$ 个部件的串并联系统的可靠性。部件之间的连接结构如图 10.2 所示，式（10.20）变为

$$\begin{aligned}R_s(t)&=\sum_{n_1=0}^{\infty}\cdots\sum_{n_M=0}^{\infty}R(t\big|N_1(t)=n_1,\cdots,N_M(t)=n_M)\prod_{m=1}^{M}P\{N_m(t)=n_m\}\\&=\sum_{n_1=0}^{\infty}\cdots\sum_{n_M=0}^{\infty}\prod_{p=1}^{n}\left\{1-\prod_{q=1}^{k_p}\left[1-R_{pq}(t\big|N_1(t)=n_1,\cdots,N_M(t)=n_M)\right]\right\}\prod_{m=1}^{M}P\{N_m(t)=n_m\}\\&=\sum_{n_1=0}^{\infty}\cdots\sum_{n_M=0}^{\infty}\prod_{p=1}^{n}\left\{1-\prod_{q=1}^{k_p}[1-p_1p_2]\right\}\prod_{m=1}^{M}P\{N_m(t)=n_m\}\end{aligned} \tag{10.21}$$

其中，$p_1=P\{W_{pq}(t)\leqslant D_{pq}\}$，$p_2=F_{Y_{pq1}}^{(m_1)}*\cdots*F_{Y_{pq|\phi_{pq}|}}^{(m_{|\phi_{pq}|})}*F_{X_{pq}(t)}(H_{pq},t)$。从式（10.21）出发，可以推导出图 10.2 所示的串并联系统在不同冲击失效情形下的可靠性函数。

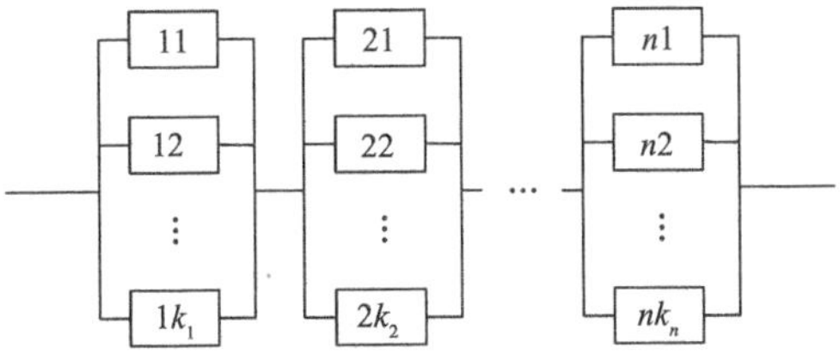

图 10.2　多部件串并联系统示意图

（1）对于标准累积冲击损伤模型下的情形，有

$$R_s^{(1)}(t)=\sum_{n_1=0}^{\infty}\cdots\sum_{n_M=0}^{\infty}\prod_{p=1}^{n}\left\{1-\prod_{q=1}^{k_p}\left[1-p_1^{(1)}\tilde{p}_2\right]\right\}\prod_{m=1}^{M}\frac{\left(\int_0^t\lambda_m(s)\,\mathrm{d}s\right)^{n_m}}{(n_m)!}\exp\left[-\int_0^t\lambda_m(s)\,\mathrm{d}s\right] \tag{10.22}$$

其中，$p_1^{(1)}=\Phi\left[\dfrac{D_{pq}-\sum\limits_{m=1}^{M}n_m\mu_{W_{pqm}}}{\sqrt{\sum\limits_{m=1}^{M}n_m\sigma_{W_{pqm}}^2}}\right]$，$\tilde{p}_2=\Phi\left[\dfrac{H_{pq}-\left(\dfrac{\alpha_{pq}t}{\beta_{pq}}+\sum\limits_{m=1}^{M}n_m\mu_{Y_{pqm}}\right)}{\sqrt{\dfrac{\alpha_{pq}t}{\beta_{pq}^2}+\sum\limits_{m=1}^{M}n_m\sigma_{Y_{pqm}}^2}}\right]$。

（2）对于损伤自治愈扩展累积冲击损伤模型下的情形，有

$$R_s^{(2)}(t)=\sum_{n_1=0}^{\infty}\cdots\sum_{n_M=0}^{\infty}\prod_{p=1}^{n}\left\{1-\prod_{q=1}^{k_p}\left[1-p_1^{(2)}\tilde{p}_2\right]\right\}\prod_{m=1}^{M}\frac{\left(\int_0^t\lambda_m(s)\,\mathrm{d}s\right)^{n_m}}{(n_m)!}\exp\left[-\int_0^t\lambda_m(s)\,\mathrm{d}s\right] \tag{10.23}$$

其中，$p_1^{(2)}=\Phi\left[\dfrac{D_{pq}-\sum\limits_{m=1}^{M}\dfrac{1-\exp(-n_m\gamma)}{1-\exp(-\gamma)}\mu_{W_{pqm}}}{\sqrt{\sum\limits_{m=1}^{M}\dfrac{1-\exp(-2n_m\gamma)}{1-\exp(-2\gamma)}\sigma_{W_{pqm}}^2}}\right]$。

（3）对于损伤加剧扩展累积冲击损伤模型下的情形，有

$$R_s^{(3)}(t)=\sum_{n_1=0}^{\infty}\cdots\sum_{n_M=0}^{\infty}\prod_{p=1}^{n}\left\{1-\prod_{q=1}^{k_p}\left[1-p_1^{(3)}\tilde{p}_2\right]\right\}\prod_{m=1}^{M}\frac{\left(\int_0^t\lambda_m(s)\,\mathrm{d}s\right)^{n_m}}{(n_m)!}\exp\left[-\int_0^t\lambda_m(s)\,\mathrm{d}s\right] \tag{10.24}$$

其中，$p_1^{(3)}=\Phi\left[\dfrac{D_{pq}-\sum\limits_{m=1}^{M}\dfrac{1-\exp(n_m\zeta)}{1-\exp(\zeta)}\mu_{W_{pqm}}}{\sqrt{\sum\limits_{m=1}^{M}\dfrac{1-\exp(2n_m\zeta)}{1-\exp(2\zeta)}\sigma_{W_{pqm}}^2}}\right]$。

10.3.2　并串联系统可靠性

本节分析含有 $k_1+k_2+\cdots+k_n$ 个部件的并串联系统的可靠性。部件之间的连接结构如图 10.3 所示，式（10.20）变为

$$
\begin{aligned}
R_s(t)&=\sum_{n_1=0}^{\infty}\cdots\sum_{n_M=0}^{\infty}R(t|N_1(t)=n_1,\cdots,N_M(t)=n_M)\prod_{m=1}^{M}P\{N_m(t)=n_m\}\\
&=\sum_{n_1=0}^{\infty}\cdots\sum_{n_M=0}^{\infty}\left\{1-\prod_{p=1}^{n}\left[1-\prod_{q=1}^{k_p}R_{pq}(t|N_1(t)=n_1,\cdots,N_M(t)=n_M)\right]\right\}\prod_{m=1}^{M}P\{N_m(t)=n_m\}\\
&=\sum_{n_1=0}^{\infty}\cdots\sum_{n_M=0}^{\infty}\left\{1-\prod_{p=1}^{n}\left[1-\prod_{q=1}^{k_p}p_1p_2\right]\right\}\prod_{m=1}^{M}P\{N_m(t)=n_m\}
\end{aligned}
\tag{10.25}
$$

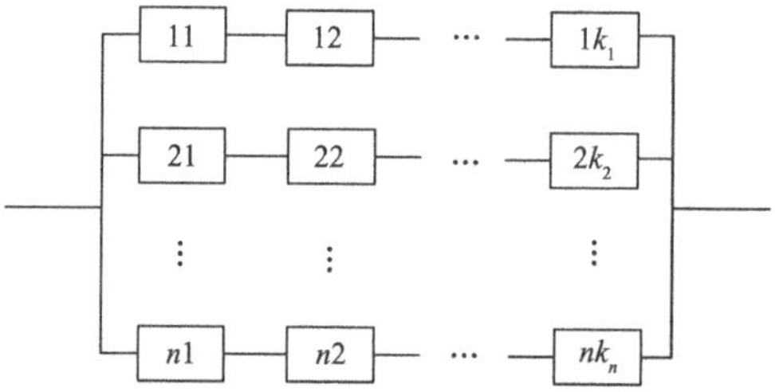

图 10.3　多部件并串联系统示意图

从式（10.25）出发，可以推导出图 10.3 所示的并串联系统在不同冲击失效情形下的可靠性函数。

（1）对于标准累积冲击损伤模型下的情形，有

$$
R_s^{(4)}(t)=\sum_{n_1=0}^{\infty}\cdots\sum_{n_M=0}^{\infty}\left\{1-\prod_{p=1}^{n}\left[1-\prod_{q=1}^{k_p}p_1^{(1)}\tilde{p}_2\right]\right\}\prod_{m=1}^{M}\frac{\left(\int_0^t\lambda_m(s)\,\mathrm{d}s\right)^{n_m}}{(n_m)!}\exp\left[-\int_0^t\lambda_m(s)\,\mathrm{d}s\right]
\tag{10.26}
$$

（2）对于损伤自治愈扩展累积冲击损伤模型下的情形，有

$$R_s^{(5)}(t)=\sum_{n_1=0}^{\infty}\cdots\sum_{n_M=0}^{\infty}\left\{1-\prod_{p=1}^{n}\left[1-\prod_{q=1}^{k_p}p_1^{(2)}\widetilde{p}_2\right]\right\}\prod_{m=1}^{M}\frac{\left(\int_0^t\lambda_m(s)\mathrm{d}s\right)^{n_m}}{(n_m)!}\exp\left[-\int_0^t\lambda_m(s)\mathrm{d}s\right] \tag{10.27}$$

（3）对于损伤加剧扩展累积冲击损伤模型下的情形，有

$$R_s^{(6)}(t)=\sum_{n_1=0}^{\infty}\cdots\sum_{n_M=0}^{\infty}\left\{1-\prod_{p=1}^{n}\left[1-\prod_{q=1}^{k_p}p_1^{(3)}\widetilde{p}_2\right]\right\}\prod_{m=1}^{M}\frac{\left(\int_0^t\lambda_m(s)\mathrm{d}s\right)^{n_m}}{(n_m)!}\exp\left[-\int_0^t\lambda_m(s)\mathrm{d}s\right] \tag{10.28}$$

由于式（10.20）～式（10.28）中存在$\sum_{j=0}^{\infty}P_jP\{N(t)=j\}\ (0\leqslant P_j\leqslant 1)$的形式，常常采用将无穷大近似为一个非常大的正数$N_{\max}$的方法求解系统可靠性。通过选取满足误差标准的$N_{\max}$，可将可靠性进行近似计算。例如，式（10.20）中的可靠性函数可近似为

$$R(t)\approx\sum_{n_1=0}^{N_{\max}^1}\sum_{n_2=0}^{N_{\max}^2}\cdots\sum_{n_M=0}^{N_{\max}^M}R\left(t\,|\,N_1(t)=n_1,N_2(t)=n_2,\cdots,N_M(t)=n_M\right)\prod_{m=1}^{M}P\left\{N_m(t)=n_m\right\} \tag{10.29}$$

其中，$N_{\max}^1,N_{\max}^2,\cdots,N_{\max}^M$是选取的满足误差标准的$M$个足够大的正数。

10.4　多部件系统成批更换策略

本节使用多部件系统成批更换策略来研究损伤自治愈系数γ和损伤加剧系数ζ对系统可靠性及维修策略的影响，其中，多部件系统在固定的周期$T\ (0<T\leqslant\infty)$进行更换。如果在T时系统未发生失效，则进行预防性更换且更换成本为c_p；如果在T时系统已发生失效，则进行修复性更换且更换成本为c_c，系统停工成本率

为 c_d，假设 $c_c > c_p$。

用 $C(t)$ 表示直到时刻 t 系统的总维修成本，$E[K_1]$ 为第一个更新周期 K_1 的平均长度，$E[C(K_1)]$ 为第一个更新周期 K_1 内的期望维修成本，则多部件系统成批更换策略下系统的维修成本率为

$$C(T) = \lim_{t\to\infty}\frac{C(t)}{t} = \frac{E[C(K_1)]}{E[K_1]} = \frac{c_pR(T) + c_cF(T) + c_d\int_0^T F(t)\mathrm{d}t}{T} \tag{10.30}$$

其中，$F(t)$ 是系统失效分布函数，即 $F(t) \equiv 1 - R(t)$。

优化目标为求得最优 T_{opt} 使得 $C(T)$ 最小，将 $C(T)$ 对 T 求导并令导函数等于 0，可得 T_{opt} 满足

$$(c_c - c_p)\int_0^T [f(T) - f(t)]\mathrm{d}t + c_d\int_0^T [F(T) - F(t)]\mathrm{d}t = c_p \tag{10.31}$$

其中，$f(t)$ 是系统失效概率密度函数，即 $f(t) = \mathrm{d}F(t)/\mathrm{d}t$。令式（10.31）的左侧为 $\Psi(T)$，将 $\Psi(T)$ 对 T 求导可得

$$\frac{\mathrm{d}\Psi(T)}{\mathrm{d}T} = (c_c - c_p)T\frac{\mathrm{d}f(T)}{\mathrm{d}T} + c_dT\frac{\mathrm{d}F(T)}{\mathrm{d}T} \tag{10.32}$$

当 $\dfrac{\mathrm{d}\Psi(T)}{\mathrm{d}T} > 0$ 时，$\Psi(T)$ 随 T 单调递增。若 $\Psi(\infty) = \lim\limits_{T\to\infty}\Psi(T) > c_p$，则存在唯一的 $T_{\mathrm{opt}}\ (0 < T_{\mathrm{opt}} < \infty)$ 使得 $C(T)$ 最小且 T_{opt} 满足式（10.31），此时系统最优维修成本率为

$$C(T_{\mathrm{opt}}) = (c_c - c_p)f(T_{\mathrm{opt}}) + c_dF(T_{\mathrm{opt}}) \tag{10.33}$$

若 $\Psi(\infty) = \lim\limits_{T\to\infty}\Psi(T) \leqslant c_p$，$T_{\mathrm{opt}} = \infty$，则策略 B 的最优维修成本率为

$$C(T_{\mathrm{opt}}) = c_d \tag{10.34}$$

实际在求解 T_{opt} 时，由于系统失效分布函数 $F(t)$ 的形式非常复杂，往往难以直接判断 $\Psi(T)$ 的单调性，较难直接求得 T_{opt} 的精确值。本节采用改进的内尔德-米德（Nelder-Mead）单纯形算法进行近似求解，其算法步骤如表 10.2 所示。

表 10.2　利用 Nelder-Mead 单纯形算法求解 T_{opt} 的算法步骤

步骤	解释
1	在 $0<T\leqslant\infty$ 内取 T_1 和 T_2 作为当前单纯形的顶点
2	利用式（10.31）计算 $C(T_1)$和 $C(T_2)$，根据 $C(T_1)\leqslant C(T_2)$ 将 T_1 和 T_2 排序
3	由 $Q_1=T_1+\kappa(T_1-T_2)\ (\kappa>0)$ 取反射点 Q_1，若 $C(T_1)\leqslant C(Q_1)<C(T_2)$，用 Q_1 代替 T_2，转步骤 6，否则继续
4	若 $C(Q_1)<C(T_1)$，由 $Q_2=T_1+\chi(Q_1-T_1)\ (\chi>1)$ 取扩展点 Q_2。若 $C(Q_2)<C(Q_1)$，用 Q_2 代替 T_2，转步骤 6，否则用 Q_1 代替 T_2，转步骤 6
5	若 $C(Q_1)>C(T_2)$，由 $Q_3=T_1+\eta(Q_1-T_1)\ (0<\eta<1)$ 取收缩点 Q_3。若 $C(Q_3)<C(T_2)$，用 Q_3 代替 T_2，转步骤 6
6	根据 $C(T_1)\leqslant C(T_2)$将 T_1 和 T_2 重新排序。若 $\sqrt{\frac{1}{2}\left[C(T_1)-C(\bar{T})\right]^2+\frac{1}{2}\left[C(T_2)-C(\bar{T})\right]^2}<\varepsilon$，则停止计算，其中，$\bar{T}=\frac{1}{2}(T_1+T_2)$，$\varepsilon$ 为可接受的误差值

10.5　案 例 分 析

微机电系统是集微传感器、微执行器、微机械结构、微电源微能源、信号处理和控制电路、高性能电子集成器件、接口、通信等于一体的微型器件或系统。微机电系统的尺寸一般为数毫米甚至更小，其内部结构一般在微米甚至纳米量级，是一个独立的智能系统。微机电系统在国民经济和军事系统方面有着广泛的应用前景，主要民用领域是电子、医学、工业、汽车和航空航天系统等。与石英晶体相比，微机电系统具有体积小、质量轻、功耗低、耐用性好、价格低廉、性能稳定等优点。

由于硅的强度、硬度和杨氏模量与铁相当，密度类似铝，热传导率接近钼和钨，微机电系统普遍采用硅作为主要材料。为了减少硅在循环过程中的体积急剧变化，常在硅微粒中添加聚合物黏合剂——聚丙烯酸-丙烯酸-2-羟乙酯-甲基丙烯酸多巴胺酯，从而保持液体电解质的良好润湿性。这种聚合物黏合剂由刚柔键组成且具有多重网络结构，能够使电极产生特殊的自治愈能力，从而减少由硅微粒体积变化引起的材料应变。在硅微粒中添加聚合物黏合剂的微机电系统示意图如图 10.4 所示。

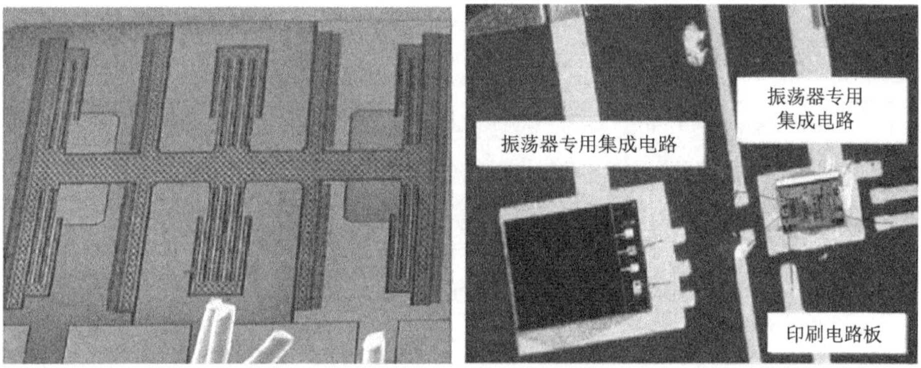

(a) 32.768kHz的梳状谐振器　　(b) 带振荡器电路的封装谐振器

图 10.4　在硅微粒中添加聚合物黏合剂的微机电系统示意图

10.5.1　失效模式分析

本节引入损伤自治愈系数$\gamma\ (\gamma>0)$对添加聚合物黏合剂的多部件微机电系统可靠性及其维修策略进行分析。考虑一个如图 10.5 所示含有四个硅微粒机械谐振器部件的串并联系统，每个部件运行过程中同时经受两个相关竞争失效过程，其中，第$i\ (i=1,2,3,4)$个部件的退化失效过程用 Gamma 过程$\text{Gamma}(\alpha_i t,\beta_i)$来进行描述。

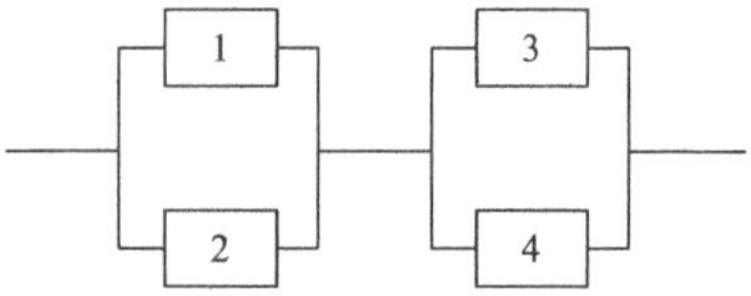

图 10.5　含四个部件的串并联系统

作用到该串并联系统上总共有三种类型的外界冲击，第一种类型的冲击为机械振动，第二种类型的冲击为压电刺激，第三种类型的冲击为磁场刺激。假设三种类型的冲击独立到达且各自的强度分别为$\lambda_1=0.012\text{月}^{-1}$，$\lambda_2=0.013\text{月}^{-1}$和$\lambda_3=0.014\text{月}^{-1}$。同时，由于部件功能不同，并非每一种冲击都会对所有的部件失效起作用。假设第一个部件的有效冲击类型为$\phi_1=\{\text{I}\}$，第二个部件的有效冲击类型为$\phi_2=\{\text{I},\text{II}\}$，第三个部件的有效冲击类型为$\phi_3=\{\text{II}\}$，第四个部件的有效冲击类型为$\phi_4=\{\text{III}\}$，即总冲击类型数$M=\{\phi_1\cup\phi_2\cup\phi_3\cup\phi_4\}=3$。该多部件系统的基本参数如表 10.3 所示。

表 10.3　该多部件系统的基本参数

参数	部件 1	部件 2	部件 3	部件 4	来源
H_i	4100	4200	4300	4400	假设
D_i	92	92	93	93	文献
α_i	10.125	10.125	15.36	15.36	假设
β_i	11.25	11.25	16	16	假设
Y_{ij}	$N(\mu_{Y_{1j}},\sigma_{Y_{1j}}^2)$ $\mu_{Y_{11}}=400$ $\sigma_{Y_{11}}=15$	$N(\mu_{Y_{2j}},\sigma_{Y_{2j}}^2)$ $\mu_{Y_{21}}=410$ $\sigma_{Y_{21}}=18$ $\mu_{Y_{22}}=390$ $\sigma_{Y_{22}}=17$	$N(\mu_{Y_{3j}},\sigma_{Y_{3j}}^2)$ $\mu_{Y_{32}}=408$ $\sigma_{Y_{32}}=16$	$N(\mu_{Y_{4j}},\sigma_{Y_{4j}}^2)$ $\mu_{Y_{43}}=402$ $\sigma_{Y_{43}}=15$	文献
W_{ij}	$N(\mu_{W_{1j}},\sigma_{W_{1j}}^2)$ $\mu_{W_{11}}=72.6$ $\sigma_{W_{11}}=6.3$	$N(\mu_{W_{2j}},\sigma_{W_{2j}}^2)$ $\mu_{W_{21}}=71.8$ $\sigma_{W_{21}}=6.1$ $\mu_{W_{22}}=70.2$ $\sigma_{W_{22}}=5.8$	$N(\mu_{W_{3j}},\sigma_{W_{3j}}^2)$ $\mu_{W_{32}}=71.1$ $\sigma_{W_{32}}=6.0$	$N(\mu_{W_{4j}},\sigma_{W_{4j}}^2)$ $\mu_{W_{43}}=70.3$ $\sigma_{W_{43}}=5.9$	文献

10.5.2　系统可靠性建模

由以上分析可知，系统共经受三类外界冲击，其中，第一类冲击影响第一个部件和第二个部件，第二类冲击影响第二个部件和第三个部件，第三类冲击影响第四个部件，因此部件之间的失效过程是相关的，系统可靠性函数不能由图 10.5 所示的可靠性框图结构根据 $R_s(t)=1-[1-R_1(t)R_2(t)][1-R_3(t)R_4(t)]$ 直接进行求解。由于各个冲击类型到达是相互独立的，根据式（10.20），系统可靠性函数为

$$R_s(t)=\sum_{n_1=0}^{N_{\max}^1}\sum_{n_2=0}^{N_{\max}^2}\sum_{n_3=0}^{N_{\max}^3}\{1-[1-R_1(t\mid N_1(t)=n_1)R_2(t\mid N_1(t)=n_1,N_2(t)=n_2)]\}$$
$$\times\{1-[1-R_3(t\mid N_2(t)=n_2)R_4(t\mid N_3(t)=n_3)]\}\prod_{j=1}^{3}\frac{(\lambda_j t)^{n_j}}{(n_j)!}\exp(-\lambda_j t)$$

根据 10.2 节 Gamma 过程的正态近似方法，部件 i 的内部退化量 $X_i(t)$ 可近似

为均值为 $\alpha_i t / \beta_i$ 、方差为 $\alpha_i t / \beta_i^2$ 的正态分布，即 $X_i(t) \sim N(\alpha_i t / \beta_i, \alpha_i t / \beta_i^2)$ 。整个系统的可靠性函数和失效概率密度函数如图 10.6 和图 10.7 所示，其中，$\gamma = 0$ 为不考虑冲击损伤自治愈的情形。

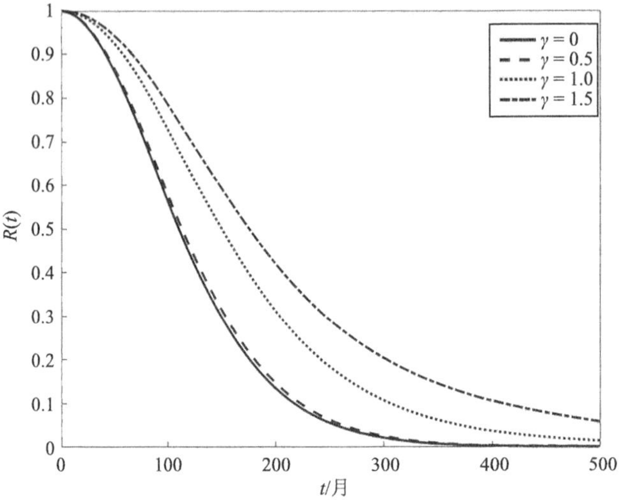

图 10.6　系统在不同损伤自治愈系数 γ 下的可靠性函数

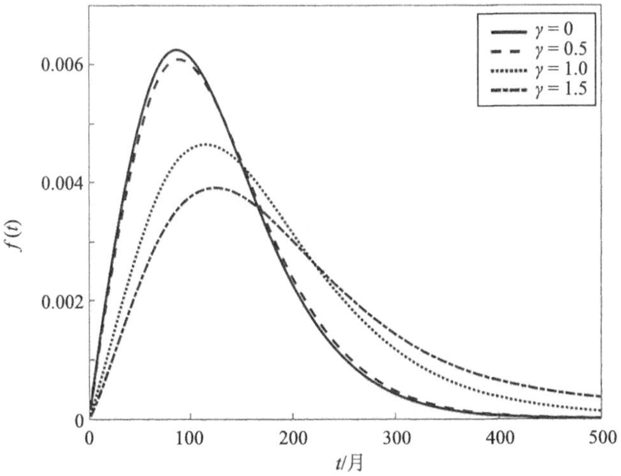

图 10.7　系统在不同损伤自治愈系数 γ 下的失效概率密度函数

从图 10.6 中可以看出，考虑聚合物黏合剂的自治愈功能，系统可靠性明显提高。在损伤自治愈系数 γ 由 0 增加到 0.5 的过程中，系统可靠性轻微提高，原因可能是聚合物黏合剂的自治愈能力刚刚被激活。当损伤自治愈系数 γ 由 0.5 增加到 1.0 时，由于硅微粒充分发挥了自治愈能力，系统可靠性明显提高。

10.5.3　系统成批更换策略

设置系统修复性更换成本 $c_c = 150 \times 10^3$ 美元，预防性更换成本 $c_p = 30 \times 10^3$ 美元，停工成本率 $c_d = 10 \times 10^3$ 美元，不同损伤自治愈系数 γ 下系统的维修成本率 $C(T)$ 如图 10.8 所示。

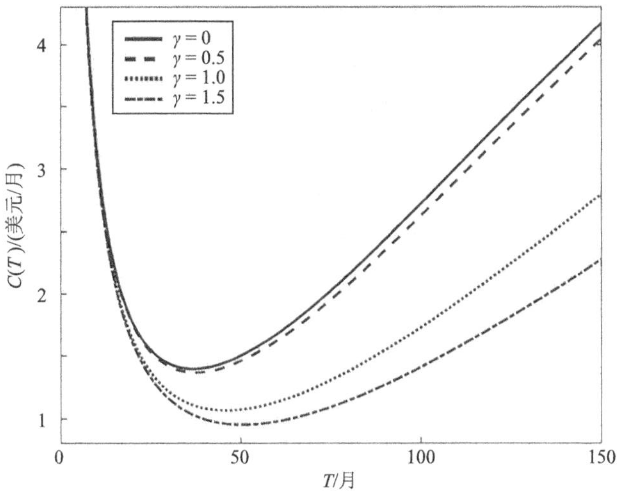

图 10.8　系统在不同损伤自治愈系数 γ 下的维修成本率

由图 10.8 可以看出，随着损伤自治愈系数 γ 的增大，系统可靠性函数 $R(t)$ 明显提高，最优预防更换周期 T_{opt} 不断变大，且最优维修成本率 $C(T_{\text{opt}})$ 不断减小。这说明随着部件损伤自治愈能力的增强，可以安排越来越长的预防更换周期，且可以达到越来越小的维修成本率。根据表 10.2 中改进的 Nelder-Mead 单纯形算法的步骤，得到不同损伤自治愈系数 γ 下的最优预防更换周期 T_{opt} 和系统最优维修成本率 $C(T_{\text{opt}})$，如表 10.4 所示。

表 10.4　不同损伤自治愈系数 γ 下的最优预防更换周期和最优维修成本率

参数	$\gamma = 0$	$\gamma = 0.5$	$\gamma = 1.0$	$\gamma = 1.5$
T_{opt} / 月	36.03	36.49	45.27	49.42
$C(T_{\text{opt}})$ /（$\times 10^3$ 美元 / 月）	1.416	1.387	1.082	0.965

本章小结

考虑到工业实际中自修复材料具备的损伤自动恢复现象，本章引入损伤自治愈系数和损伤加剧系数对标准累积冲击损伤模型进行扩展，建立了基于扩展累积冲击损伤模型的系统可靠性评估模型。在单部件系统可靠性函数的基础上，考虑多种冲击对多部件系统部件间失效关系的影响，根据冲击类型到达个数之间的独立性，分别建立了串并联系统和并串联系统的可靠性评估模型，并分析了损伤自治愈系数和损伤加剧系数对多部件系统成批更换策略的影响。针对添加具有损伤自治愈能力的聚合物黏合剂的微机电系统的案例，研究了不同损伤自治愈系数下系统可靠性函数的变动和最优预防更换周期。本章所建模型在工程实际中具有潜在应用价值，可以用退化建模理论合理解释材料自治愈功能给提升系统可靠性带来的影响。

第11章　结论与展望

11.1　研究总结

相关竞争失效系统的可靠性建模与预防维修策略优化问题近年来一直是可靠性工程中的研究重点和热点之一。本书结合工程实际，以一般退化路径模型和随机过程理论为建模基础，研究了不同情形下同时经历性能退化失效和外界冲击失效两个过程的相关竞争失效系统的可靠性评估问题；在可靠性分析的基础上，优化了以基于时间的维修策略和基于状态的维修策略为代表的预防维修策略。本书研究工作总结如下。

（1）建立了随机不确定失效阈值背景下的相关竞争失效系统可靠性评估模型。产品设备失效阈值的随机不确定性主要源于两方面：一方面，在生产制造环节，由于环境的不确定性与加工工艺的不稳定性，不同设备必然存在个体差异；另一方面，在设备使用期间，外界应力的随机波动会对系统的失效阈值产生动态影响。首先，基于对相关竞争失效模式的阐述，剖析了失效阈值的随机不确定性，探究了考虑不确定性失效阈值的必然性；其次，依据 DTS 理论构建模型公式，以表征退化过程与冲击过程的相关性，推导出随机不确定失效阈值背景下相关竞争失效的可靠性函数；最后，以微机电系统作为案例对所建模型展开可靠性与敏感性分析，借此表明竞争相关性及阈值随机性对系统可靠性的影响。

（2）针对受多级失效相关性影响的连续退化系统进行了关键度分析。多级失效相关性涉及多个层级之间失效情况的相互影响，即除系统整体存在失效相关性之外，组成系统的组件内部或组件之间也存在失效相关性。首先，在系统存在相关竞争失效的理论基础上，对多级失效相关系统进行可靠性建模，分别分析了退化过程、随机冲击过程及两者相互竞争时的组件可靠性；其次，分析了组件外部的相关性，即将组件分为触发组件和受影响组件，分析两者的相关性；最后，提出了一个关键度分析框架，衡量不同层级的失效诱发因素如何影响系统及其组成部件的退化并进行排序。

（3）研究了在持续退化和随机冲击背景下对系统老化效应的可靠性建模。系统强度会随着系统的不断运行逐渐降低，对失效过程的抵抗能力也会越来越弱，这一现象称为系统的老化效应。在考虑系统老化效应的基础上，使用 Gamma 过程来描述系统退化过程，利用齐次 Poisson 过程描述随机冲击过程，并对两种失效模式及其相关竞争过程进行了可靠性建模。

（4）研究了考虑退化过程和冲击过程双重相关的系统可靠性建模和双变量预防维修策略。既考虑了外界冲击过程对系统当前退化特征量的损伤加剧，又考虑了内部退化过程对外界冲击到达强度的影响，构建了以一般退化路径模型为基础的单部件相关竞争失效系统的可靠性评估模型。根据冲击效果将外界冲击过程按不同发生概率分为轻微冲击和严重冲击两类，制定了以系统年龄和轻微冲击次数为优化变量的双变量预防维修策略，并根据更新报酬理论将模型分成两种特殊情形分别进行优化。

（5）研究了考虑两类冲击效果的随机退化系统可靠性建模及其最优维修策略。在受随机退化的同时遭受外界冲击的单部件系统中，将到达的冲击分为两种类型，即非致命冲击和致命冲击，基于 DTS 理论建模框架对系统可靠性函数进行研究。提出了具有两个变量的定期更换策略和检修更换策略，并通过比较来检验哪种策略在平均维修成本率方面效益更高。引入海底 BOP 控制系统案例对所建模型进行验证，敏感性分析表明致命冲击的发生概率对安排基于时间的维修策略或基于状态的维修策略时的维修决策有重大影响。在选择合适的维修策略之前，考虑冲击效果的影响具有重要意义。

（6）分析了具备容错机制的相关竞争失效系统的可靠性评估模型，并对比了两类基于时间的预防维修策略的优劣。在 m-冲击和 δ-冲击概念下，结合广义 m-δ 冲击模型的定义，针对冲击退化系统设计了一类可以抵抗部分外界冲击影响的容错机制，利用带漂移的 Wiener 过程对系统退化现象进行描述，并结合失效阈值确定系统失效准则。在分析受冲击影响的退化失效系统可靠性后，从维修成本率的角度比较了年龄更换策略和故障不修的周期更换策略两类基于时间的预防维修策略的优劣。将所建可靠性理论模型应用到某 BOP 系统的可靠性分析中，为其维修策略的制定和选择提供依据。

（7）对比了不同冲击类型发生概率下的随机延迟退化系统的周期更换策略和检修更换策略两类预防维修策略的优劣。考虑随机延迟退化长度对单部件退化系统可靠性的影响，用 Gamma 过程描述系统退化规律并将外界环境冲击根据其冲击效果分为致命冲击和非致命冲击两种类型，在相关竞争失效建模理论的基础上对系统可靠性进行分析。从最优维修成本率的角度，比较以周期更换策略为代表的基于时间的预防维修策略和以检修更换策略为代表的基于状态的预防维修策略的优劣。结合某气体绝缘金属封闭开关设备的失效机理，将理论模型应用到工程案例分析中。

（8）扩展了标准累积冲击损伤模型，引入损伤自治愈系数和损伤加剧系数，构建了多部件串并联系统和并串联系统的可靠性评估模型。在特殊材料损伤自治愈能力的启示下，引入损伤自治愈系数和损伤加剧系数对相关竞争失效系统中冲击失效过程的标准累积冲击损伤模型进行扩展，构建了更为广义化的部件级相关竞争失效过程可靠性评估模型。考虑多种类型冲击对多部件系统的冲击影响，对多部件串并联系统和并串联系统的可靠性函数进行建模，并分析了损伤自治愈系数和损伤加剧系数对多部件系统成批更换策略的影响。

11.2 展　　望

本书在相关竞争失效系统的可靠性分析及预防维修策略优化等方面开展了一定的工作，但由于系统运行环境的复杂性、部件失效方式的多样性，以及技术发展的迅猛性，该领域仍有极大的研究空间值得深入挖掘和探讨。未来可能的研究问题主要体现在以下方面。

（1）受冲击影响的多阶段退化系统可靠性建模及预防维修策略优化。由于外在环境的动态变化和系统工作状态的频繁改变，工程实际中复杂设备的退化规律往往呈现出两阶段甚至多阶段特性，即系统的退化过程存在一个或多个变点。结合系统退化数据和失效机理，研究外界随机冲击作用下具有变点的多阶段退化系统的可靠性及进行维修策略优化，是一个很有价值的研究方向。

（2）不完全维修或不完全检测下的冲击退化系统预防维修策略优化。本书假设系统的更换是完美的，且周期检测是能够完全揭示系统当前运行状态的。受维修资源的限制和维修能力的影响，工程实际中的维修往往是不完美的，检测也不一定是完全可靠的。因此，考虑系统维修资源的影响并结合维修条件的要求，研究不完全维修或不完全检测下冲击退化系统的预防维修策略优化，是一个很有意义的研究方向。

（3）相关竞争失效系统非周期预防维修策略制定及优化。由于设备老化程度的加剧及预防性维修的不完美性，工业实际中的设备或系统在运行过程中故障率会逐渐增大，系统的有效工作时间也会随着维修次数的增加逐渐变短，需要对系统进行越来越频繁的修理才能保证其不发生冲击失效，因此，下一阶段的维修间隔期应随系统性能和使用要求动态调整。考虑经济性、可靠性及设备的有效性，并结合维修优化模型，研究相关竞争失效系统的非周期预防维修策略，是一个很有必要的研究方向。

（4）随机退化系统维修资源配置与备件订购策略优化。传统的关于冲击退化系统的维修更换问题均假定系统在故障时更换部件可以随时进行替换，这意味着需要提前采购及储备足够多的备件。当备件数量有限或订购提前期比较长时，这种假设往往是不现实的。同时，对于价格昂贵或者重要程度比较高的备件，如果订购提前期太长，到货时又需要消耗过多的维修资源进行储存。因此，结合系统失效规律及退化程度制定合适的备件订购策略并进行维修资源的合理配置，也是一个很有前景的研究方向。

参 考 文 献

曹晋华, 程侃. 1986. 可靠性数学引论[M]. 北京: 科学出版社.

曹颖赛, 刘思峰, 方志耕, 等. 2018. 多态系统可靠性分析广义灰色贝叶斯网络模型[J]. 系统工程与电子技术, 40(1): 231-237.

董文杰, 刘思峰, 陶良彦, 等. 2018. 考虑性能分布信息的多态系统可靠性评估模型[J]. 工业工程与管理, 23(6): 64-71, 79.

甘茂治, 康建设, 高崎. 2005. 军用装备维修工程学[M]. 2 版. 北京: 国防工业出版社.

金光, 2014. 基于退化的可靠性技术: 模型、方法及应用[M]. 北京: 国防工业出版社.

李明福, 胡昌华, 周志杰, 等. 2015. 基于逆高斯过程和证据推理的退化建模方法[J]. 电光与控制, 22(1): 92-96.

李泽慧, 白建明, 孔新兵. 2007. 冲击模型: 进展与应用[J]. 数学进展, 36(4): 385-398.

吕琛, 栾家辉, 王立梅, 等. 2012. 故障诊断与预测: 原理、技术及应用[M]. 北京: 北京航空航天大学出版社.

彭宝华. 2010. 基于 Wiener 过程的可靠性建模方法研究[D]. 长沙: 国防科学技术大学.

任淑红, 左洪福, 白芳. 2009. 基于带漂移的布朗运动的民用航空发动机实时性能可靠性预测[J]. 航空动力学报, 24(12): 2796-2801.

唐圣金, 郭晓松, 司小胜, 等. 2013. 基于维纳过程的卫星用光纤陀螺剩余寿命预测[J]. 红外与激光工程, 42(12): 3347-3352.

王欢. 2016. 基于逆高斯过程的退化数据分析与试验设计[D]. 南京: 东南大学.

王小林, 程志君, 郭波, 等. 2011. 基于冲击模型劣化系统的不完全维修决策[J]. 系统工程理论与实践, 31(12): 2380-2386.

赵涛, 林青. 1999. 可靠性工程基础[M]. 天津: 天津大学出版社.

周济. 2015. 智能制造: “中国制造 2025”的主攻方向[J]. 中国机械工程, 26(17): 2273-2284.

左洪福, 蔡景, 王华伟. 2008. 维修决策理论与方法[M]. 北京: 航空工业出版社.

Abramov V M. 2010. Takács’ asymptotic theorem and its applications: A survey[J]. Acta Applicandae Mathematicae, 109(2): 609-651.

Ahmad R, Kamaruddin S. 2012. An overview of time-based and condition-based maintenance in industrial application[J]. Computers & Industrial Engineering, 63(1): 135-149.

Alaswad S, Xiang Y S. 2017. A review on condition-based maintenance optimization models for stochastically deteriorating system[J]. Reliability Engineering & System Safety, 157: 54-63.

Alberti A R, Cavalcante C A V, Scarf P, et al. 2018. Modelling inspection and replacement quality for a protection system[J]. Reliability Engineering & System Safety, 176: 145-153.

Almasabi S, Mitra J. 2019. A fault-tolerance based approach to optimal PMU placement[J]. IEEE Transactions on Smart Grid, 10(6): 6070-6079.

Arts J, Basten R. 2018. Design of multi-component periodic maintenance programs with single-component models[J]. IISE Transactions, 50(7): 606-615.

Aven T, Castro I T. 2008. A minimal repair replacement model with two types of failure and a safety constraint[J]. European Journal of Operational Research, 188(2): 506-515.

Aven T, Jensen U. 2000. A general minimal repair model[J]. Journal of Applied Probability, 37(1): 187-197.

Bae S J. 2003. Analysis of dynamic robust design experiment and modeling approach for degradation testing[D]. Atlanta: Georgia Institute of Technology.

Bae S J, Kvam P H. 2006. A change-point analysis for modeling incomplete burn-in for light displays[J]. IIE Transactions, 38(6): 489-498.

Bae S J, Kvam P H. 2004. A nonlinear random-coefficients model for degradation testing[J]. Technometrics, 46(4): 460-469.

Bai S, Cheng Z, Zhao Q, et al. 2018. A sequential inspection model based on risk quantitative constraint and component importance[J]. International Journal of Performability Engineering, 14(12): 2971-2982.

Balakrishnan N, Qin C W. 2019. First passage time of a lévy degradation model with random effects[J]. Methodology and Computing in Applied Probability, 21(1): 315-329.

Barndorff-Nielsen O E. 1997. Normal inverse Gaussian distributions and stochastic volatility modelling[J]. Scandinavian Journal of Statistics, 24(1): 1-13.

Bérenguer C, Grall A, Dieulle L, et al. 2003. Maintenance policy for a continuously monitored deteriorating system[J]. Probability in the Engineering and Informational Sciences, 17(2): 235-250.

Boca F P, Cobeli C, Zaharescu A. 2000. Distribution of lattice points visible from the origin[J]. Communications in Mathematical Physics, 213(2): 433-470.

Boland P J. 1982. Periodic replacement when minimal repair costs vary with time[J]. Naval Research Logistics Quarterly, 29(4): 541-546.

Boland P J, Proschan F. 1982. Periodic replacement with increasing minimal repair costs at failure[J]. Operations Research, 30(6): 1183-1189.

Brown M, Proschan F. 1983. Imperfect repair[J]. Journal of Applied Probability, 20(4): 851-859.

Cao Y S, Liu S F, Fang Z G, et al. 2020. Modeling ageing effects for multi-state systems with multiple components subject to competing and dependent failure processes[J]. Reliability Engineering & System Safety, 199: 106890.

Cavalcante C A V, Lopes R S, Scarf P A. 2018. A general inspection and opportunistic replacement policy for one-component systems of variable quality[J]. European Journal of Operational Research, 266(3): 911-919.

Cha J H, Finkelstein M. 2018. Point Processes for Reliability Analysis[M] Cham: Springer.

Che H Y, Zeng S K, Guo J B, et al. 2018. Reliability modeling for dependent competing failure processes with mutually dependent degradation process and shock process[J]. Reliability Engineering & System Safety, 180: 168-178.

Chen M, Feldman R M. 1997. Optimal replacement policies with minimal repair and age-dependent

costs[J]. European Journal of Operational Research, 98(1): 75-84.
Chen M, Mizutani S, Nakagawa T. 2010. Random and age replacement policies[J]. International Journal of Reliability, Quality and Safety Engineering, 17(1): 27-39.
Chen N, Ye Z S, Xiang Y S, et al. 2015. Condition-based maintenance using the inverse Gaussian degradation model[J]. European Journal of Operational Research, 243(1): 190-199.
Chen P, Ye Z S. 2017. Approximate statistical limits for a gamma distribution[J]. Journal of Quality Technology, 49(1): 64-77.
Chen W J. 2009. Minimizing number of tardy jobs on a single machine subject to periodic maintenance[J]. Omega, 37(3): 591-599.
Chhikara R S, Folks J L. 1988. The Inverse Gaussian Distribution: Theory, Methodology, and Applications[M]. Boca Raton : CRC Press.
Chien Y H. 2008. Optimal age-replacement policy under an imperfect renewing free-replacement warranty[J]. IEEE Transactions on Reliability, 57(1): 125-133.
Cholette M E, Yu H Y, Borghesani P, et al. 2019. Degradation modeling and condition-based maintenance of boiler heat exchangers using gamma processes[J]. Reliability Engineering & System Safety, 183: 184-196.
Clement L M. 1956. Reliability of military electronic equipment[J]. Journal of the British Institution of Radio Engineers, 16(9): 488-495.
Cox D R, Miller H D. 1977. The Theory of Stochastic Processes[M]. Boca Raton: CRC Press.
de Jonge B, Scarf P A. 2020. A review on maintenance optimization[J]. European Journal of Operational Research, 285(3): 805-824.
Dong W J, Liu S F, Bae S J. 2019a. Reliability variation and optimal age replacement schedule of compensated discrete multi-state systems[C]. Tokyo: 2019 IEEE 6th International Conference on Industrial Engineering and Applications (ICIEA): 333-337.
Dong W J, Liu S F, Bae S J, et al. 2020a. A multi-stage imperfect maintenance strategy for multi-state systems with variable user demands[J]. Computers & Industrial Engineering, 145: 106508.
Dong W J, Liu S F, Bae S J, et al. 2021. Reliability modelling for multi-component systems subject to stochastic deterioration and generalized cumulative shock damages[J]. Reliability Engineering & System Safety, 205: 107260.
Dong W J, Liu S F, Bae S J. 2020b. Which replacement maintenance policy is better for multi-state systems?: Policy T or policy N?[M]// Cui L R, Frenkel I, Lisnianski A. Stochastic Models in Reliability Engineering. Boca Raton: CRC Press: 419-430.
Dong W J, Liu S F, Cao Y S, et al. 2020c. Reliability modeling and optimal random preventive maintenance policy for parallel systems with damage self-healing[J]. Computers & Industrial Engineering, 142: 106359.
Dong W J, Liu S F, Cao Y S, et al. 2020d. Time-based replacement policies for a fault tolerant system subject to degradation and two types of shocks[J]. Quality and Reliability Engineering International, 36(7): 2338-2350.
Dong W J, Liu S F, Du Y Y. 2019b. Optimal periodic maintenance policies for a parallel redundant

system with component dependencies[J]. Computers & Industrial Engineering, 138: 106133.

Dong W J, Liu S F, Tao L Y, et al. 2019c. Reliability variation of multi-state components with inertial effect of deteriorating output performances[J]. Reliability Engineering & System Safety, 186: 176-185.

Dong W J, Liu S F, Yang X Y, et al. 2019d. Balancing reliability and maintenance cost rate of multi-state components with fault interval omission[J]. Eksploatacja i Niezawodność, 21(1): 37-45.

Dong W J, Liu S F, Zhang Q, et al. 2019e. Reliability assessment for uncertain multi-state systems: An extension of fuzzy universal generating function[J]. International Journal of Fuzzy Systems, 21(3): 945-953.

Dong W. Reliability evaluation of uncertain multi-state systems based on weighted universal generating function[J]. International Journal of Performability Engineering, 15(1): 167-178.

Ellingwood B, Kanda J. 2005. Structural Safety and Its Quality Assurance[M]. Reston: ASCE Publications.

Elwany A H, Gebraeel N Z, Maillart L M. 2011. Structured replacement policies for components with complex degradation processes and dedicated sensors[J]. Operations Research, 59(3): 684-695.

Fan M F, Zeng Z G, Zio E, et al. 2017. Modeling dependent competing failure processes with degradation-shock dependence[J]. Reliability Engineering & System Safety, 165: 422-430.

Freitas M A, Colosimo E A, Dos Santos T R, et al. 2010. Reliability assessment using degradation models: Bayesian and classical approaches[J]. Pesquisa Operacional, 30(1): 194-219.

Garg A, Deshmukh S G. 2006. Maintenance management: Literature review and directions[J]. Journal of Quality in Maintenance Engineering, 12(3): 205-238.

Ghosh D, Sharman R, Raghav Rao H, et al. 2007. Self-healing systems: Survey and synthesis[J]. Decision Support Systems, 42(4): 2164-2185.

Grigoriev A, van de Klundert J, Spieksma F C R. 2006. Modeling and solving the periodic maintenance problem[J]. European Journal of Operational Research, 172(3): 783-797.

Guo J B, Wang C X, Cabrera J, et al. 2018. Improved inverse Gaussian process and bootstrap: Degradation and reliability metrics[J]. Reliability Engineering & System Safety, 178: 269-277.

Hao S H, Yang J, Berenguer C. 2019. Degradation analysis based on an extended inverse Gaussian process model with skew-normal random effects and measurement errors[J]. Reliability Engineering & System Safety, 189: 261-270.

Hao S H, Yang J, Ma X B, et al. 2017. Reliability modeling for mutually dependent competing failure processes due to degradation and random shocks[J]. Applied Mathematical Modelling, 51: 232-249.

He D J, Wang Y P, Chang G S. 2018. Objective Bayesian analysis for the accelerated degradation model based on the inverse Gaussian process[J]. Applied Mathematical Modelling, 61: 341-350.

Hsu W T. 2009. Recent progress in silicon MEMS oscillators[C]. Reston: Proceedings of the 40th Annual Precise Time and Time Interval Systems and Applications Meeting: 135-145.

Hu J W, Sun Q Z, Ye Z S. 2021. Condition-based maintenance planning for systems subject to dependent soft and hard failures[J]. IEEE Transactions on Reliability, 70(4): 1468-1480.

Huynh K T, Castro I T, Barros A, et al. 2012. Modeling age-based maintenance strategies with minimal repairs for systems subject to competing failure modes due to degradation and shocks[J]. European Journal of Operational Research, 218(1): 140-151.

Isermann R. 2006. Fault-diagnosis Systems: An Introduction from Fault Detection to Fault Tolerance[M]. Heidelberg: Springer.

Je P C, Sultan M T, Selvan C P, et al. 2020. Manufacturing challenges in self-healing technology for polymer composites: A review[J]. Journal of Materials Research and Technology, 9(4): 7370-7379.

Ji M, He Y, Cheng T C E. 2007. Single-machine scheduling with periodic maintenance to minimize makespan[J]. Computers & Operations Research, 34(6): 1764-1770.

Jiang R Y. 2015. Introduction to Quality and Reliability Engineering[M]. Heidelberg: Springer.

Karr A. 1991. Point Processes and Their Statistical Inference[M]. 2nd ed. Boca Raton: CRC Press.

Khalil K, Eldash O, Kumar A, et al. 2019. Self-healing hardware systems: A review[J]. Microelectronics Journal, 93: 104620.

Khamkong M. 2018. Parameter estimation method for the two parameter gamma distribution based on transformation[J]. International Journal of Applied Engineering Research, 13(2): 1261-1264.

Kodo I, Toshio N. 2011. Comparison of three cumulative damage models[J]. Quality Technology & Quantitative Management, 8(1): 57-66.

Krishnamoorthy K. 2016. Handbook of Statistical Distributions with Applications[M]. 2nd ed. Boca Raton: CRC Press.

Kumar U, Ahmadi A, Verma A K, et al. 2016. Current Trends in Reliability, Availability, Maintainability and Safety: An Industry Perspective[M]. Heidelberg: Springer.

Lawless J, Crowder M. 2004. Covariates and random effects in a gamma process model with application to degradation and failure[J]. Lifetime Data Analysis, 10(3): 213-227.

Lax P D, Phillips R S. 1982. The asymptotic distribution of lattice points in Euclidean and non-Euclidean spaces[J]. Journal of Functional Analysis, 46(3): 280-350.

Lee J Y, Kim Y D. 2012. Minimizing the number of tardy jobs in a single-machine scheduling problem with periodic maintenance[J]. Computers & Operations Research, 39(9): 2196-2205.

Lehmann A. 2006. Degradation-threshold-shock models[M]// Nikulin M, Commenges D, Huber C. Probability, Statistics and Modelling in Public Health. New York: Springer: 286-298.

Lehmann A. 2009. Joint modeling of degradation and failure time data[J]. Journal of Statistical Planning and Inference, 139(5): 1693-1706.

Li P, Wang W B, Peng R. 2016. Age-based replacement policy with consideration of production wait time[J]. IEEE Transactions on Reliability, 65(1): 235-247.

Li Q S. 2002. Accelerated degradation test planning and optimization[D]. Tucson: University of Arizona.

Li W, Pham H. 2005. Reliability modeling of multi-state degraded systems with multi-competing failures and random shocks[J]. IEEE Transactions on Reliability, 54(2): 297-303.

Limon S, Shahraki A F, Yadav O P. 2019. Application of stochastic processes in degradation modeling: An overview[M]//Sun Y C, Li L B, Tiniakov D. Reliability Engineering. Boca Raton: CRC Press: 79-106.

Lisnianski A, Levitin G. 2003. Multi-state System Reliability: Assessment, Optimization and Applications[M]. Singapore: World Scientific.

Liu Z Y, Ma X B, Shen L J, et al. 2016. Degradation-shock-based reliability models for fault-tolerant systems[J]. Quality and Reliability Engineering International, 32(3): 949-955.

Lu C J, Meeker W O. 1993. Using degradation measures to estimate a time-to-failure distribution[J]. Technometrics, 35(2): 161-174.

Mawatari H, Fukuda M, Matsumoto S, et al. 1997. Reliability and degradation behaviors of semi-insulating Fe-doped InP buried heterostructure lasers fabricated by RIE and MOVPE[J]. Journal of Lightwave Technology, 15(3): 534-537.

Meeker W Q, Escobar L A. 2014. Statistical Methods for Reliability Data[M]. New York: John Wiley & Sons.

Meeker W Q, LuValle M J. 1995. An accelerated life test model based on reliability kinetics[J]. Technometrics, 37(2): 133-146.

Montoro-Cazorla D, Pérez-Ocón R. 2006. Reliability of a system under two types of failures using a Markovian arrival process[J]. Operations Research Letters, 34(5): 525-530.

Nakagawa T. 1980. A summary of imperfect preventive maintenance policies with minimal repair[J]. RAIRO - Operations Research, 14(3): 249-255.

Nakagawa T. 1981. A summary of periodic replacement with minimal repair at failure[J]. Journal of the Operations Research Society of Japan, 24(3): 213-228.

Nakagawa T. 1986. Periodic and sequential preventive maintenance policies[J]. Journal of Applied Probability, 23(2): 536-542.

Nakagawa T. 1988. Sequential imperfect preventive maintenance policies[J]. IEEE Transactions on Reliability, 37(3): 295-298.

Nakagawa T. 2005. Maintenance Theory of Reliability[M]. London: Springer.

Nakagawa T. 2007. Shock and Damage Models in Reliability Theory[M]. London: Springer.

Nakagawa T. 2008. Advanced Reliability Models and Maintenance Policies[M]. London: Springer.

Nakagawa T, Kijima M. 1989. Replacement policies for a cumulative damage model with minimal repair at failure[J]. IEEE Transactions on Reliability, 38(5): 581-584.

Nakagawa T, Mizutani S. 2009. A summary of maintenance policies for a finite interval[J]. Reliability Engineering & System Safety, 94(1): 89-96.

Nelson W B. 2008. Accelerated Testing: Statistical Models,Test Plans, and Data Analysis[M]. New York: John Wiley & Sons.

Nelson W, Meeker W Q, Escobar L A. 1998. Statistical methods for reliability data[J]. Technometrics, 40(3): 255.

Nikulin M S, Limnios N, Balakrishnan N, et al. 2010. Advances in Degradation Modeling[M]. Boston: Birkhäuser.

Orringer O. 1984. Rapid estimation of spectrum crack-growth life based on the Palmgren-Miner rule[J]. Computers & Structures, 19(1/2): 149-153.

Pandey M, Zuo M J, Moghaddass R. 2016. Selective maintenance scheduling over a finite planning horizon[J]. Proceedings of the Institution of Mechanical Engineers, Part O: Journal of Risk and Reliability, 230(2): 162-177.

Park C, Padgett W J. 2005. Accelerated degradation models for failure based on geometric Brownian motion and gamma processes[J]. Lifetime Data Analysis, 11(4): 511-527.

Park D H, Jung G M, Yum J K. 2000. Cost minimization for periodic maintenance policy of a system subject to slow degradation[J]. Reliability Engineering & System Safety, 68(2): 105-112.

Park M, Pham H. 2016. Cost models for age replacement policies and block replacement policies under warranty[J]. Applied Mathematical Modelling, 40(9/10): 5689-5702.

Peng C Y. 2015. Inverse Gaussian processes with random effects and explanatory variables for degradation data[J]. Technometrics, 57(1): 100-111.

Peng C Y, Tseng S T. 2009. Mis-specification analysis of linear degradation models[J]. IEEE Transactions on Reliability, 58(3): 444-455.

Peng H, Feng Q M, Coit D W. 2010. Reliability and maintenance modeling for systems subject to multiple dependent competing failure processes[J]. IIE Transactions, 43(1): 12-22.

Peng W W, Li Y F, Yang Y J, et al. 2014. Inverse Gaussian process models for degradation analysis: A Bayesian perspective[J]. Reliability Engineering & System Safety, 130: 175-189.

Peng W W, Li Y F, Yang Y J, et al. 2017. Bayesian degradation analysis with inverse Gaussian process models under time-varying degradation rates[J]. IEEE Transactions on Reliability, 66(1): 84-96.

Peng W W, Zhu S P, Shen L J. 2019. The transformed inverse Gaussian process as an age- and state-dependent degradation model[J]. Applied Mathematical Modelling, 75: 837-852.

Pham H, Wang H Z. 1996. Imperfect maintenance[J]. European Journal of Operational Research, 94(3): 425-438.

Qi J, Zhou Z, Niu C C, et al. 2018. Reliability modeling for humidity sensors subject to multiple dependent competing failure processes with self-recovery[J]. Sensors, 18(8): 2714.

Qian C, Nakamura S, Nakagawa T. 2003. Replacement and minimal repair policies for a cumulative damage model with maintenance[J]. Computers & Mathematics with Applications, 46(7): 1111-1118.

Qiu Q G, Cui L R. 2019. Gamma process based optimal mission abort policy[J]. Reliability Engineering & System Safety, 190: 106496.

Qiu Q G, Cui L R, Dong Q L. 2019. Preventive maintenance policy of single-unit systems based on shot-noise process[J]. Quality and Reliability Engineering International, 35(2): 550-560.

Ramírez J G, Gore W L, Johnston G. 2001. New methods for modeling reliability using degradation data[J]. Engineering, Materials Science, 9(5): 226-263.

Rodríguez-Picón L A, Rodríguez-Picón A P, Méndez-González L C, et al. 2018. Degradation modeling based on gamma process models with random effects[J]. Communications in Statistics-Simulation and Computation, 47(6): 1796-1810.

Ross S M. 2014. Introduction to Probability Models[M]. 11th ed. Oxford: Elsevier.

Shafiee M, Chukova S. 2013. Maintenance models in warranty: A literature review[J]. European Journal of Operational Research, 229(3): 561-572.

Shen J Y, Cui L R, Yi H. 2018. System performance of damage self-healing systems under random shocks by using discrete state method[J]. Computers & Industrial Engineering, 125: 124-134.

Shen J Y, Zhu K. 2018. An uncertain single machine scheduling problem with periodic maintenance[J]. Knowledge-Based Systems, 144: 32-41.

Shen J Y, Zhu Y G. 2019. A parallel-machine scheduling problem with periodic maintenance under uncertainty[J]. Journal of Ambient Intelligence and Humanized Computing, 10(8): 3171-3179.

Sheu S H, Chien Y H. 2004. Optimal age-replacement policy of a system subject to shocks with random lead-time[J]. European Journal of Operational Research, 159(1): 132-144.

Sheu S H, Griffith W S, Nakagawa T. 1995. Extended optimal replacement model with random minimal repair costs[J]. European Journal of Operational Research, 85(3): 636-649.

Sheu S H, Kuo C M, Nakagawa T. 1993. Extended optimal age replacement policy with minimal repair[J]. RAIRO - Operations Research, 27(3): 337-351.

Sheu S H, Zhang Z G. 2013. An optimal age replacement policy for multi-state systems[J]. IEEE Transactions on Reliability, 62(3): 722-735.

Si X S, Wang W, Hu C H, et al. 2012. Remaining useful life estimation based on a nonlinear diffusion degradation process[J]. IEEE Transactions on Reliability, 61(1): 50-67.

Simar L. 1976. Maximum likelihood estimation of a compound Poisson process[J]. The Annals of Statistics, 4(6): 1200-1209.

Singpurwalla N D. 2006. On competing risk and degradation processes[R]. Washington, D.C.: George Washington University.

Song S L, Coit D W, Feng Q M. 2014. Reliability for systems of degrading components with distinct component shock sets[J]. Reliability Engineering & System Safety, 132: 115-124.

Sun Q Z, Ye Z S, Chen N, 2018. Optimal inspection and replacement policies for multi-unit systems subject to degradation[J]. IEEE Transactions on Reliability, 67(1): 401-413.

Tadigadapa S, Najafi N. 2001. Reliability of micro-electro-mechanical systems (MEMS)[C]. San Francisco: Ramesham R. Reliability, Testing, and Characterization of MEMS/MOEMS: 197-205.

Takeda E, Suzuki N. 1983. An empirical model for device degradation due to hot-carrier injection[J]. IEEE Electron Device Letters, 4(4): 111-113.

Tepfers R, Fridén C, Georgsson L. 1977. A study of the applicability to the fatigue of concrete of the Palmgren-Miner partial damage hypothesis[J]. Magazine of Concrete Research, 29(100): 123-130.

Tipper D, Dahlberg T, Shin H, et al. 2002. Providing fault tolerance in wireless access networks[J]. IEEE Communications Magazine, 40(1): 58-64.

Tsai C C, Tseng S T, Balakrishnan N. 2012. Optimal design for degradation tests based on gamma processes with random effects[J]. IEEE Transactions on Reliability, 61(2): 604-613.

Uhlenbeck G E, Ornstein L S, 1930. On the theory of the Brownian motion[J]. Physical Review,

36(5): 823-841.

van Horenbeek A, Buré J, Cattrysse D, et al. 2013. Joint maintenance and inventory optimization systems: A review[J]. International Journal of Production Economics, 143(2): 499-508.

van Horenbeek A, Pintelon L, Muchiri P. 2010. Maintenance optimization models and criteria[J]. International Journal of System Assurance Engineering and Management, 1(3): 189-200.

van Noortwijk J M. 1998. Optimal replacement decisions for structures under stochastic deterioration[C]. Ann Arbour: 8th IFIP WG7.5 Working Conference on Reliability and Optimization of Structural Systems: 273-280.

van Noortwijk J M. 2009. A survey of the application of gamma processes in maintenance[J]. Reliability Engineering & System Safety, 94(1): 2-21.

Wang G J, Zhang Y L. 2013. Optimal repair–replacement policies for a system with two types of failures[J]. European Journal of Operational Research, 226(3): 500-506.

Wang H Z. 2002. A survey of maintenance policies of deteriorating systems[J]. European Journal of Operational Research, 139(3): 469-489.

Wang J, Bai G H, Zhang L Y. 2020a. Modeling the interdependency between natural degradation process and random shocks[J]. Computers & Industrial Engineering, 145: 106551.

Wang J, Li Z G, Bai G H, et al. 2020b. An improved model for dependent competing risks considering continuous degradation and random shocks[J]. Reliability Engineering & System Safety, 193: 106641.

Wang N, Deng Z C. 2020. Finite-time fault estimator based fault-tolerance control for a surface vehicle with input saturations[J]. IEEE Transactions on Industrial Informatics, 16(2): 1172-1181.

Wang Q, He Z Y, Lin S, et al. 2017. Failure modeling and maintenance decision for GIS equipment subject to degradation and shocks[J]. IEEE Transactions on Power Delivery, 32(2): 1079-1088.

Wang X, Xu D H. 2010. An inverse Gaussian process model for degradation data[J]. Technometrics, 52(2): 188-197.

Wang Y P, Pham H. 2012. Modeling the dependent competing risks with multiple degradation processes and random shock using time-varying copulas[J]. IEEE Transactions on Reliability, 61(1): 13-22.

Wasan M T. 1968. On an inverse Gaussian process[J]. Scandinavian Actuarial Journal, 1968(1/2): 69-96.

White S R, Sottos N R, Geubelle P H, et al. 2001. Autonomic healing of polymer composites[J]. Nature, 409(6822): 794-797.

Wu S M, Castro I T. 2020. Maintenance policy for a system with a weighted linear combination of degradation processes[J]. European Journal of Operational Research, 280(1): 124-133.

Wu S M, Zuo M J. 2010. Linear and nonlinear preventive maintenance models[J]. IEEE Transactions on Reliability, 59(1): 242-249.

Xu Z X, Yang J, Zhang T, et al. 2018. Silicon microparticle anodes with self-healing multiple network binder[J]. Joule, 2(5): 950-961.

Yang L, Zhao Y, Ma X B, et al. 2018. An optimal inspection and replacement policy for a two-unit system[J]. Proceedings of the Institution of Mechanical Engineers, Part O: Journal of Risk and Reliability, 232(6): 766-776.

Ye Z S, Chen L P, Tang L C, et al. 2014a. Accelerated degradation test planning using the inverse Gaussian process[J]. IEEE Transactions on Reliability, 63(3): 750-763.

Ye Z S, Chen N. 2014. The inverse Gaussian process as a degradation model[J]. Technometrics, 56(3): 302-311.

Ye Z S, Chen N. 2017. Closed-form estimators for the gamma distribution derived from likelihood equations[J]. The American Statistician, 71(2): 177-181.

Ye Z S, Chen N, Shen Y. 2015. A new class of Wiener process models for degradation analysis[J]. Reliability Engineering & System Safety, 139: 58-67.

Ye Z S, Wang Y, Tsui K L, et al. 2013. Degradation data analysis using Wiener processes with measurement errors[J]. IEEE Transactions on Reliability, 62(4): 772-780.

Ye Z S, Xie M. 2015. Stochastic modelling and analysis of degradation for highly reliable products[J]. Applied Stochastic Models in Business and Industry, 31(1): 16-32.

Ye Z S, Xie M, Tang L C, et al. 2014b. Semiparametric estimation of gamma processes for deteriorating products[J]. Technometrics, 56(4): 504-513.

Yuan X X. 2007. Stochastic modeling of deterioration in nuclear power plant components[D]. Waterloo: University of Waterloo.

Yuan X X, Pandey M D. 2009. A nonlinear mixed-effects model for degradation data obtained from in-service inspections[J]. Reliability Engineering & System Safety, 94(2): 509-519.

Zacks S. 2005. Some recent results on the distributions of stopping times of compound Poisson processes with linear boundaries[J]. Journal of Statistical Planning and Inference, 130(1/2): 95-109.

Zeng Y, Li Y F, Li X Y, et al. 2019. Tolerance-based reliability and optimization design of switched-mode power supply[J]. Quality and Reliability Engineering International, 35(8): 2774-2784.

Zhang C, Zhu H P, Wu J, et al. 2018a. An economical optimization model of non-periodic maintenance decision for deteriorating system[J]. IEEE Access, 6: 55149-55161.

Zhang N, Fouladirad M, Barros A. 2019. Reliability-based measures and prognostic analysis of a K-out-of-N system in a random environment[J]. European Journal of Operational Research, 272(3): 1120-1131.

Zhang Z X, Si X S, Hu C H, et al. 2018b. Degradation data analysis and remaining useful life estimation: A review on Wiener-process-based methods[J]. European Journal of Operational Research, 271(3): 775-796.

Zhao X F, Al-Khalifa K N, Hamouda A M, et al. 2017. Age replacement models: A summary with new perspectives and methods[J]. Reliability Engineering & System Safety, 161: 95-105.

Zhao X J, Gaudoin O, Doyen L, et al. 2019. Optimal inspection and replacement policy based on experimental degradation data with covariates[J]. IISE Transactions, 51(3): 322-336.

Zhao X J, He S G, He Z, et al. 2018. Optimal condition-based maintenance policy with delay for systems subject to competing failures under continuous monitoring[J]. Computers & Industrial

Engineering, 124: 535-544.

Zhao X, Nakagawa T. 2018. Advanced Maintenance Policies for Shock and Damage Models[M]. Cham: Springer.

Zio E, Compare M. 2013. Evaluating maintenance policies by quantitative modeling and analysis[J]. Reliability Engineering & System Safety, 109: 53-65.

Zio E, Podofillini L. 2003. Monte Carlo simulation analysis of the effects of different system performance levels on the importance of multi-state components[J]. Reliability Engineering & System Safety, 82(1): 63-73.

编后记

“博士后文库”是汇集自然科学领域博士后研究人员优秀学术成果的系列丛书。“博士后文库”致力于打造专属于博士后学术创新的旗舰品牌，营造博士后百花齐放的学术氛围，提升博士后优秀成果的学术影响力和社会影响力。

“博士后文库”出版资助工作开展以来，得到了全国博士后管委会办公室、中国博士后科学基金会、中国科学院、科学出版社等有关单位的大力支持，众多热心博士后事业的专家学者给予积极的建议，工作人员做了大量艰苦细致的工作。在此，我们一并表示感谢！

“博士后文库”编委会